資源問題の正義

コンゴの紛争資源問題と消費者の責任

華井和代

東信堂

まえがき

世界の遠い地域で起きている紛争を解決・緩和するために、日本の一般市民には何ができるのか、本当のことが知りたい。

これが、本書を貫く筆者の問題意識である。グローバル化が進む現代では、日本国内でくらす一般市民でも、日常的な活動を通じて世界の遠い地域とつながっている。紛争も同じである。現代世界の紛争の多くは途上国に集中し、途上国の紛争傾向には、低所得、低成長、一次産品輸出への依存といった経済的要因が強く影響している。また、アフリカの資源産出国では、資源収入が政府軍、反政府武装勢力の双方において軍事費を支えている。こうした途上国や紛争地域から輸出される資源や産品を主に消費しているのは、先進国の市民である。私たちの日常的な消費行動が生産地における問題とつながっていることを自覚して責任ある消費選択をする、あるいは、消費者世論を形成して企業の行動を監視する、そうした活動によって私たち消費者は紛争の解決・緩和に貢献できるのではないだろうか。また、途上国の問題を解決するために援助を行う国際援助機関への重要な出資者は、先進国の政府や市民である。援助先で起きている問題と解決への取り組みを理解し、責任ある支援や提言のできる思慮深い市民となることで、私たちは紛争の原因となる経済問題の解決・緩和に貢献できるのではないだろうか。

こうした問題意識を抱くようになった背景を語らせてもらいたい。

紛争について考えるようになったのは、大学で古代オリエント史を学んでいた1996年にイスラエルとパレスチナを訪問し、パレスチナ自治区で活動する非政府組織（NGO）に出会ったことがきっかけであった。映画『インディ・ジョーンズ』に憧れて旧約聖書学を学んでいた筆者は、「現地を知りたい」という気軽な気持ちでイスラエルの歴史遺跡を回っていた。そして、エルサレムの教会で偶然知り合った日本人司教に「現在の問題も学ぶといい」と勧められて、パレスチナ自治区で活動するNGOを紹介してもらったのであった。

当時のパレスチナ自治区では、イスラエルによる「経済封鎖」が頻繁に行われていた。パレスチナ住民との間で何か問題が起こると、イスラエルが「経済封鎖」という名のもとに道路の検問を強化し、自治区内への水道供給を停止する。それによって住民の生活環境が悪化し、その不安感が武装勢力に利用されて若者の自爆テロへとつながる。そして自爆テロはまた「経済封鎖」につながる……という悪循環が起きていた。筆者が出会ったNGOは、パレスチナ自治区内で医療活動を行い、人々の健康状態を改善することで少しでも不安を和らげ、自爆テロに駆り立てられる若者を減らして「憎悪の連鎖」を断ち切ろうと尽力していた。そして、活動の見学に訪れた学生に対して、NGOの代表がこう語った。「あなたたち学生はここでは役には立たない。だけど、しっかりと現状を見て日本の人々に伝えてほしい。日本の人々がパレスチナの問題を理解して支援してくれれば、私たちはもっとたくさんの医療活動ができる。」

パレスチナに平和を実現するためには、解決すべき問題が数多く存在する。それでも、様々な立場の人が自分の役割を果たすことで、一つひとつの問題が解決し、全体として平和に向かっていく。そんな有機体として平和の実現過程をとらえたとき、日本人の意識を高めることも、「平和をつくりだす」ことにつながるのではないかと思えた。

この出会いをきっかけとして、筆者は高校の世界史教師になる道を選んだ。世界では何か起きているのか／起きてきたのかを学び、その中での自分の生き方を考える教育に、自分の役割を見出したためである。世界史教師として古代から現代までの歴史を教えると同時に、現代世界で起きている紛争について教えることにこだわった。イスラエル・パレスチナ問題をはじめとして、1998年に核実験を強行したインド・パキスタンの対立とカシミール紛争、2001年の同時多発テロとアフガニスタン紛争、2003年のイラク戦争、2004年9月にベスラン学校占拠事件が発生したチェチェン紛争など、「今、起きている紛争」について学ぶ授業実践を行った。

しかし、実践を重ねるほど、次第に「自分が教えていることは正しいのだろうか」という疑問を持つようになった。平和教育や開発教育においては、「遠くの地域できている問題でも、私たちとつながっている」「私たちにできることを考えよう」という語りが頻繁に登場する。しかし、世界の遠い地域で起きている紛争と日本の一般市民はどのようにつながっているのか、検証した人はいるのであろうか。先行実践をつぶさにあたってみても、その答えは見つからなかった。

「地獄への道は善意で舗装されている」ということわざがある。人が善意で行動するときにはその正しさを疑いにくくなるが、善意による行動が必ずしも意図したとおりの結果を招くとは限らない。自分が教えていることは本当に正しいのか、世界の遠い地域で起きている紛争と日本の一般市民は本当につながっているのか、そして私たち一般市民にできることは本当にあるのか、徹底的に検証してみたいという思いにいたったのである。

コンゴ民主共和国（以下、コンゴ[1]）の紛争資源問題を研究対象として選ぶことになったのは、偶然の積み重ねであった。NGO の開発教育ボランティア仲間から、紛争資源問題を扱う教材を教えてもらい、途上国の貧困や環境破壊だけではなく紛争とのつながりをもたらす資源があると知ったこと。思い切って進学した大学院のゼミでコンゴ紛争の事例研究を担当し、紛争の要因から国連による紛争解決手段の実施、紛争資源をめぐる欧米での議論を調べたこと。その中で、コンゴの紛争資源問題こそが、紛争解決に向けた当事国、国連、国際援助機関、各国政府、NGO、そして一般市民の役割を検証し、遠くの紛争と日本の一般市民との「つながり」を解き明かす最適な事例であると確信するにいたった。

高校教師を退職して 2008 年 4 月に東京大学公共政策大学院に入学し、2015 年 3 月に同大学新領域創成科学研究科で博士論文を完成させるまで、実に 7 年の歳月をかけた。アフリカについても国際政治についてもほとんど何も知らなかったところから、アフリカ地域研究、紛争研究、国連研究、開発研究、そして最後は消費社会研究を紐解き、コンゴの資源産出地域から日本の消費者までをつなぐ長い「チェーン」を一つひとつ検証してきた。今、本書を上梓するにあたって、大きな「謎」が解けた達成感を感じている。

これから本書の「謎」に取り組む読者に少し前置きをしておきたい。本書の内容は、途上国の生産地と先進国の消費地との「つながり」をとらえる理論分析に始まり、植民地期からのコンゴにおける資源利用の歴史、土地とエスニシティ、市民権をめぐるコンゴ東部での住民間の対立、1996年に始まるコンゴ紛争の経緯やその中での紛争資源利用の実態、産出された資源の流通経路やアメリカでの紛争鉱物取引規制の導入経緯、日本とコンゴのつながり、そして消費者教育における実践分析まで、多岐にわたる。内容が幅広くなるのは、それだけコンゴの資源問題と日本とのつながりが複雑で、問題の根が深いためである。先進国に有利な世界経済の構造の中でコンゴの資源が利用され、現地社会に問題をもたらすという構造は、100年や200年の枠におさまらない、さらに長い歴史を持って展開されてきた。「人間の尊厳」を尊重し、公正な社会の実現を目指す現代の国際社会において、私たち先進国の一般市民はこの問題をどうとらえるべきなのか。本書では、「問題とのつながり」「問題解決とのつながり」「形而上的なつながり」という3つのつながりを通じてコンゴの紛争資源問題と日本の消費者とのつながりを解き明かした。読者にはこの3つの「つながり」を鍵としながらじっくりと考えてもらえればありがたい。

また、この「まえがき」を執筆している2016年夏現在、日本ではにわかにコンゴへの注目が高まっている。コンゴの紛争資源問題を解決するため、2010年に経済協力開発機構（OECD）とアメリカで紛争鉱物取引規制が導入された。コンゴの紛争地域とその周辺国から輸出された4鉱物（スズ、タングステン、タンタル、金）を使用する企業に対して、サプライチェーンをさかのぼって調査を行い、紛争に関わらない資源調達を行うことを求めたのである。これらの規制によって、コンゴの紛争資源問題は日本にとっても無視できない問題に押し上げられた。欧米の企業と取引を行う日本企業も自社のサプライチェーンを調査する必要が発生し、電気・電子機器産業、自動車産業、化学工業などにおいて大規模な調査が行われている。

しかし、こうした企業による取り組みの一方で、紛争資源問題に対する日本の一般市民の認知度は、高いとはいい難い。日本のメディアではアフリカの情報が取り上げられる機会が少なく、紛争資源問題についての情報に一般市民が接する機会は限られている。日本は鉱物資源の重要な消費国であり、携帯電話やパソコンなどの身近な電子機器に使われている原料の問題であるにもかかわらず、知らないまま過ごしているのである。

何らかの関心を抱いて手に取ってくれた読者にとって本書が、コンゴの紛争資源問題とは何か、日本とはどのようなつながりがあるのかを認識・理解し、グローバル経済の構造の中での日本の一般市民の立ち位置を考えるきっかけになればありがたい。さらには、本書で問題提起するグローバル正義をめぐる議論が、日本の読者が遠くの地域の出来事に目を向け、自分のこととして考えるきっかけになることを切に願う。

なお、本書は日本学術振興会平成 28 年度科学研究費（研究成果公開促進費）の交付を受けて刊行されたものである。

注

1　現在のコンゴ民主共和国は、ベルギー領からの独立以後、国名を 3 度変更している。1960 年の独立時はコンゴ共和国、1967 年にコンゴ民主共和国、1971 年にザイール共和国と国名を変更し、1997 年に現在の国名であるコンゴ民主共和国になった。煩雑さを避けるため、本書では「コンゴ」で表記を統一する。

資源問題の正義／目次

図表一覧

【図】

【表】

【教材例】

略語一覧

【組織・機関名】

COMESA：Common Market for Eastern and Southern Africa　東南部アフリカ市場共同体
CRA：Congo Reform Association　コンゴ改革協会
DFID：Department for International Development　イギリス国際開発省
EICC：Electronic Industry Citizenship Coalition　電子業界市民連合
GeSI：Global e-Sustainability Initiative　グローバル・e‐サスティナビリティ・イニシアティブ
ICGLR：International Conference on the Great Lakes Region　アフリカ大湖地域国際会議
IMF：International Monetary Fund　国際通貨基金
JEITA：Japan Electronics and Information Technology Industries Association　電子情報技術産業協会
JICA：Japan International Cooperation Agency　国際協力機構
JOGMEC：Japan Oil, Gas and Metals National Corporation　日本石油天然ガス・金属鉱物資源機構
MONUC：United Nations Organization Mission in the Democratic Republic of the Congo　国連コンゴ民主共和国ミッション
MONUSCO：United Nations Organization Stabilization Mission in the Democratic Republic of the Congo　国連コンゴ民主共和国安定化ミッション
OAU：Organization of African Unity　アフリカ統一機構
ONUC：United Nations Operation in the Congo　国連コンゴ軍
OECD：Organisation for Economic Co-operation and Development　経済協力開発機構
PKO：Peacekeeping Operations　（国連）平和維持活動
SADC：Southern Africa Development Community　南部アフリカ開発共同体
SEC：Securities and Exchange Commission　アメリカ証券取引委員会
UNAMIR：United Nations Assistance Mission for Rwanda　国連ルワンダ支援団
UNDP：United Nations Development Programme　国連開発計画
UNHCR：United Nations High Commissioner for Refugees　国連難民高等弁務官事務所
USAID：United States Agency for International Development　アメリカ国際開発庁
USGS：United States Geological Survey　アメリカ地質調査機関
WTO：World Trade Organization　世界貿易機関

【事項】

AEZ：Artisanal Exploitation Zone　手掘り採掘地域
ASM：Artisanal and Small-Scale Mining　小規模の手掘り鉱
CFS：Conflict-Free Smelter　コンフリクト・フリー製錬／精錬所
CSR：Corporate Social Responsibility　企業の社会的責任
EICC：Electronic Industry Code of Conduct　電子業界行動規範

MDGs：Millennium Development Goals　国連ミレニアム開発目標
NGO：Non Governmental Organization 非政府組織
ODA：Official Development Assistance　政府開発援助
SRI：Socially Responsible Investment　社会的責任投資
3TG：スズ（Tin）、タングステン（Tungsten）、タンタル（Tantalum）、金（Gold）

【コンゴの武装勢力】

〈植民地期～コンゴ紛争期〉
ADP：Alliance Démocratique des Peuples　人民民主連合
AFDL：Alliance des Forces Démocratiques pour la Libération du Congo-Zaïre　コンゴ・ザイール解放民主連合
APL：Armée Populaire de Libération　人民解放軍
CNRD：Conseil National de Résistance pour la Démocratie　民主主義抵抗国民会議
FLNC：Front de Libération Nationale du Congo　コンゴ解放民族戦線
MAGRIVI：Mutualité des Agriculteurs du Virunga　ヴィロンガ農業協同組合
MLC：Mouvement pour la Libération du Congo　コンゴ解放連合
MRLZ：Mouvement Révolutionnaire pour la Libération du Zaïre　ザイール解放革命運動
PRP：Parti de la Révolution Populaire　人民革命党
RCD：Rassemblement Congolais pour la Démocratie　民主コンゴ連合
SIDER：Syndicat d'Initiative pour le Développment de la Zone de Rutshuru　ルツル地域開発協議会
〈コンゴ東部紛争〉※他の武装勢力は第 3 章の表 3-6 を参照
CNDP：Congrés National pour la Defense du People　人民防衛国民会議
FARDC：Forces Armées de la République Démocratique du Congo コンゴ民主共和国軍
M23：Mouvement du 23 mars　3 月 23 日運動

【コンゴの政治政党】

Abako：Alliance des Bakongo　アバコ党
MNC：Mouvement National Congolais　コンゴ国民運動
MNC-L：Mouvement National Congolais-Lumumba　ルムンバ主義コンゴ国民運動
MPR：Mouvement Populaire de la Révolution　革命人民運動
PALU：Parti Lumumbiste Unifié　統一ルムンバ主義党
UDPS：Union pour la Democratie et le Progres Social　社会進歩民主連合
UFERI：Union des Fédéralistes et des Républicains Indépendants　連邦・民主主義者独立連合

【周辺国の武装勢力】

FAR：Forces Armées Rwandaises　（旧）ルワンダ政府軍
FDLR：Forces Démocratique de Libération du Rwanda　ルワンダ解放民主軍

FNL：Forces Nationales de Libération　国民解放軍（ブルンジ）
Interahamwe：インテラハムウェ（ルワンダ）
LRA：Lord's Resistance Army　神の抵抗軍（ウガンダ）
MPLA：Movimento Popular para a Libertação de Angola　アンゴラ解放人民運動
RPA：Rwandan Patriotic Army　ルワンダ政府軍
RPF：Rwandan Patriotic Front　ルワンダ愛国戦線
UNITA：União Nacional para a Independência Total de Angola　アンゴラ全面独立民族同盟

【コンゴ国内の企業名】　※他の企業は第 2 章の表 2-4 を参照
ABIR：Anglo-Belgian India Rubber Company　アングロ・ベルギー・インドゴム会社
HCB：Huileries du Congo Belge　ベルギー領コンゴ製造所
MIBA：Société Minière de Bakwanga
SAB：Société Anonyme Belge pour le Commerce du Haut-Congo　コンゴ上流貿易ベルギー有限会社
Union Minière：Union Minière du Haut-Katanga

資源問題の正義

—コンゴの紛争資源問題と消費者の責任—

序　章　消費者の社会的責任を問い直す

　わたしは人の背中にのったまま、この人の首をしめつけて、わたしを運ばせておきながら、この人のことが実に気の毒で、この人が少しでも楽になるならどんなことでもしようと思っている—この背中から降りなくともすむのなら。

レフ・トルストイ[1]

文豪トルストイは、裕福な貴族である自分が貧しい労働者の苦境を救いたいと願う心情を上述のように表現した。救いたい、しかし自分の特権は手放したくないと。

トルストイの時代から長い年月を経てもなお、文豪の巧みな表現は、私たちに疑問を突き付ける。豊かな国に好都合な経済構造によって貧しい国の人々を苦しめておきながら、援助によって人々を苦境から救おうとするのは矛盾ではないか。「まずはその背中から降りるべきではないか」と。

確かに、もし先進国の人々が、貧困、労働搾取、環境破壊、紛争など、途上国の生産地で起きている社会問題を真に解決したいと願うならば、世界経済の構造を変革し、先進国の消費様式を改めるべきであろう。しかし、豊かさに慣れ親しんだ私たちははたして、貧しい人々の背中から降りることができるのか。そして、私たちがその背中から降りることによって、本当に彼らは救われるのであろうか。

1　問題提起

近年、消費社会研究や消費者教育の分野において、消費者市民社会

(Consumer Citizenship Society) という概念が登場している。内閣府が 2008 年に発表した『国民生活白書』によれば、消費者市民社会とは、「個々の消費者が、自らの消費行動が将来にわたって内外の社会経済情勢および地球環境に影響をおよぼしうることを自覚し、公正かつ持続可能な社会の形成に主体的に参画する社会」を意味する[2]。

従来、消費者が考慮すべき問題は事業者とのトラブルなど自身の権利保護に集中してきた。しかし近年、地球温暖化や環境破壊、生産地での労働搾取や貧困など、大量消費社会やグローバル経済が生み出す社会問題が深刻化している。こうした状況に鑑みて、消費者は権利を保護されるだけの存在ではなく、商品の購入、使用、廃棄、再生の各場面において、社会、経済、環境に影響をおよぼすことを自覚して行動すべき存在とみなされる機会が増えた。エコバッグの持参やリサイクルへの協力、フェアトレード商品の選択など、日常的な生活において消費者が環境配慮行動や途上国支援への協力を求められる場面は増えている[3]。こうした消費者を取り巻く状況の変化に応じて、2012 年に施行された『消費者教育の推進に関する法律』(消費者教育推進法) では、目指すべき社会のあり方として「消費者市民社会」が示された[4]。

同じように消費者の責任に焦点を当てたものとして、倫理的消費 (Ethical Consumption)、社会的責任消費 (Social Responsibility Consumption)、消費者の社会的責任 (Consumer Social Responsibility) という概念も存在する。日本では、「エシカル消費」や「ソーシャル消費」という用語が消費社会研究において使われ始めている[5]。貧困、労働搾取、環境破壊、紛争など途上国の生産地で起きている社会問題を解決するために、当事者や政府、国際援助機関のみならず、経済構造を支えている先進国の消費者にも、相応の社会的責任を果たすことが求められているのである。

こうした概念の理論的背景には、1990 年代以降の国際政治学において盛んになった「グローバル正義 (Global Justice)」をめぐる議論がある。ロールズ (John Rawls) が 1958 年に著した『公正としての正義』[6]に代表されるように、正義論は従来、国内の社会制度を方向づけるための政治哲学理論として議論されてきた。それが、グローバル化の進展にともなって、国内社会のみならず先進国と途上国の間の経済格差を社会的正義の観点でどうとらえるか、あるいは他国に対する国家の武力行使の正当性を人道的正義という観点から認めるか否かといったグローバルな議論に拡大してきた[7]。

2000年代には、ポッゲ（Thomas Pogge）の『なぜ遠くの貧しい人への義務があるのか』[8]やヤング（Iris Marion Young）の『正義への責任』[9]に代表されるように、国家と国家の関係のみならず、世界経済の構造に参加する個人と個人の間にも、国境を越えた関係が存在することに注目し、豊かな国の人々は、遠く離れた貧しい国の人々に対して責任を有するという議論が展開された。つまり、国境を越えた遠い地域で起きている社会問題に対して、なぜ豊かな国の人々が責任を負っているといえるのか、その論拠が示されるようになったのである。

こうしたグローバル正義論の展開が、途上国の生産地で起きている社会問題に対して、先進国の消費者が相応の社会的責任を果たすべきという「社会的責任消費」の考え方の基盤となっている。

ただし、こうした議論が抱える問題点は、先進国の消費者がいったい何をすれば社会的責任を果たすことになるのかが必ずしも明確ではないままに「責任」という理念が先行している点にある。

まず、世界中で起きている無数の社会問題の中で、どの問題に対して先進国の消費者が責任を有し、どの問題は当事者の責任としてとらえていいのか、消費者の責任の範囲が明らかではない。そして、先進国の消費者のどのような行動が問題を助長し、逆にどのような行動が問題解決を後押しするのか、消費者の行動がもたらす影響も必ずしも明確ではない。それにもかかわらず先進国の消費者に社会的責任を求める論拠はどこにあるのか。

世界中で起きている無数の社会問題のすべてを対象として消費者の社会的責任を議論することは、本書の射程を超える。そのため本書では、途上国と先進国をつなぐ資源に焦点を当てる。世界経済の構造に組み込まれた資源を対象として、その生産、加工、流通の過程に関連して起きている社会問題に議論の対象を限定する。

ただし、そうした限定をしてもなお、消費者の社会的責任が比較的明確に示されている問題と、示されていない問題が存在する。例えば、コーヒー、バナナ、カカオ、茶といった農産物や、綿、麻、木材などで作られる手工芸品など、軽度な加工を施された資源の生産・流通に関してならば、生産者に不利な取引や貿易システムが、生産地での劣悪な労働環境や貧困を助長していることが調査、報告されている。そして、消費者がフェアトレード商品を購入することによって、生産価格が保証されたり、生産地の子どもたちが教育を受けられるようになったりするという効果も示されている[10]。

同様に、アパレル（既製衣料品）産業においては、生産・流通システムにおける厳しい価格競争が、途上国の委託工場における労働搾取を助長していることが調査、報告されている。そして、こうした問題が「搾取工場(sweatshop)」問題として先進国の市民団体や非政府組織（NGO）によって取り上げられ、消費者が抗議活動に賛同することによって、企業が委託工場での労働条件改善に取り組む効果も示されている[11]。

一方で、対象が鉱物資源や工業製品のように加工度が高く複雑な生産・流通経路を持つ資源や産品である場合、生産地で起きているどの社会問題が、消費者が手にするどの製品につながっていて、消費者がどのような行動をすれば問題解決に貢献できるのか、その経路は明らかではない。

本来、生産地と消費地をつなぐ経路には2つの側面がある。ひとつは、生産地で産出された資源が製品化されて消費地に届くまでの、「モノ」の生産・流通経路である。もうひとつは、消費地での消費傾向や消費者運動が生産・流通経路をさかのぼって生産地に影響を与えるという、「影響」の伝達経路である（**図序-1**）。

本書で事例として取り上げる紛争資源問題の場合、例えばコンゴ東部でタンタル鉱石が産出されているという「モノ」の生産・流通経路の「入口」（図序-1のaの部分）はわかっており、そのタンタル鉱山が武装勢力に実効支配されて紛争資金の確保に利用されているという問題もすでに明らかになっている。一方で、先進国の消費者が使っているパソコンや携帯電話にタンタル・コンデンサが使用されているという生産・流通経路の「出口」（図序-1のbの部分）も示すことができる。しかし、はたしてそのコンデンサのタンタル

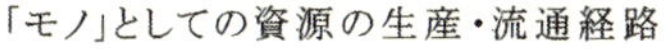

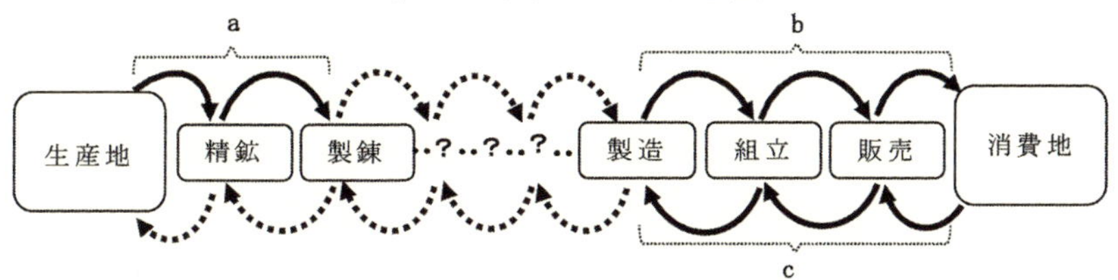

消費傾向・消費者運動による「影響」の伝達経路

図序-1　生産地と消費地を結ぶ経路の概念図

出典：筆者作成

は本当にコンゴ産なのか（オーストラリア産やブラジル産ではないのか）、もしコンゴ産であるならば、どのような生産・流通経路を経て消費者のもとに届いているのかという、「入口」と「出口」をつなぐ経路は、ブラックボックスのままになってきた。

「影響」の伝達経路においても、消費傾向や消費者運動の影響を検証できるのはサプライチェーンの下流（図序-1のcの部分）に限られてきた。消費者運動によって製品の組み立て工場での労働搾取や部品工場での環境汚染を改善した事例はある。しかし、さらに上流の資源産出地域にまで影響がおよぶかどうかは明らかではない。コンゴの紛争資源問題においても、消費地での消費傾向が本当に上流の生産地において紛争を助長しているのか、消費者がどのような行動をすれば、鉱山から武装勢力を撤退させられるのか、そもそも鉱物利用が停止すれば本当に紛争は止まるものなのか、むしろ鉱山労働者が失業して紛争状況が悪化するのではないかなど、先進国の消費者の行動がコンゴの資源産出地域にもたらす影響には、多くの疑問が残されたままになってきた。そのため、消費者がどのような行動をすれば社会的責任を果たしたことになるのかもまた、疑問のままにされてきた。

ところが近年、こうした状況に風穴を開ける取り組みが始まった。それが、コンゴの紛争資源を対象とする、経済協力開発機構（OECD）やアメリカの紛争鉱物取引規制である。アメリカで2010年7月に制定された金融改革法

（ドッド・フランク法）1502条は、コンゴの紛争地域とその周辺国から輸出された4鉱物（スズ（Tin）、タングステン（Tungsten）、タンタル（Tantalum）、金（Gold）：まとめて3TGとよぶ）を使用する上場企業に対して、証券取引委員会（SEC）への報告（Form SD）提出とWEBにおける情報開示を義務づけた[12]。3TGが採掘地において武装勢力の資金源となっていることを問題視し、企業が自社の資源調達経路を透明化することで紛争に加担する資金の流れを断とうとする取り組みである。OECDが2010年12月に発表した「紛争および高リスク地域からの鉱物についての責任あるサプライチェーンのためのOECDデューディリジェンス・ガイダンス」（OECDガイダンス）においても類似の義務が示され[13]、欧州連合（EU）はこの義務を遵守するための法整備に動き始めている。

紛争鉱物取引規制は、消費地から生産地への「影響」の伝達を利用し、消費地での取り組みによって、生産地の問題解決を実現しようとする試みである。そして、規制が導入され、取り組みが広まった背景には、2000年代から展開されてきたNGOの啓発活動と、その活動を支持する消費者世論の高まりがあった。

この取り組みを前にして本書で問いたいのは、「生産地と消費地をつなぐ経路が明確ではないにもかかわらず、消費地での取り組みによって生産地での問題を解決しようとする試みが始まり、消費者の支持を受けて広まったのはなぜなのか」という疑問である。

農産物や軽度の加工品を対象とする従来の社会的責任消費に鑑みれば、消費者は自分が手にする産品が生産者の貧困や労働搾取につながっていることを知り、自分の消費行動の変化が生産者の労働環境や生活環境の改善につながると信じるからこそフェアトレードや消費者運動に協力するのではないのか。しかし、自分の手にする製品にコンゴの紛争資源が本当に使われているのかもわからず、紛争鉱物取引規制が本当にコンゴの紛争状況の改善につながるのかという効果もわからないのに、消費者が紛争鉱物取引規制に賛同したのだとしたら、人々がこの問題に対して自分にも責任があると判断した論拠はどこにあり、取り組みを支持した動機はどこにあるのか。

紛争鉱物取引規制は、消費地での取り組みによって生産地の問題解決を実現しようとする試みであるという点において、フェアトレードに代表される社会的責任消費の一例といえる。しかし、対象資源である3TGは、加工度の高さや生産・流通経路の複雑さという点において、農産物や衣料品とは大きく異なる。したがって、紛争資源を対象とする社会的責任消費の論拠と動機は、従来のフェアトレードと同じ分析枠組みでは説明できない。3TGの「モノ」としての特徴、生産・流通経路の複雑さを考慮に入れて、紛争資源問題に特有の社会的責任消費の論拠と動機を問い直す必要があろう。

2　研究目的

こうした問題意識に基づいて本書では、コンゴの紛争資源問題を事例として、途上国の生産地で起きている社会問題と、先進国の消費者との関係を問い直す。これまでは看過されてきた資源産出地域と消費地をつなぐ経路を、紛争資源に特有の複雑さを考慮に入れながら明らかにし、紛争資源問題に対する先進国の政府、企業、消費者の認識をとらえ、問題解決に向けて先進国の消費者が果たす役割を検討する。従来は紛争資源の禁輸に反対していた欧米政府が紛争鉱物取引規制に踏み切ったのはなぜか。規制による経済的負担を認知しながらも、企業が率先して紛争資源問題への対応に乗り出したのはなぜか。そして、こうした取り組みを消費者が支持したのはなぜなのか。これらの疑問を解き明かすことを通じて、社会的責任消費の潮流において紛争鉱物取引規制が持つ意義を示し、公正な社会の実現を目指す消費者市民社会の可能性を論じる。

特に先進国の消費地としては、欧米のみならず日本にも注目する。第4章と第5章で詳述するように、コンゴの紛争資源問題において、日本は中心的な役割を担っているとはいい難く、消費者の関心も低い。アメリカ、イギリス、フランス、ベルギーなどの欧米諸国の方が、植民地期からコンゴとの関係性が強い。そのため、2度のコンゴ紛争の解決プロセスにおいても、現在の紛争鉱物取引規制においても、中心的な役割を担い、強い影響力と関心を有している。他方で日本は、コンゴとの直接的な関係性が弱い一方で、世界有数の資源消費国であり、外国企業を通じてコンゴの資源を輸入し、製品化に深く関与している。そのため、2010年にOECDとアメリカで制定された紛争鉱物取引規制に対して、日本企業は迅速な対応を行っている。つまり日本は、重要な資源消費地でありながら、紛争資源問題に対する消費者の関心が低く、それにもかかわらず企業が紛争鉱物取引規制への対応を進めている、という矛盾にも見える構図を抱えている。従来の社会的責任消費の議論では、消費者の行動が圧力となって企業の行動変化をもたらすという欧米型モデルが前提となってきたが、コンゴの紛争資源問題に関する限り、このモデルは日本にはあてはまらない。それでは、日本では紛争鉱物取引規制への対応をめぐってどのようなメカニズムが働いているのか。そしてそのメカニズムの中で日本の消費者が担っている役割とは何か。紛争資源問題に対する欧米と日本の対応の違いを比較することで、途上国の生産地で起きている問題に対する日本の消費者の関わり方の特徴と課題を示す。

同時に本書では、世界経済の構造の中で問題の全体像をとらえることが重要であると考えるため、生産地で起きている社会問題をとらえる際に、先進国の消費者との関係のみに研究対象を限定せず、当該問題の全体像をとらえるよう留意する。コンゴの紛争資源問題の場合、第2章で詳述するように、紛争資源問題自体は、1996年の紛争発生以降に資源が紛争資金源として利用され始めたことに端を発する新しい問題である。しかし、紛争の根底には、植民地期から続く土地と市民権をめぐるエスニック対立が存在し、そうした対立を合法的に解決できないコンゴ政府の統治能力の弱さがある。こうした土地と市民権をめぐるエスニック対立やコンゴ政府の統治能力の弱さは、コンゴの長い歴史の中で、ヨーロッパとの交易、植民地支配と資源搾取、冷戦構造とその終結の影響といった外生的要因と、コンゴ社会独自の内生的要因とが複雑に絡み合って形成されてきたものである。それにもかかわらず、先進国の消費者とのつながりを過度に強調することで、紛争資源問題をコンゴが抱える問題の「全体」であるかのようにとらえ、紛争資源さえ買わなければコンゴが抱える問題が解決するかのような印象を作り出したのでは、問題の本質を見誤る。

つまり、途上国の生産地で起きている社会問題を理解し、消費者との関係性をとらえるためには、外生的な要因と、当該地域社会が抱える内生的な要因の両方を十分に検討する必要がある。貧困、労働搾取、環境破壊、紛争などの社会問題は、確かに世界経済の構造の中で起きている。しかし、搾取や紛争を起こしている主体は、外部からの影響を受けながらも、主体的に行動する現地の人々である。外生的要因と内生的要因は常に絡み合って作用しているのである。したがって、途上国の社会問題に対する先進国の消費者の社会的責任を検討する際にも、問題の本質をとらえるためには、世界経済の構造がもたらす影響（外生的要因）と、現地の文脈（内生的要因）の両方を検討することが必要である。

これらの留意点を踏まえて本書では、コンゴの紛争問題という全体像の中に紛争資源問題を位置づけ、外生的要因と内生的要因の両方を検討しながら、コンゴの紛争資源問題と先進国の消費者の関係を描き出していく。

3　本書の構成

上述の研究目的を達成するため、本書の各章では以下の考察を行う。

第 1 章では、社会的責任消費の論拠と動機をめぐる既存の議論を検討する。はじめに、グローバル正義論における先進国の消費者の責任をめぐる議論を中核として、1960 年代に始まる中核・周辺概念や従属論、世界システム論、構造的暴力論の議論をたどる。それによって、途上国の社会問題を世界経済の構造の中でとらえ、先進国の消費者に責任を求める議論が、これまでにどう展開してきたのかを検討する。その議論を踏まえた上で、本書において提示する仮説として、消費者と遠くの地域で起きている問題との間に存在する 3 つのつながり、「問題とのつながり」「問題解決とのつながり」「形而上的なつながり」を提示する。そして、事例研究対象としてコンゴの地理的・歴史的概要を概観する。

第 2 章では、世界経済の構造の中でコンゴの豊富な資源がどのように利用され、紛争に結びついていったのか、紛争資源問題の「根」にあたる歴史的背景を考察する。世界システム論の分析視点を提示した後で、世界経済の構造にコンゴが組み込まれ、典型的な資源依存型経済が形成されていく過程と、その組み込みに加担する構造が現地社会に形成されていく過程を考察する。植民地期から続く土地と市民権をめぐるエスニック対立には特に注目し、現地の文脈での紛争の発生要因をとらえる。

第3章では、1996年に始まるコンゴ紛争と、2003年以降のコンゴ東部紛争における資源と紛争の結びつき方を検討し、紛争資源問題の本質に迫る。紛争と資源が結びつく諸メカニズムを検討した後で、1996年に始まる2度のコンゴ紛争において資源収奪が始まり、資源と紛争が結びついた経緯、および、国際連合（国連）をはじめとする国際社会が紛争資源問題を解決できなかった理由を明らかにする。そして、2003年の紛争「終結」後も続くコンゴ東部紛争の構造をとらえ、その中での紛争資源の役割をとらえる。

第4章では、コンゴの資源産出地域と消費地との「つながり」をとらえる。資源産出地域と先進国の消費地との「つながり」をとらえる視点を提示した上で、「問題とのつながり」として、コンゴの鉱物輸出から、加工、製品化、消費まで、「モノ」としての鉱物資源の生産・流通経路と、先進国の消費傾向がコンゴにおける資源産出におよぼした「影響」の伝達という2つの側面から、コンゴと消費地とを結ぶ経路をとらえる。さらに、2010年に始まる紛争鉱物取引規制の導入経緯に焦点を当て、なぜ紛争資源問題を消費地での取り組みによって解決しようとする試みが始まったのか、「問題解決とのつながり」を検討する。

第5章では、日本における紛争資源問題への対応を検証し、消費者市民社会としての現状と課題をとらえる。国際社会における取り組みが進む一方で、日本においては紛争資源問題がどのように受け止められ、対応がとられているのか。まずは、日本とコンゴの関係を、民間企業による資源開発の試みと、政府開発援助（ODA）による二国間援助を中心にとらえる。その上で、企業と消費者という2つの主体から、日本における紛争資源問題への対応をとらえ、日本における社会的責任消費の潮流を概観し、その中に紛争資源問題への対応を位置づける。そして、消費者市民教育としてコンゴの紛争資源問題を取り上げた場合、生徒の認識はどう変化するのか、高校での授業実践分析を提示し、消費者市民社会の展望を描く。

そして最後に結論として、序章で提示した問いに照らして本書の分析結果を提示する。

4　主要用語の整理

本書においては、以下の用語を、以下の定義で用いる。

消費者（consumer）

消費者とは、自らの欲望の充足のために財やサービスを消耗する行為主体をさす。

消費者団体やNGOなどの市民団体は、しばしば消費者の代表を自認するが、本書においてはこうした市民団体が持つアドボカシーの専門家集団としての性質を重視し、一般の消費者と市民団体を別の行為主体ととらえる。

消費者市民社会（Consumer Citizenship Society）

消費者市民社会とは、個々の消費者が、自らの消費行動が将来にわたって内外の社会経済情勢および地球環境に影響をおよぼしうることを自覚し、公正かつ持続可能な社会の形成に主体的に参画する社会を意味する[14]。

消費者市民社会という概念は、イギリスや北欧における消費者市民教育（Consumer Citizenship Education）の文脈で登場し、2008年に内閣府が発表した『平成20年版国民生活白書』において、日本にも必要な概念として紹介された。2012年に施行された消費者教育推進法では、目指すべき社会のあり方として示されている。

社会的責任消費（Social Responsibility Consumption）

消費行動とは、消費者が、商品を購入、使用、保管、廃棄する一連の過程をさす[15]。したがって社会的責任消費とは、消費者が、商品の購入、使用、保管、廃棄（再生を含む）の各場面において、社会、経済、環境に影響をおよぼすことを自覚して行う消費行動を意味する。類似の概念に「倫理的消費

／エシカル消費（社会を構成する人々が共存するための規範に即した消費）[16]」や「ソーシャル消費（消費を通じて世界と関わり、社会を創る、質と絆を重視した消費[17]）」がある。本書においては、これらの類似概念を包括する概念として社会的責任消費という用語を用いる。

紛争（conflict）

紛争とは、2つ以上の政府、あるいは少なくとも1つの政府の軍と組織された武装勢力との間で、継続的に武力衝突が起きている状態をさす。この定義によれば、国家間紛争と、国内における政府と反政府武装勢力間の戦闘が含まれる。本書で事例として取り上げるコンゴ紛争やコンゴ東部紛争は、後者の事例にあたる。ただし、既存研究への言及においては、当該研究の指標に従って紛争という用語を用いる。

資源（resource）

資源とは、広義には、人間が生活の維持・向上のために働きかける対象としての自然物をさす。土地、森林、水、埋蔵鉱物、水産生物といった「天然資源（自然のままに存在する資源）」は、人間の働きかけによって、農産物、木材、鉱石といった「原料」へと採取・加工され、人間の生産や生活に利用される。したがって資源には、自然物そのものとしての側面と、働きかけによって生活の維持・向上をもたらす手段としての側面がある[18]。

しかし本書では、紛争において資金源として利用される対象物に議論の対象を限定するため、資源という用語を、農産物、木材、鉱石といった原料としての資源を意味するものとして狭義で使用する。

紛争資源（conflict resource）

紛争資源とは、当該資源に対する人間の働きかけ（採取・加工・取引・管理・徴税など）から得られる利益が、紛争の発生・継続の動機あるいは手段として利用される資源をさす。該当する資源は、石油、金、レアメタル、ダイヤモンドなどの鉱物資源から、コーヒー、茶、タバコなどの農産物、木材、麻薬や土地の権利まで幅広く存在する。

2010年にOECDとアメリカで導入された紛争鉱物取引規制においては対象となる資源がスズ（Tin）、タングステン（Tungsten）、タンタル（Tantalum）、金（Gold）の4鉱物（まとめて3TGとよぶ）に限定されるため、紛争鉱物（conflict minerals）という用語も用いられる。

なお、タンタルはコロンバイト-タンタライト鉱石（通称コルタン）などから精製される金属である。鉱石の段階ではコロンバイト-タンタル、あるいはコルタンとよぶのが正しいが、本書では国連の報告書や各国の紛争鉱物取引規制で使われている「タンタル」という呼称で統一する。

注

1　トルストイ，レフ・ニコライヴィチ著，米川正夫訳［1951］，『われら何をすべきか』角川文庫（原典は1886年発表）。

2　内閣府［2008］，『平成20年版国民生活白書　消費者市民社会への展望―ゆとりと成熟した社会構築に向けて―』2頁。

3　参照：内閣府［2008］。

4　『消費者教育の推進に関する法律』（消費者教育推進法）第2条第2項。

5　参照：大阪ガス（株）エネルギー・文化研究所［2012］，『CEL vol.98 特集 倫理的消費―持続可能な社会へのアクション』。

6　Rawls, John [2001], *Justice as Fairness: A Restatement*, Harvard University Press（田中成明他訳［2004］，『公正としての正義　再説』岩波書店）.

7　参照：日本法哲学会編［2012］，『法哲学会年報　国境を越える正義―その原理と制度』有斐閣。

8　Pogge, Thomas [2008], *World Poverty and Human Rights: Cosmopolitan Responsibilities and Reforms*, second edition, Polity Press（立岩真也監訳［2010］，『なぜ遠くの貧しい人への義務があるのか―世界的貧困と人権』生活書院）.

9　Young, Iris Marion [2011], *Responsibility for Justice*, Oxford University Press（岡野千代，池田直子訳［2014］，『正義への責任』岩波書店）.

10　参照：Fairtrade International <http://www.fairtrade.net/> および、Nicholls, Alex, and Charlotte Opal [2005], *Fair Trade: Market-Driven Ethical Consumption*, London, SAGE Publications（北澤肯訳［2009］，『フェアトレード―倫理的な消費が経済を変える』岩波書店）．長坂寿久編著［2009］，『世界と日本のフェアトレード市場』明石書店。佐藤寛編［2011］，『フェアトレードを学ぶ人のために』世界思想社。

11　Klein, Naomi [1999], *No Logo: Taking Aim at the Brand Bullies*, New York, Picador（松島聖子訳［2009］，『新版　ブランドなんか、いらない』大月書店）.

12　正式名称は “Dodd-Frank Wall Street Reform and Consumer Protection Act”. 日本語訳は、松尾直彦著［2012］,『Q&A アメリカ金融改革法—ドッド・フランク法のすべて』金融財政事情研究会を参照。

13　OECD [2011], *OECD Due Diligence Guidance for Responsible Supply Chains of Minerals from Conflict-Affected and High-Risk Areas*, OECD Publishing.

14　参照：内閣府［2008］, 2 頁。消費者教育推進法第 2 条第 2 項。

15　参照：竹村和久［2000］,「消費行動の社会心理学」竹村編著『消費行動の社会心理学—消費する人間のこころと行動』北大路書房, 1-11 頁。

16　参照：豊田尚吾［2012］,「ウェルビーイング実現のための倫理的消費に」大阪ガス（株）エネルギー・文化研究所『CEL vol.98 特集 倫理的消費—持続可能な社会へのアクション』67-72 頁。

17　参照：上條典夫［2009］,『ソーシャル消費の時代—2015 年のビジネス・パラダイム』講談社。

18　参照：佐藤仁編著［2008］,『人々の資源論—開発と環境の統合に向けて』明石書店。

第1章 「つながり」でとらえる社会的責任

グローバル化した現代世界における「豊かな人」と「貧しい人」の関係は、トルストイの時代ほどには明確ではない。それでもなお、国境を越え、大陸を隔てた遠くの途上国で苦境に立たされている人々に対して、先進国の人々が責任を有しているといえるのはなぜか。そして、その人々を救おうと尽力するのはなぜか。

この問いを解きほぐすためには、途上国の人々と先進国の人々がともに組み込まれている世界経済の構造をとらえ、両者の間に存在するつながりとは何であるのかを理解する必要がある。本章では、グローバル正義論と途上国の社会問題を世界経済の構造からとらえる議論を軸として、社会的責任消費の論拠となる議論を検討した上で、本書における論点を提示する。第1節では、途上国の貧困や労働搾取などの社会問題に対して先進国の政府や個人に責任を求める論拠と、その責任を人々が受け入れる動機を、既存の議論から検討する。第2節では、本書における仮説として、消費者と遠くの地域で起きている問題との間に存在する3つの「つながり」を示す。そして第3節では、事例として取り上げるコンゴの地理的・歴史的概要を整理する。

第1節 社会的責任消費をめぐる議論

途上国の社会問題に対して、先進国の消費者が責任を有するといえるのはなぜか。この問いは、「なぜ豊かな国（人々）には、貧しい国（人々）を救う責任／義務があるのか」という「援助する義務」をめぐる議論として1970年代から展開され、グローバル化の進展とともにグローバル正義論へと発展してきた。「援助する義務」という慈善的な義務が、どのようにして社会契約論に基礎を置く正義論と結びつき、消費者の社会的責任をめぐる議論へと展開していったのか、その系譜をたどった上で、個別の議論を検討していく。

1.1.1　途上国の問題に対する先進国の責任

1970年代から展開されてきた「援助する義務」をめぐる議論が対象とした主な社会問題は途上国の貧困であり、その論理は、最大多数の最大幸福を追求する功利主義によって支えられている。代表的な論者である哲学者のシンガー（Peter Singer）は、「救うことができるものは救うべきである」という、帰結主義（consequentialism）ともよばれる論理によって、豊かな国の人々が貧しい国の人々を救う義務を論じてきた[1]。

しかし、国際社会における相互依存が高まる中で援助をめぐる議論が深まると、社会全体の利益のために個人の諸権利を制約することを許容する功利主義の論理で途上国の社会問題をとらえる限界が認識されるようになった。そして、従来は国内社会を対象として議論されてきた正義論を国際社会にあてはめるグローバル正義論が提起されるようになった。1979年に『国際秩序と正義』を発表したベイツ（Charles R. Beitz）[2]や1981年に『国境を超える義務』を発表したホフマン（Stanley Hoffmann）[3]がその先駆的な論者である。議論の対象となる社会問題も、貧困問題にとどまらず、先進国の政府や企業が行う政治経済活動が途上国におよぼす影響全般に広がった。

特に1990年代は、多国籍企業による経済活動の拡大にともない、国際的な経済制度の変革や、労働者の権利保護のための企業に対する制約を視野に入れて、グローバル経済における正義のあり方を議論する必要が生じた。同時に、旧ユーゴスラヴィア紛争やルワンダ・ジェノサイドのような深刻な人道危機に際して他国が人道的介入をすべきか否か、あるいはテロの温床となる脆弱国家に他国が武力介入することは許されるのか否か、国境を越えた武力行使をめぐるグローバル正義のあり方を議論する必要も生じた。

こうした国際情勢を背景として、途上国で起きている貧困、労働搾取、環境破壊といった社会問題、深刻な人道危機やテロに対して、先進国の政府、企業、個人はどう対応すべきなのか。国境を越える正義をめぐる議論が、グローバル正義論として展開されるようになった。

本書では、社会的責任消費をめぐる議論に対象を限定するため、人道危機やテロに対する武力行使をめぐるグローバル正義論は議論の対象から外す。貧困、労働搾取、環境破壊といった社会問題を対象とする、グローバル経済における正義のあり方に注目するグローバル正義論を検討する（以下、単にグローバル正義論とよぶ）。

特に、社会的責任消費の基礎となる重要な議論として、以下の論者の論を中心的に検討する。「援助する義務」を唱えるシンガー。国内社会を対象とする正義論を主導したロールズ[4]。グローバル正義論の先駆的論者としてベイツとホフマン。失なわれた「あるべき状態」を回復しようとする匡正的正義（corrective justice）の観点から正義論を展開するポッゲ[5]とヤング[6]。分配的正義（distributive justice）の観点から正義論を展開するミラー（David Miller）[7]とヌスバウム（Martha C. Nussbaum）[8]である。

取り上げる論者のグローバル正義論は、いくつかの観点で区分ができる。第1に、途上国の社会問題に対する責任を「誰に」あるいは「何に」強く求めるかという責任主体を基準とすると、政府（あるいは国民国家）、個人、制度、社会構造の4つに大別できる。ただし、この区分はどの主体に重きを置くかの違いであって、相互に排他的ではない。例えば、ポッゲは制度、ヤングは社会構造を最重要視するが、制度や社会構造の中で個人が分有する集団的責任を追及する点において、個人の責任にも重きを置いている。

第2に、どのような責任を追及するかという責任の区分を基準とすると、誰が／何が問題を引き起こしたのかという因果に基づく結果責任（outcome responsibility）を重視する論と、誰が救済する責任を有するのかという救済責任（remedial responsibility）を重視する論に分けられる。

第3に、どのような正義の実現を追求するかという正義のあり方を基準とすると、共同的な諸々の事物を各人に分配する分配的正義を求める論と、諸々の人間交渉において均衡を回復する匡正的正義を求める論に分けられる[9]。

第2と第3の区分は多くの場合、結びついている。例えばポッゲやヤングは、先進国に有利な制度や社会構造が途上国に不正義をもたらしているという因果に注目するため、結果責任を重視し、先進国の人々は制度を改革して不正義を正すべきであるという匡正的正義を求める。一方、ミラーやヌスバウムは、基本的人権や人間の尊厳に見合った生活はすべての人に保障されるべきであるという分配的正義を求める。そのため結果責任よりも、権利を保障する救済責任を重視し、ミラーは国民国家に、ヌスバウムは諸個人と諸制度の間に義務の分配を求める。

以下では、これらの区分を踏まえながら、各論者の説を詳しく見ていく。本書では、こうした既存の議論を超えて新たな理論を構築することはできないが、既存の議論を援用しながら社会的責任消費の論拠と動機を提示し、補足すべき点を検討する。

援助する義務：帰結主義（consequentialism）

「援助する義務」について検討する前提として、先進国の責任を否定する議論から話を始めたい。先進国の責任は、始めから肯定されていたわけではない。人口過剰を問題視していたハーディン（Garrett Hardin）は1974年に発表した論文「Living on a Lifeboat」において、「救命艇の倫理（lifeboat ethics）」とよばれる問題提起を行った。ハーディンは世界を「救命艇」に例えた。私たちは定員60名の救命艇に乗っている50名であり、水中を泳いでいる100名に直面している。100名全員を救いあげれば、救命艇は転覆して全員が溺れる。10名だけを救いあげる場合、どの10名を選ぶかが問題となり、残りの90名は救えない。また、定員まで人を乗せれば、救命艇は「安全要因」（何か起こった時のための余力）を失うことになり、危険である。したがってハーディンは、誰も乗船させるべきではない、つまり、先進国は途上国を見捨ててでも自らの状況の維持のためにのみ努力すべきと主張した[10]。

ハーディンの問題提起に異議を唱えて「シンガー・ハーディン論争」を起こしたのがシンガーである。シンガーは、「世界は現に十分な食糧を生産している」というジョージ（Susan George）の見解を採用し、「救命艇」という状況設定を否定した。

ジョージは食糧危機を、「豊かな国々と多国籍農業会社、その支配する国際制度、さらには、他の地域に住む人々を飢えに追いやっている豊かな国々の消費者の習慣」によってつくられているものであると指摘している[11]。シンガーはジョージの論を援用し、「人々が飢えているのは人が多すぎるせいではなく、不公平な土地の分配や、先進国による第三世界の経済の操作、西洋諸国での食料の浪費などのせいである」として、問題が本質的に生産ではなく分配の問題であると主張した[12]。

シンガーは、貧しい国には「絶対的貧困」がある反面、豊かな国には「絶対的豊かさ」があると表現している。先進国には基本的な生活必需品を手に入れるのに必要とする以上の所得があり、先進国の富の一部を回すだけで、貧しい人々の状況を変えられる。それにもかかわらず十分な援助をしないのならば、豊かな国の人々は、貧しい国の人々を絶対的貧困に苦しませ、その結果、栄養不良、疾病、死に至らしめていると結論せざるを得ないというのである[13]。

池で溺れている子どもを見かけた場合には助けるべきだ、という考えに多くの人が賛同するのは、「非常に悪いことが起こるのを防ぐ力が私にあるなら、そして、それに匹敵するほど道徳的に重要なことを犠牲にしないですむのなら、私はそれをなすべきである」という原則に人々が賛同するからであると、シンガーはとらえる。そして同じ原則に基づく以下の論理によって、豊かな国には貧しい国を援助する義務があると主張する[14]。

第1前提　悪いことを防ぐことが、それに匹敵するほど道徳的に重要なものを犠牲にせずにできる場合には、そうすべきである。
第2前提　絶対的貧困は悪いことである。
第3前提　絶対的貧困には、それに匹敵するほど道徳的に重要なものを犠牲にせずに防ぐことができるものがある。
結　　論　そうした絶対的貧困を防ぐべきである。

この主張は、「救うことができるものは救うべきである」という帰結主義かつ功利主義の観点から援助する義務の根拠を示した代表的なものである。

さらにシンガーは、貧しい人を援助する義務は、政府だけにあてはまるものではなく、援助団体への寄付やボランティアを通じて我々一人ひとりが何ごとかをなす機会を持っている以上、豊かな個人にもあてはまる義務であると主張している。そして、理論分析のみならず実践を重視するシンガーは、自身も毎年所得の 10% を対外援助に寄付するとともに、「The Life You Can Save」という組織を立ち上げ、援助団体への寄付をよびかけている[15]。

シンガーが問題とするのは富の分配の不平等であり、再分配の方法として個人による寄付を重視している点が大きな特徴である。

しかしシンガーの論に対しては、貧困をもたらしている原因を検討せず、結果責任を無視して救済責任のみを議論しているという批判がある[16]。こうした批判を受けて、2010 年の著書『あなたが救える命』では、お金持ちが貧しい者に実際に危害を与えている例として、赤道ギニア、コンゴ、アンゴラを挙げ、次のように述べている。

> 国際企業が発展途上国の腐敗した独裁者たちと商取引をすることは、盗まれたものをそれと知りつつ購入する人々に似ている。違うのは、こうした企業は国際的な法的・政治的秩序によって、盗まれたものを所有する犯罪者ではなく、購入した商品の合法的な所有者として認められていることだ。もちろんこの状況は、独裁者たちと商取引をしている企業にとっても、また私たちにとっても利益となっている。というのも、こうして得られる石油や鉱石やその他の原材料は、私たちが自国の繁栄を維持するのに必要だからである。(中略) もし私たちが、資源は豊かだが貧しい国々とのこうした非倫理的な取引によって得られた原材料を用いた商品を使うならば、私たちはこうした国々に住む人々に危害を与えているのである[17]。

そして、地球温暖化についても同様の見解を述べた上で、以下のように結論づける。

> もし他人に危害を与えたものはその人に補償しなければならないという考え方を私たちが受け入れるのであれば、先進国が世界中で最も貧しい人々の多くに補償責任を負っていることを私たちは否定できない[18]。

この表現は、これまで救済責任に重点を置いてきたシンガーが、結果責任にも議論の対象を広げたことを示している。ただしシンガーは、こうした貿易の不公正を認識しながらも、個人が貿易政策の改善に向けた運動に時間や資金を向けるより、援助団体に寄付をする方が有効であるという立場をとっている。1993年の著書では、個人ができることとして、寄付の他にも、「我々は、富める国と貧しい国との公正な通商協定を求めて運動していくべきであるし、多国籍企業がその国の貧しい人の食糧よりも自国の株主の利益を上げることに懸命になって、貧しい国々を経済的に支配するような事態を阻止しなければならない」と述べていた[19]。ところが、2010年の著書では、そうした運動を行っても、先進国内に強力な政治的既得権益があるために政治的変化が生じそうにないならば、経済成長から利益を得られない人々にセイフティ・ネットを提供する援助に、時間や資金を費やす方が良いという見解を示している[20]。より効果的な帰結が期待される手段の方を選ぶ点に、功利主義に基づく帰結主義の立場が如実にあらわれている。

シンガーと同様に、援助を増やすことが途上国の貧困を解決する重要な鍵になるという主張は、サックス（Jeffrey D. Sachs）を中心とする経済学者によっても唱えられ[21]、国連ミレニアム開発目標（MDGs）の設定や、国連ミレニアム・ビレッジ・プロジェクトの実施に活かされている。サックスらの主張は「ビッグ・プッシュ」とよばれる。

一方で、世界銀行で援助プロジェクトを担当していた経済学者のイースタリー（William Easterly）は、大規模かつ計画的なトップ・ダウン式の援助のやり方を変えない限り貧困問題は解決できないとして、サックスらの「ビッグ・プッシュ」を批判している。イースタリーによれば、先進国、国際通貨基金（IMF）、世界銀行は1960年代以降、巨額の援助を行ってきたにもかかわらず、貧しい国を豊かにするという目的を達成できなかった。それは、貧困問題は技術的な問題であり自分が思っている解答に従って行動すれば解決できると考える「プランナー（Planners）」の思考で解決策を押しつけてきたためである。貧困問題は、政治的、社会的、歴史的、制度的、さらには技術的に複雑に絡み合った問題であり、問題解決の答えは事前にはわからない。個々の国の実情に合わせて試行錯誤を繰り返し、個々の問題に対する解決策を探ろうとする「サーチャー（Searchers）」の考え方を活用することが重要であるとイースタリーは主張している[22]。

この「サックス・イースタリー論争」に対してシンガーは、巧妙な見解を提示している。シンガーは、政府による援助には効果がなかったというイースタリーの批判を受け入れながらも、イースタリーが議論の対象を政府による援助プログラムや政府の資金で運営される援助機関に限定し、NGO の仕事についてほとんど言及していないことを批判している。政府による援助に効果が期待できないならば、効果的な活動をしている NGO への個人寄付はなおさら重要であるというのが、シンガーの結論である。

さらにシンガーは、「援助が現実の世界にもたらす可能性の高い諸帰結を明らかにすることは、私たちが思っていたよりもずっと複雑である場合が多く、またこのことはあらゆる大規模な人間活動についてもあてはまることである[23]」と述べている。イースタリーが貧困問題の複雑さを指摘したのと同じ論理で、援助がもたらす効果の複雑さを指摘し、大規模な援助の実施を肯定した見解と考えられる。

総じてシンガーは、先進国から途上国への富の移転と援助が貧困問題を解決する有効な手段になるという見解を維持しており、「救うことができるものは救うべきである」という帰結主義かつ功利主義の立場から援助する義務を論理的に示している。ただし、効率的な救済を重視するために、社会問題を引き起こしている原因を十分に追究せず、根本的な問題解決に迫っていないという問題点は依然として残る。

グローバル正義論：義務論（deontology）

一方、救えるか否かという帰結にかかわらず、そして対象を貧困問題に限定せず、正義の実現や人権の保護といった観点から社会正義を追求すべきという義務論（deontology）に立つのが、グローバル正義論である。

グローバル正義論は、ロールズの正義論を基礎としているため、ロールズを出発点として議論の展開をたどる。

ロールズは、功利主義は社会全体の利益のために個人の諸権利を制約することを許容するため、立憲民主主義社会を支える政治哲学理論になりえないと主張した。そして1958年に『公正としての正義』を発表して以降、社会契約論を基礎とした政治哲学理論としての正義論を構想してきた[24]。

ロールズによれば、正義とは、主要な社会諸制度が基本的な権利と義務を各人に割りあて、社会的な協働によって生じる利益と負担の適切な分配を決定する原理である[25]。つまり、分配的正義の観点から正しい分配を決定する原理として正義をとらえている。さらにロールズは、諸制度において最優先されねばならない要求事項は、「自由で平等な人格（意見表明の主体）である市民が基本的な諸権利・諸自由を保持すべきことである[26]」という基礎に立ち、制度に関する正義の原理を以下のように提示している（2001年版より引用）。

第一原理　各人は、平等な基本的諸自由からなる十分適切な枠組への同一の侵すことのできない請求権をもっており、しかも、その枠組は、諸自由からなる全員にとって同一の枠組と両立するものである。

第二原理　社会的・経済的不平等は、次の二つの条件を充たさなければならない。第一に、社会的・経済的不平等が、機会の公正な平等という条件のもとで全員に開かれた職務と地位に伴うものであるということ。第二に、社会的・経済的不平等が、社会の中で最も不利な状況にある構成員にとって最大の利益になるということ（格差原理）[27]。

つまり、ロールズが構想する正義に適った社会とは、人々が平等な権利を持ち、他の人々も同一の権利を持つことを承知し、かつ、基礎的な社会の諸制度がそれらの原理を概ね充たしており、人々もそのことを知っている社会を意味する。ただし、ロールズは社会を「相互の関係を拘束する一定の振る舞いのルールを承認し、かつそれらのルールにおおむね従っている人々が結成する、ほぼ自足的な連合体[28]」として閉鎖的にとらえている。そのため、ロールズが提示する正義の原理は国内社会を前提としており、諸国民の法や国家相互の関係には適用できないものと想定されている。

こうしたロールズの限定を批判し、国際政治理論に正義の原理をあてはめることを提唱したのが、ベイツである。

ベイツは、国内社会における正義の原理を正当化する際に持ち出されるいくつかの特徴において、国際関係が国内社会に似てきていることを指摘した[29]。その特徴のひとつは、国際的な投資と貿易の増大が、世界規模での資本投資の配分、生産調整、市場開発を促進し、世界規模での利益と負担を生み出していることである。世界規模での利益と負担の分配が存在するということは、国家が自足的であるというロールズの仮定を否定することになる。

もうひとつの特徴は、そうした国際的な相互依存の増大に対応すべく、世界規模での財政や金融の諸制度、国際協定や規則がつくり出されていることである。国際的な条約や慣行もまた、所得と富の世界規模での配分に影響を与えている。こうした制度や規則の存在は、世界規模においても社会の基本構造が存在することを意味し、正義の原理の適用範囲を国内社会に限定する正当性を失わせている。

こうした見解に立ってベイツは、世界規模での諸原理（global principles）をつくり上げる必要性を唱え、ロールズの正義の原理を国際関係に適用して見せた。そして、分配的正義の原理は、まず世界全体に、次いで副次的に国民国家に適用されなければならないと主張した。

こうした、いわば時代の要請ともいえる正義論の拡大への要請に呼応して、ロールズは 1999 年に著書『万民の法』を発表し、国内社会のみならず、「万国民衆の社会（society of peoples）」に適用できる正しさ（right）と正義（justice）を満たす「万民の法（the law of peoples）」を構想した[30]。「万国民衆の社会が相当程度に正義に適ったものとなるのは、その構成員たちがお互いの関係において、相当程度に正義に適った万民の法にしたがうとき」であるとロールズは考え、そのような万民の法の原理を提示したのである[31]。

ただし、ロールズの構想はリベラルな国の民衆によって行われる外交政策の理想や原理を案出しようとするものであり、伝統的な国家間関係を前提とした正義論の適用にとどまっていた。

ロールズの限界を越えて正義論をグローバルに拡大する議論を展開したのは、弟子のポッゲである。ポッゲは、「どれだけ効率的でうまく編成されている法や制度であろうとも、もしそれらが正義に反するのであれば、改革し撤廃せねばならない[32]」というロールズの正義論をグローバルなレベルに広げ、「いかなる国家的およびグローバルな制度秩序も、広範かつ回避可能な人権の欠損を、予見可能であるにもかかわらず生み出してしまうような形で設計されているとしたら、不正義である[33]」と主張した。ポッゲのグローバル正義論の特徴は、貧困層を苦しめる要因となっている世界経済制度を、人権に関する義務という観点から批判する点にある。

ポッゲは、人権に関する義務には、他者の権利を保護したり援助したりする積極的義務と、他者の権利を剥奪することを避ける消極的義務との両方が含まれるととらえる。そして、豊かな国の人々が、グローバルな諸制度を通じて貧しい国の人々に深刻な貧困と抑圧を押しつけているのならば、他者に不当な危害を加えないという消極的義務を満たしていないことになると指摘する[34]。

さらにポッゲは、グローバルな諸制度を支える主体として政府のみならず個人の義務を重視している。ポッゲは、「我々個々人の消費者としての選択が搾取と収奪を持続させている」のみならず、「その押しつけに抵抗できない多くの者たちの過酷な貧困を永続させている強制的世界秩序を、我々の政府が我々の名において押しつけていることこそが、さらに深い不正義なのである」と指摘する[35]。ポッゲによれば、ある権利の目的が真に保障されたものとなるために必要なのは、この権利に深く賛同し、その政治的実現のために働く用心深い市民層である。それは、政府の役人が一般大衆に対して応答的であろうとする民主的社会においては、市民によるコミットメントが政府によるコミットメントを涵養するためである[36]。したがって、豊かで民主的な国々の市民は、グローバル秩序を設計し押しつける際に自国政府が果たしている役割に対して集合的責任があり、自国政府がよりよい人権の達成に向けたグローバル秩序の改革をしていないことにも集団的責任がある[37]。

冒頭で示したグローバル正義論の分類で見ると、ポッゲは第１に、途上国の社会問題に対する責任を世界経済制度に求め、その制度を構築し維持する主体として政府と個人の集団的責任を追及している。第２に、ポッゲは貧困と抑圧をもたらす制度の存在を責任の論拠とする点において結果責任を重視し、消極的義務違反を論拠として制度改革を訴える点において匡正的正義を重視している。

グローバル正義というマクロな観点に立ちながらも、個人の義務を追及するところ、しかも、消費者としてのみならず有権者として先進国の政府を支えている存在としての個人の義務を追及するところにポッゲの主張の重要性はある。シンガーは個人の行動として、寄付によってNGOなどの援助活動を支えることを重視したが、ポッゲはグローバル制度改革に向けた市民のコミットメントを重視している。

後述するように、社会的責任消費の議論において消費者に期待されるのは、責任ある消費行動だけではない。企業に対する行動変化や政府に対する制度改革を求める意見表明も、重要な役割である。ポッゲの論は、社会的責任消費における消費者の責任と義務を理論づける上で重要な論理を提供している。

ただしポッゲの論は、不正義の条件を「予見可能であるにもかかわらず生み出してしまう」場合に限定している点に問題がある。複雑な世界経済の構造の中では、先進国の消費者の日常的な行動が、予想もしない形で遠く離れた途上国の生産者に悪影響を与えることは往々にして起きる。予見できずに起きた危害は不正義ではないといえるのであろうか。

この点を掘り下げ、制度よりもさらに複雑な社会構造によって起こされる「構造的不正義」として貧困や労働搾取をとらえ、その構造上のプロセスに参加するすべての行為者の集団的責任を追及したのが、ヤングである。

ヤングは社会構造を、「自分自身のプロジェクトを、多くの他者のプロジェクトとの調整なきままに、実現しようとするたくさんの人々の行為の帰結が蓄積した表れ[38]」ととらえる（この社会構造の理解は、後述するガルトゥングの構造的暴力の概念をもとにしていると考えられる）。ヤングによれば、構造上のプロセスに参加する人々の多くは、規則に従い、自分たちのことだけに気を配り、他人に干渉せず、自分たちの正当な目的を達成しようとしているだけだと信じている。しかし、そうした諸行為が組み合わされることによって、他者の行為の条件に影響を与え、参加する行為者の誰もが意図しない結果を生むことがしばしばある。

例えば、ある消費者がセールで衣料品を購入するとき、その消費行動が誰かに危害を加えることなど予見していないであろう。しかし、通常価格では売れなかった衣料品がセール価格では売れたという事実は、他の消費者の行動と一緒になり、安価な衣料品を求める消費者の選好として衣料品企業に理解されるかもしれない。そうした消費者の選好に合わせようとする企業の販売戦略は、衣料品の価格競争を加速させ、それが生産・流通経路をさかのぼって、最終的には途上国の工場における労働者の低賃金、長時間労働という結果を招くかもしれない。膨大な数の人々が、この結果を引き起こす構造上のプロセスに関与しているが、その多くの人々は、自分たちの行為がどのように関与しているのかについてほとんど無自覚なのである。

こうした行為者の多くは、法や規則を遵守し、道徳的にも正しい行為をしているという点において、何の「罪」もない。しかしヤングは、「特定の個人の行為は、他の人にとっての不正義に対して、直接的にではなく、多くの人々の行為への構造的拘束となると同時に、一定の人々にとっての特権的な機会を生み出しながら、むしろ間接的、集合的、そして累積的に関与している」という点において、集団的責任を有するととらえる。そして、こうした観点でとらえる責任を「責任の社会的つながりモデル」とよぶ。「社会的つながりモデルでは、不正な結果をともなう構造上のプロセスに自分たちの行為によって関与するすべての人々が、その不正義に対する責任を分有する」とヤングは唱える[39]。

ポッゲとヤングの共通点は、制度や社会構造によって不正義がもたらされるならば、その制度や社会構造を支える行為者には集団的責任があるとし、結果責任を重視する点である。ヤングはまた、「不正義を生み出す構造上のプロセスに加担したすべての行為主体は、その不正義を軽減するために責任を分有すべき」と主張し、結果責任を論拠として救済責任をとらえている。こうした匡正的正義の観点を重視する点でもポッゲとヤングは共通している。ただし、ポッゲはそこに「予見可能」という条件を付したが、ヤングは無自覚の行為者こそ社会構造を支える責任ある主体であるととらえたのである。

こうした見解に立ってヤングは、集団的責任を分有する個人は、不正義を生み出す構造を変革すべく、他の人々とともに集団的行動に参加することによってのみ、責任を果たすことができると唱える[40]。社会構造が無数の人々の行為によってつくり出されているからには、個人だけで何かしようとしても、構造上のプロセスを構成している規則や規範、物質的な影響力によって拘束されてしまう。こうしたプロセスを変えられるのは、社会構造の中で多様な立場にある大勢の行為者たちがともに、そうしたプロセスに介入し、異なる結果を生むために行動するときであると、ヤングはとらえる[41]。

集団的行動に参加することによってのみ責任を果たすことができるという行動論については議論の余地があるが、ヤングの「社会的つながりモデル」は、社会的責任消費を考える上で重要な論理を提供している。消費者は通常、スーパーで何気なくチョコレートを購入する行為がアフリカのカカオ農園での児童労働を助長していたり、近所の衣料品店で手ごろなＴシャツを購入する行為が東南アジアの工場での労働搾取を助長しているとは予見できない。しかし、予見せずとも自らの行為が他者の行為と組み合わさって総体として誰かに危害を与える結果をつくり出しているのならば、その他者とともに集団的責任を分有するととらえることは理にかなっている。

ただし、ヤングの論の問題点は、途上国における搾取工場（sweatshop）問題という、結果責任が特定しやすい構造的不正義を事例として、貧困全般にあてはまる理論を展開しようとしているところにある。確かに、膨大な人々の行動が絡み合い、複雑な経済構造が世界規模で展開されている世界の現状に鑑みれば、ヤングの社会的つながりモデルは説得力を持つ。しかし、社会的つながりモデルが搾取工場問題以外の幅広い社会問題にも適用できるかどうかを判断するためには、ヤングがいう構造的不正義が現実社会においてどのように発生しているのか、詳細に検討する必要がある。本書では、ヤングの社会的つながりモデルを受け入れながらも、この点を掘り下げていく。次項では、構造的不正義とは実際にどのようなものであるか、途上国の社会問題を世界経済の構造でとらえる議論を検討していく。

しかしその前に、社会的責任消費の論拠をとらえるグローバル正義論として匡正的正義の観点だけで十分なのか、これまでに検討したベイツ、ポッゲ、ヤングとは異なる立場で、分配的正義の観点からグローバル正義論を展開するミラーとヌスバウムの論を検討する。

先の論者たちは、国境を越えて拡大するグローバル経済に注目し、正義の原理を適用する上では、国境や国家という枠組みを重視しない議論を展開した。特にポッゲとヤングは、途上国の貧困や労働搾取という社会問題を引き起こしている世界経済の制度や社会構造、およびそれらを支えている個人に結果責任を求め、匡正的正義の観点から制度や構造を変革することでの救済責任を追及した。しかし、匡正的正義の観点は、結果責任が特定しやすい社会問題に先進国の関心を集中させ、結果責任が特定しにくい社会問題を看過する危険性をはらむ。こうした問題点を補う役割を担うのが、分配的正義の観点である。

ミラーは、「人々が絶望的な苦境にあるとき、私たちが問うべき問題は彼らが個人的にせよ集団的にせよ自らの状態に責任を負っているのかどうかではなく、今現在誰がその援助に駆けつける責任を有していると考えるべきかである[42]」という観点から、結果責任の有無にかかわらず、救済責任を重視する。したがって、ポッゲやヤングのような匡正的正義ではなく、「正義を実行に移す制度に先立って正義そのものがなければならない」「私たちが制度を立ち上げるのは、グローバルな正義がそうすべきであると要求しているからである[43]」という原理的な観点から、分配的正義を重視する立場をとる。そして、「何がある財の正当な分配と見なされるかを私たちに指し示す諸原理は、分配が現に行われている文脈に固有のものである」という理由から、国内的文脈と国際的文脈との大きな違いを考慮に入れ、単に社会正義の原理を拡大するのではない形で、グローバルな正義を理解すべきであると唱える。

そしてミラーは、責任主体として国民国家（nation）を重視する。ミラーは、国民国家におけるシティズンシップは現代においてもなお重要な概念であり、政治共同体内部での人々の関係と、グローバルなレベルでの関係は区別されるべきであると唱え[44]、グローバル正義における国民国家の責任を論じた。

つまり、グローバルなレベルでの正義を構想する必要性を認めながらも、国内社会における正義の原理をグローバルに「拡大」することを否定し、国民国家を責任主体とするグローバル正義を構想することを唱えたのである。

ミラーの論の根底には、責任主体に対する独自の理解がある。ミラーは、人間とは、「卑小で傷つきやすい存在で、少なくとも最低限の自由、機会、資源を与えられていなければ、なに不自由のない生活はおろか人間らしい生を全うすることもできない」一方、「自分自身の生に対して責任をもつ必要がある選択する主体である」という、両面性を持った存在としてとらえる[45]。換言すれば、人間は行為の受け手であり、同時に主体でもある。

また、ミラーによれば、国民国家とは、その構成員がアイデンティティと公共文化を共有し、相互に特別な義務を負っていることを認識し、国民国家の存続がその構成員にとって価値あるものとしてとらえられている共同体である[46]。そして、国民国家は政治的に自己決定することを熱望する。したがって、グローバル正義は国民国家を単位として構想されるべきであり、グローバル正義にともなう責任は国民国家としての責任としてとらえられるべきであると主張するのである。そして個人は、国民国家の構成員として、国民国家の行為に対して集団的責任を負う。

ミラーの論は、一見すると、国境を越えて拡大しようとするグローバル正義論に歯止めをかけようとする議論にも見える。しかし、その根底には、人間を行為の受け手であると同時に主体であるという両面性からとらえるために国民国家の主体性を尊重するという論理があり、これは重要な視点である。

「援助する義務」やグローバル正義論における議論はともすると、先進国の人々を行為主体として中心に据え、途上国の社会問題にさらされている人々を行為の受け手としてとらえる危険性がある。先進国に有利な制度や社会構造の中で厳しい制約のもとに置かれている人々には、行為の選択余地がなく、主体的行為者ではありえないと理解するためである。しかし、どのような立場にいようとも、人間は主体性を持った存在であるということを忘れてはならない。本書の第2章以降の事例研究で見ていくように、コンゴにおいても現地社会の人々は、世界経済の影響を受ける存在であると同時に、その構造に参加し、あるいは抵抗し、主体的に行動する主体であった。

最後に、主体としての個人を重視し、ロールズの正義論を基礎としながらも独自の理論を構築したヌスバウムのグローバル正義論を検討したい。

ヌスバウムは、社会正義に関する理論としてロールズの正義論が最も優れた理論であることを認めつつも、障碍者、すべての世界市民、人間以外の動物に対する正義を含めた「グローバル」な正義に関しては、ロールズの契約主義の理論では解決できないと指摘し、「潜在能力アプローチ（capabilities approach）」による理論構築を提唱している[47]。

潜在能力（capability）とは、セン（Amartya Sen）とヌスバウムが提唱する概念であり、ある個人が福祉を達成するために選択可能な状態や行動の組み合わせを意味する[48]。ヌスバウムは、人間の尊厳に見合った生活を実現するために必要となる中心的な潜在能力として、「生命、身体の健康、身体の不可侵、感覚・想像力・思考力、感情、実践理性、連帯、ほかの種との共生、遊び、自分の環境の管理」という10のリストを提示する[49]。そして、これらの各潜在能力には閾値レベルがあり、その閾値以下では、市民は真に人間的な機能を得られないとヌスバウムは考える。したがって、社会目標は、市民をこの潜在能力の閾値よりも上に引き上げるという観点から理解されなければならないと唱える[50]。ヌスバウムの潜在能力アプローチは、すべての人の潜在能力の閾値レベルを保障することで、分配的正義を実現しようとする論といえよう。

さらにヌスバウムは、各潜在能力を促進する義務は諸個人と諸制度の間で分配されると唱え、グローバルな構造のための10の原理を提唱する[51]（説明は省略。項目のみ引用）。

1. 責任の所在は重複的に決定され、国内社会も責任を負う。
2. 国家主権は、人間の諸々の潜在能力を促進するという制約の範囲内で、尊重されなければならない。
3. 豊かな諸国は、GDPのかなりの部分を比較的貧しい諸国に供与する責任を負う。
4. 多国籍企業は事業展開先の地域で人間の諸々の潜在能力を促進する責任を負う。
5. グローバルな経済秩序の主要構造は、貧困諸国および発展途上中の諸国に対して公正であるように設計されなければならない。
6. 薄く分散化しているが力強いグローバル公共圏が涵養されなければならない。
7. すべての制度と（ほとんどの）個人は各国と各地域で、不遇な人びとの諸問題に集中しなければならない。
8. 病人、老人、子ども、障碍者のケアには、突出した重要性があるとして、世界共同体が焦点を合わせるべきである。
9. 家族は大切だが、「私的」ではない領域として扱われるべきである。
10. すべての制度と個人は、不遇な人びとをエンパワーメントする際の鍵として、教育を支持する責任を負う。

これらの10の原理では、従来のグローバル正義論において論点となってきた、国家主権とグローバル公共圏の両立が提示され、個人、政府、企業、援助機関、制度など諸主体の間で責任が分配されるべきであるという救済責任の分有が示されている。

ヌスバウムの潜在能力アプローチに従えば、世界中で起きている無数の社会問題の中から、どの問題を議論の対象とするかを特定する必要はなくなる。貧困であれ労働搾取であれ差別であれ、上述した中心的な潜在能力の閾値レベルを引き下げる問題はすべて、解決すべき対象となる。したがってヌスバウムの理論は、包括的なグローバル正義論を構築したものとして評価できる。

ただし、潜在能力アプローチで問題となるのは、その理論の妥当性よりも、実現可能性であろう。理論の抽象性が高まるほど、理論においては合理的である諸原理を個人、政府、企業が受け入れ、実現しようとする動機をどこに求めるのかが難しくなる。この点は、後述する 1.1.3 において、特に消費者が責任を果たそうと尽力する動機の観点から検討する。

社会的責任消費への適用

ここまで検討してきた既存の議論では、援助する義務とグローバル正義論のそれぞれの理論に基づいて、途上国の社会問題に対する先進国の政府や個人の責任が論じられてきた。本書では、社会的責任消費の論拠と動機を検討する上では、これらの議論の中の「どれか」ではなく、「どれも」が相互補完的に重要な論理を提供すると考える。

ポッゲやヤングが論じた、世界経済制度や社会構造によって途上国に構造的不正義がもたらされているという指摘は、生産地における貧困問題や搾取工場問題といった現実の社会問題を生じさせている原因を分析し、結果責任を有する諸個人の行動によって不正義を正すことを求める点において、社会的責任消費の論拠を提示している。消費者が手にする製品が、その生産過程において生産者の苦境を生み出しているのならば、その苦境を生み出す構造上のプロセスに参加する消費者は結果責任を有し、消費行動の変化や企業、政府に対する意思表示を通じて、構造変革を求める責任を有する。

しかし、結果責任に基づく匡正的正義の論理だけでは、社会構造があまりに複雑であるがために消費者とのつながりが見えにくく、結果責任が特定しにくい社会問題に対して、消費者は救済責任を有するのか否か、説明しきれない疑問が残る。本書の序章で提示した鉱物資源や工業製品の生産・流通にまつわる社会問題は、まさしくそうしたはざまに存在する問題といえよう。生産地と消費地とを結ぶ経路が複雑で、消費者が手にするどの製品に社会問題の原因となっているどの資源が含まれているのかさえ特定できない状況では、消費者は構造上のプロセスに参加し、結果責任を有しているといえるのか。あるいは、たとえ結果責任が特定できないとしても、救済責任は生じるのか。もしも、結果責任が特定できなくても救済責任が生じるのであれば、それはもはや匡正的正義の論理を超越しているのではないか。

社会的責任消費の対象拡大にともなって生じる匡正的正義への疑問に対して、補完する論理を提供するのが、シンガーの唱えた援助する義務や、分配的正義の観点から正義の実現を論じるミラーやヌスバウムの論である。序章で述べたように、フェアトレードや環境配慮行動を始めとする社会的責任消費の潮流は、途上国の生産地で起きている社会問題に対して、先進国の消費者にも責任を求めることから始まった。しかし、対象産品が農産物や衣料品などの軽度な加工品から鉱物資源や工業製品へと拡大すれば、生産・流通にまつわる社会問題を生じさせている原因の特定は格段に難しくなり、結果責任の特定は極めて困難になる。根本的な問題解決という観点から結果責任に基づく匡正的正義の重要性は変わらないものの、匡正的正義だけでは、結果責任が特定しにくい社会問題に対する社会的責任消費の論拠は説明しきれない。結果責任にこだわらず人間の尊厳に見合った生活の保障を追求する分配的正義の観点も併せて検討する必要があろう。

ただし、ヌスバウムの潜在能力アプローチがいかに説得的であっても、自分自身の責任帰属が感じにくい問題に対しては、人は救済意欲を持ちにくい。そのため、分配的正義だけでは、社会的責任消費の論拠にはなりえても、動機にはなりにくい。その点を補完するのが、「救うことができるものは救うべきである」という帰結主義に基づく援助する義務の論理である。この点は、1.1.4 で後述する。

したがって、社会的責任消費の論拠と動機を検討する上では、結果責任に基づく匡正的正義のみならず、人間の尊厳に見合った生活の保障を追求する分配的正義、帰結主義に基づく援助する義務という 3 つの論理を併せて検討する必要がある。この点については、次節の 1.2.1 において本書における仮説として詳述する。

1.1.2 途上国の問題を世界経済の構造の中でとらえる議論

これまでに検討してきたグローバル正義論を踏まえて、途上国の社会問題を世界経済の構造の中でとらえる議論を掘り下げよう。途上国に不正義をもたらす世界経済の構造とはどのようなものなのか。

途上国の社会問題を現地の問題としてだけではなく、世界経済の構造の中で起きている問題としてとらえる議論は、正義論よりもさらに古く、プレビッシュ（Raul Prebisch）がラテン・アメリカの低開発をとらえる概念として中心・周辺概念を唱え、その後、従属論、世界システム論、構造的暴力論へと発展していった1960年代以降、盛んに行われてきた。議論の展開を概観した上で、問題点を指摘する。

中心・周辺概念（center-periphery）

途上国の社会問題を現地の問題としてだけではなく、世界経済の構造の中で起きている問題としてとらえる議論は、植民地から独立したアジア、アフリカ、ラテン・アメリカ諸国の低開発を説明しようとする国際経済学から始まった。

伝統的な貿易理論では、一次産品と工業製品の交易は国際貿易の比較優位を活かしたものであり、自由貿易はすべての国に利益をもたらすと考えられていた。しかし、国連ラテン・アメリカ経済委員会（ECLA）の事務局長としてラテン・アメリカの経済発展を研究し、1964年に国連貿易開発会議（UNCTAD）の初代事務局長に就任したプレビッシュは、伝統的な理論に異議を唱え、国際貿易の不平等性を指摘した[52]。

マルクスの資本蓄積論に影響を受けたプレビッシュの論によれば、経済発展の促進にはまず資本の蓄積が必要であり、その上で資本財への投資や所得の再分配をしなければならない。先進諸国が発展を遂げたときには、まず資本が蓄積され、それから資本財への投資が行われ、技術は生産過程に徐々に導入された。しかしながら、ラテン・アメリカにおいては国内的制約要因と対外的制約要因の両面において、資本の蓄積と資本財への投資が妨げられ、経済発展が阻害されている[53]。

まずは国内的制約要因として、ラテン・アメリカの大土地所有制度と農業技術の進歩が、生産性を向上させる一方で農村における労働力の過剰を生みだしていることをプレビッシュは問題視した。農村から都市へ人口が移動するものの、都市には過剰労働力を十分に吸収する工業部門が形成されず、極めて低い所得水準の過剰労働力や失業者があふれている。他方、高所得者層は消費性向が高くて貯蓄性向が低いため、資本財への投資を行わない。さらに、外国資本や先進的な技術の導入は、鉱山資源や特定の輸出産業など、先進国の利益に奉仕する「飛び地」に限られ、その他の産業には伝播していない。こうした要因による資本と技術の不足が、ラテン・アメリカの経済発展を阻害しているというのである[54]。

同時に、国際的需要の不均衡と交易条件の悪化という対外的制約要因も、ラテン・アメリカにおける資本の蓄積を妨げている。世界経済は、工業製品を輸出する中心国（center）と、一次産品を輸出する周辺国（periphery）から構成されている。周辺国では、人口増加や一人当たり所得の増大にともない、工業製品や熟練を要するサービスに対する需要が増加するのに比べて、中心国における人口増加率は緩慢であり、一次産品に対する需要の増加も緩慢である。さらに、中心国は国内産業を保護するために輸入制限を設けている。そのため、中心国から周辺国への工業製品の輸入増加率は高い一方で、周辺国から中心国への一次産品の輸出増加率は緩慢である。したがって、中心国に対する周辺国の交易条件は悪化の一途をたどる。この周辺国にとって不利な交易条件が存在する限り、中心国と周辺国の格差は固定化され、周辺国が経済発展する見込みは少ないというのである[55]。

プレビッシュは、低開発国がこれらの制約を克服して経済発展を促進するためには、国内における社会構造改革と同時に、国際貿易における３つの政策が必要であると唱えた。第１に、一次産品の価格と販路を安定させるために国際商品協定を制定すること、第２に、低開発国の工業化と輸出を促進するために、低開発国の工業製品および半製品に対する一般特恵を設定すること、第３に、低開発国の工業化に必要な資金として、先進国が国民総生産（GNP）の１%を供与することである[56]。

プレビッシュの指摘は、伝統的な貿易理論に異議を唱え、低開発国の立場から見た国際貿易の不平等性を描き出すものであった。ラテン・アメリカなどの途上国が低開発の状態から抜け出せないのは、国内の構造的要因のみならず、世界経済の構造にも要因があると指摘した点において、先進国と途上国の関係をとらえる議論の出発点となった。

1961年にはアメリカのケネディ大統領の提唱によって国連開発の10年がスタートし、同時に経済協力開発機構（OECD）が発足して途上国への開発援助に力がそそがれていた時期である。先進国が途上国への開発援助を行う一方で、不平等な貿易によって途上国が低開発から抜け出せない状況をつくり出しているという指摘は、低開発の克服に挑む経済学者の間に議論を喚起した。

政策においても、プレビッシュが求めた3つの政策は、1960～70年代を通じてUNCTADにおける途上国の主張となった。1974年の第6回国連特別総会（国連資源特別総会）においては、途上国の結束によって、国際商品協定の早期実現、天然資源恒久主権の確立、途上国に対する特恵的制度の拡大、資金援助の拡大などを盛り込んだ「新国際経済秩序（NIEO）」宣言とその行動計画が採択された。プレビッシュの訴えを契機として、世界経済の構造をより公正で平等なものへ変革しようとする試みが始まったのである。

ただし、1970年代後半以降は、イギリスのサッチャー政権やアメリカのレーガン政権をはじめとする欧米先進国の新自由主義経済政策によって、NIEOの取り組みが低調になり、同時に、途上国においても内部からの自力更生を目指す動きが活性化することで、プレビッシュの3つの政策は次第に説得力を失った。

したがって、プレビッシュが提唱した中心・周辺概念をそのまま現代の世界経済の構造にあてはめることはできない。それでもなお、先進国と途上国の間に不平等な交易条件を生み出し、低開発を固定化させる構造が存在していることを指摘した点において重要である。中心・周辺概念は、援助のみならず貿易の公正化によって途上国の経済発展を促進しようとする取り組みに理論的支柱を提供し、現在の社会的責任消費をめぐる議論の基礎となっている。

従属論（dependency theory）

先進国と途上国の関係をとらえる理論として、中心・周辺概念をさらに先鋭化し、発展させたのが、フランク（Andre Gunder Frank）やアミン（Samir Amin）による従属論である。

マルクス主義の立場をとる彼らは、1960年代のラテン・アメリカを分析するのみならず、歴史にさかのぼって国際分業と貿易の型を分析した上で、世界的な資本蓄積の中でアジア、アフリカ、ラテン・アメリカなどの衛星国（satellite）の資本が中枢国（metropolis）に収奪され、低開発の状態に固定されてきたと主張した[57]。

従属論の代表的な論者であるフランクは、ロストウ（Walt Whitman Rostow）の経済発展段階説に代表される、「経済発展は資本主義の諸段階を連続的に追って進むのであって、今日の低開発国諸国は、今日の先進諸国がずっと以前に通過した一歴史段階にある」という説を真っ向から否定した。フランクによれば、低開発とは原始的な段階でも伝統的なものでもない。低開発諸国の過去や現在は、現代先進諸国の過去や現在とは異なる。現代の低開発は大部分が、過去も現在も続いてきている低開発的衛星諸国と先進的中枢諸国の間の経済をはじめとする諸関係の歴史的所産である。中枢諸国においては経済発展を生みだした資本主義の発展が、衛星国においては低開発をつくり出してきたとフランクは指摘し、このようにつくり出された低開発を「低開発の発展（development of underdevelopment）」とよんだ[58]。

さらにフランクは、中枢・衛星の関係が国際段階にとどまらず、国内にも星座のように広がると指摘している。国内中枢は地方中枢を衛星とし、地方中枢は地域的衛星をそのまわりにはべらせ、国内の隅々までを経済的搾取と政治的支配のもとに従属させているというのである[59]。

こうした構造分析の上でフランクは、低開発を克服するためにまずは国内の民族ブルジョアジーに対する階級闘争から始めることを提唱している[60]。

そして、衛星諸国が中枢諸国との貿易と投資の絆を弱めて世界資本主義体制から離脱し、自力更生によって経済発展を遂げることを唱えた。

従属論は経済学者の間に賛否両論の大きな議論を巻き起こした。フランク自身の記録によれば、1964年に最初の著書を発表して以降、10年間に50本を超える批判論文や著書が出された。その多くは、学問的な実証性や客観性に疑問を呈したり、イデオロギー的であるために信憑性と妥当性が欠如していると批判したりするものであった[61]。

1970年代には、従属論の主張に反して、工業製品の輸出などによって急速な成長を遂げる新興工業経済地域（NIEs：韓国、台湾、香港、シンガポール、メキシコ、ブラジル、ギリシャ、ポルトガル、スペイン、ユーゴスラヴィアの10地域）が現れ、従属論の説得性は低下した。低開発の要因を資本主義経済と中枢・衛星関係にのみ求める決定論に陥り、国際貿易の利点を活用する可能性を始めから排除していたことが、従属論の大きな問題点であった。

それでもなお、低開発が世界経済の構造によってつくり出されたものであると指摘した点と、国家間のみならず国内にも中心・周辺概念を適用した点は評価できる。マルクス以来の帝国主義論の焼き直しに過ぎないという批判はあるものの、国家による貿易政策の転換のみならず、国内の諸主体がとるべき行動に議論の対象を広げた点は、後の構造的暴力論に引き継がれ、社会的責任消費の議論につながる重要な視点を提供した。

世界システム論（world-systems analysis）

こうした中心・周辺概念や従属論の流れを汲んだ上で、低開発の要因分析から世界経済の構造分析へと議論を発展させたのが、ウォーラーステイン（Immanuel Wallerstein）の世界システム論である[62]。

中心・周辺概念や従属論に対する批判的分析を基礎に、ブローデル（Fernand Braudel）が主導するアナール学派史学の分析視点を加えたウォーラーステインは、1450年にまで歴史をさかのぼって世界経済の構造を分析した。そして近代世界を、分業を紐帯とする世界経済システムが成立して、そこに世界全体が組み込まれたものとしてとらえた。

ウォーラーステインは世界システム論において数多くの新しい視点を提示したが、中でも社会的責任消費の議論につながる視点として3点を抽出したい。

第1に、分析単位を国民国家から「世界システム（world-systems）」へ転換したことである。世界システムとは、「それ自体が世界であるようなシステム、経済、帝国」であるとウォーラーステインは表現している。それは、多数の政治的・文化的単位を横断して時間的・空間的に広がりながらも、システムとしての一定の規則に従う活動や制度を通じて統合されたひとつの広がりである[63]。

第2に、世界システムの内部に存在する、多数の政治単位や、多数の宗教、言語、生活習慣を有する人間集団を結び合わせる、最大の紐帯として、分業を重視する点である。分業によって国際貿易をとらえる見方は、アダム・スミス（Adam Smith）から続いてきた伝統的なとらえ方であるが、ウォーラーステインの世界システム論では、分業の性質にさらに踏み込んだ定義を加えている。

ウォーラーステインによれば、特定の地域が世界システムに「組み込まれる」とは、その地域における何か重要な生産過程が、資本主義的世界経済の分業体制を構成する商品連鎖の一環として不可欠になることを意味する[64]。加えて、世界システムにおける紐帯としての分業とは、その生産物の生産過程が当該地域において内部化されることと、その生産物が世界経済にとって必要不可欠となっていることを条件としている。つまり、単にある地域で生産された産物が他の地域に輸出されているという貿易関係が存在するのみならず、両地域における経済活動が一体となってひとつの分業体制における商品連鎖を構成しているというつながりを重視している。

第3に、従来の中心・周辺概念が、中心と周辺の2層構造で世界経済をとらえ、両者の関係を固定されたものとしていたのに対して、ウォーラーステインは、中核（core）、半周辺（semi-periphery）、周辺（periphery）の3層に分け、その関係は変化していくものととらえた。ウォーラーステインは、従来は「工業製品」と表現されてきた中核諸国の産品を「中核的産品（独占に準ずる状態で生産され、交換において強い立場を占める製品)」と定義し直し、従来は「一次産品」と表現されてきた周辺諸国の産品を「周辺的産品(競争的に生産され、交換において弱い立場に置かれる産品)」と定義し直した。その上で、近代世界システムにおいては、中核的産品の生産過程が中核諸国から周辺諸国に移転される現象が起きているため、中核的産品と周辺的産品の生産過程がほぼ相半して立地している「半周辺国」が発生すると指摘した[65]。

つまり、ウォーラーステインは、従来の中心・周辺概念を低開発の要因をとらえる分析から、世界経済の構造をとらえる分析へと明示的に発展させ、分業や中心(中核)と周辺との関係を変化していくものとして定義し直したのである。このとらえ方は、多国籍企業の進出などによってグローバル化した世界経済の構造の中で生産地と消費地との関係を分析する上で、重要な視点を提供している。

なお、世界システム論については、コンゴが世界経済に組み込まれてきた過程を分析する視点として、第2章でさらに詳述する。

構造的暴力論(structural violence)

一方、これまでの議論が経済の分析に集中してきたのに対して、帝国主義の構造理論や冷戦構造の分析に中心・周辺概念を適用し、平和学における暴力概念の分析に発展させたのが、ガルトゥング(Johan Galtung)の構造的暴力論である[66]。

まず、ガルトゥングは1969年の論文において、構造的暴力という概念を提唱した[67]。ガルトゥングは、暴力を「ある人にたいして影響力が行使された結果、彼が現実に肉体的、精神的に実現しえたものが、彼の持つ潜在的実現可能性を下まわった場合、そこには暴力が存在する[68]」と定義した上で、主体、客体、行動の3つによって暴力の種類を区別する。最も重要な区別は、主体による区別である。ガルトゥングは、暴力を行使する主体が存在する場合、その暴力を「個人的暴力」または「直接的暴力」とよび、行為主体が存在しない場合、その暴力を「構造的暴力」または「間接的暴力」とよぶ[69]。

行為主体が存在しない構造的暴力とは、「諸個人の協調した行動が総体として抑圧構造を支えているために、人間に間接的に危害をおよぼすことになる暴力[70]」であり、暴力は構造の中に組み込まれている。つまり、一般的に社会不正義とよばれる状態を、暴力としてとらえ直したのである。

この定義によれば、社会構造によってもたらされる貧困や差別、社会階層の違いによって生じる疾病率や死亡率の格差は構造的暴力であり、プレビッシュ以来の議論で描かれてきた、世界経済の構造がつくり出す低開発もまた、構造的暴力である[71]。

続けて、1971年の論文においてガルトゥングは、構造的暴力の主要な形態のひとつである不平等を説明するために、中心・周辺概念を帝国主義の構造理論分析に適用し、中心国の中心部と周辺国の周辺部との間の矛盾の背後にあるメカニズムを描いた。

はじめに、ガルトゥングは利益対立を以下の2点で定義する[72]。

・　両当事者間の生活条件の格差が拡大するような形で両者が結合している場合、そこには利益対立もしくは利益不調和が存在する。

・　両当事者間の生活条件の格差が縮小して零にいたるような形で両者が結合している場合、そこには利益対立がないか、あるいは利益調和が存在する。

その上で、「帝国主義とは、中心国が周辺国に対し両国間に利益不調和が生じるようにその力を行使することができる関係」であると定義し、加えて、以下の3点を関係性として示した[73]。

1. 中心国の中心部と周辺国の中心部のあいだには、利益調和が存在し、かつ、
2. 中心国の内部よりも周辺国の内部に、より大きな利益不調和が存在し、さらに、
3. 中心国の周辺部と周辺国の周辺部との間には、利益不調和が存在する。

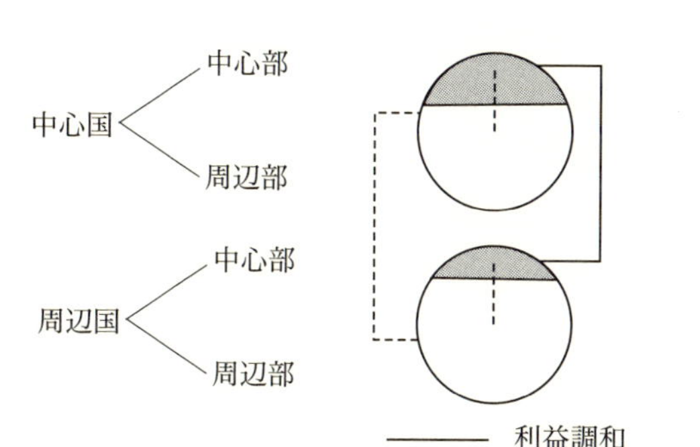

図 1-1 ガルトゥングによる帝国主義の構造図

出典：Galtung [1971], 邦訳 76 頁

つまり、中心国全体と周辺国全体との間に利益不調和が存在するのみならず、それぞれの国内においても中心部と周辺部の利益不調和が存在する。しかし、両者の中心部の間には利益調和が存在するために、中心部同士が共通利益のために協調し、国家間の支配関係が形成されるのである（**図 1-1**）。

ここまでは、従来の帝国主義の概念を、中心・周辺概念によって描き直したものといえるであろう。重要なのは、2と3の関係性において、ガルトゥングが利益不調和の程度にも注目し、中心国の周辺部と周辺国の周辺部の関係を描き出していることである。

2の関係性で指摘されているように、中心国内における利益不調和の程度が、周辺国内における利益不調和の程度よりも低い場合、中心国に有利な全体の利益配分は、中心国の周辺部の利益にかなったものとなる。そのため、中心国の周辺部と周辺国の中心部の間には利益不調和が存在し、両者の連帯は成立しないというのである。

さらにガルトゥングは、帝国主義は、経済、政治、軍事、コミュニケーション、文化という5つの形態によっても実現されるとし、国内および国家間の帝国主義のメカニズムがより完全に作動すればするほど、あからさまな抑圧機構はそれだけ不必要になると指摘している。「不完全で効果的でない帝国主義だけが武器を必要とするのであって、経験豊かな帝国主義は直接的暴力よりもむしろ構造的暴力に依拠する」というのである[74]。

ガルトゥングの指摘は、世界経済の構造の中での途上国の生産者と先進国の消費者との関係をとらえる視点として重要である。不平等な交易関係や多国籍企業による海外進出は、経済による帝国主義の構造をつくり出しているのではないか。たとえ直接的な暴力をふるっていなくても、先進国の消費者の行動が総体となって、途上国の生産者の利益を低下させ、貧困や労働条件の悪化を構造的につくり出しているのであれば、消費者は構造的暴力の加担者となる。ガルトゥングの指摘は、国家間の貿易政策の改善のみならず、企業の経済活動や一般市民の消費行動を含めて先進国の振る舞いを見直す必要性を示唆し、フェアトレードや貿易の公正化を目指すアドボカシー活動を支える理論的支柱を提供している。

プレビッシュの中心・周辺概念からガルトゥングの構造的暴力論まで、途上国の社会問題を世界経済の構造の中でとらえる一連の議論で描き出されてきたのは、途上国の生産地と先進国の消費地との間には、単なる産品の貿易を越えて、両者の関係性を規定する構造が存在するということであった。そしてその構造の中では、途上国の生産地における人々の苦境が先進国の消費地における人々の利益になるという利益不調和が存在している。そのため、先進国の人々が自分の利益を求めて行う日常的な行動は、こうした構造を通じて遠くの他者に苦境をもたらす危険性をはらんでいるのである。

アフリカ研究における適用と批判

世界経済の構造を分析する理論は、本書の対象地域であるアフリカ研究において、どのように受け止められてきたのか。従属論と世界システム論を中心に見ていく。

低開発の要因を中心国への従属に求める従属論は、一部のアフリカ研究者からは肯定的に評価されて地域研究に適用される一方、地域的特殊性を重視する歴史学者や文化人類学者からは、否定的見解が示されている。

地域研究に従属論を適用した代表的な研究として、リース（Colin Leys）の

『ケニアの低開発（Underdevelopment in Kenya）』が挙げられる。リースは、独立後のケニア政権の支持基盤を分析し、ケニア人資本家を外国資本に従属する補助ブルジョアジーと規定した[75]。

他方で、イギリスの歴史家ホプキンス（Antony Gerald Hopkins）は、従属論をアフリカに適用することを批判した。ホプキンスはまず、依存は低開発国の工業化を不可能にするわけではないという見解を示して従属論自体の妥当性を批判した。同時に、ラテン・アメリカとアフリカにおける植民地化の違いを指摘し、世界経済に組み込まれる以前のアフリカの歴史をとらえて現在の低開発状態と比較することが難しいため、従属論を用いてアフリカを分析する研究は慎重でなければならないと警告している[76]。

同様に、東アフリカの農村社会を調査研究する吉田昌夫は、アジア、中東、ラテン・アメリカといった他の地域とアフリカとの相違点を示し、同じ分析方法をアフリカに適用する問題点を示している。吉田によれば、アジアやラテン・アメリカよりも遅れて資本主義経済がもたらされたアフリカに投入された西欧諸国の資本としては、すでに巨大資本化した商業資本や金融資本が支配的であった。これら外来資本は植民地政府との協調を保ち、政治的対立を可能な限り避けたため、伝統的な生存維持経済が温存された。その一方で、奴隷貿易は土着の政治組織を破壊したため、植民地の経済経営に必要な安定的な政治体制を確立する土着民支配の方法が容易に見出せなかった。そのため、南アフリカやローデシアなど一部の地域を除いて、アフリカの大部分では宗主国が期待する近代化は定着せず、資本主義経済の浸透度が浅かった。アフリカにおける中心部による支配は、他の地域のようには強くない。さらに、アフリカの住民は、歴史の形成に関して受け身ではなく、衝撃を加えられれば抵抗する、能動的な存在であった。したがって、従属論がとっているような外生的な圧力によってすべてを理解する方法論から、外生的な圧力と同時に内生的な発展の契機を十分に取り入れた方法論へと転換すべきであると吉田は指摘している[77]。

従属論の適用をめぐる見解の相違は、アフリカ社会あるいは歴史のどの部分に焦点を当てるかによって生じていると考えられる。もとはアフリカ研究者として出発したウォーラーステインは、1955年にガーナとコートジボワールの民族解放運動をテーマに博士論文を執筆している。しかしアフリカ諸国の独立運動の昂揚と成功の後、1968年頃にアフリカ社会の経済的発展が困難と挫折の時代を迎えると、「アフリカ統一運動の行動のフィールドはアフリカではなく世界である」という考えを抱くようになる。それは、行動の目的が単にアフリカの変革にあるのではなく、世界の変革によってアフリカを変革することにあるためである。「アフリカ統一運動の発生を世界システムの観点から分析しなければならない。なぜなら、この運動に対して、その行動の自由を与奪しうるのは、世界システムの状況変化に他ならないからである」とウォーラーステインは主張している[78]。

他方で、アフリカの伝統的な生存維持経済に注目し、アフリカ社会あるいは歴史の特殊性をとらえることを重視する歴史学者や文化人類学者にとって、外生的な圧力を強調する従属論は偏った見方とみなされる。

世界システム論については、内生的考察の不足という問題点を、後続のアフリカ研究者が補完している。ウォーラーステインの世界システム論は1450年にまで歴史をさかのぼって考察しているために適用の幅が広く、その分析視点を歴史学や文化人類学に適用したアフリカ研究が数多く行われている。

例として、竹沢尚一郎による、ニジェール川中流域に住む漁民集団（ボゾ）の調査研究が挙げられる。竹沢は、名称、言語、宗教、慣習、伝承、漁法などにおいて互いに異なるいくつかの集団が、単一かつ独自の文化を持つ集団（ボゾ）として固定されていく過程を、近代世界システムへの包摂からとらえている[79]。同様に、ペリッソ（Riccardo Pelizzo）は、西アフリカ（現在のマリ）の交易都市として繁栄したトンブクトゥ（Timbuktu）が衰退していく過程を、1526年から1830年までの3世紀にわたって、交易路の変化とソンガイ帝国の衰退による影響という2つの要素からとらえた[80]。

後述するように、ウォーラーステインが描いた世界システム論は、システムの中心を担う西欧諸国に関する歴史的考察が多く、システムに組み込まれる側に関する考察が極めて少ない。上述した竹沢やペリッソのように地域研究者がそれぞれの研究対象地域に世界システム論を適用して検証し、その妥当性を問うことで世界システム論は磨き上げられているといえるであろう。

一方で、世界システム論の分析視点を適用して現代アフリカの経済発展をどのようにとらえるかについては、とらえ方をめぐる議論がある。

1980 年代以降に発展した経済のグローバル化の中での、新興世界の工業化を分析した本多健吉は、新たなグローバル・システムにおける活動主体として、先進国の多国籍企業を中心に据える。本多によれば、多国籍企業の活動は、戦前においては工業製品と食糧・工業用原料の交換という「産業間分業」であった国際分業の構造を、まずは同一産業内部での技術・知識・資本集約的工業生産と労働集約的工業生産との間の「産業内国際分業」へと変え、さらには、同一工業製品生産における技術・知識・資本集約的工程と労働集約的工程の間の「企業内国際分業」へと変化させた。つまり、かつては「生産品」の交換であった分業が、同一の生産品をつくる工程における分業へと変化した。しかしながら、先進国は生産品の設計・生産企画などの中枢部分を確保し、新興諸国には労働集約的な周辺的工程を担わせることで、技術的従属を生み出しているのである[81]。

さらに本多は、アジア、ラテン・アメリカの新興諸国が多国籍企業の国際的展開の場として選ばれ、新たなグローバル・システムに組み込まれる一方で、アフリカは政治的安定やインフラの整備、技術者や近代的労働者の育成という観点から選ばれず、新たなグローバル・システムからドロップ・アウトしたととらえている。そして、「グローバル化時代の貧困は多国籍企業を主役とする世界システムから排除されたことによって生じている」と結論づけた上で、国際社会における紛争激発国は、こうしたドロップ・アウトした諸国であるとしている[82]。

こうした本多の分析に対して、アフリカの資源問題を研究する吉田敦は、異議を唱えている。吉田は、政治的不安定によって多国籍企業がそうした地域から距離を置いたとしても、鉱物資源や希少金属のようにそこに巨大な利潤の存在が明白である場合、現地資本や政府を中心とした輸出産業をてことする世界市場の流通段階への多段階的結合は可能である。まさにそうした国際環境と国内構造が硬直的に連結した関係が維持されることこそが、経済的格差の拡大の真の要因であると指摘している。さらに、紛争要因についても、アフリカの場合、むしろ紛争は多国籍企業の利潤獲得動機と多段階的な商品連鎖を基礎としたグローバル・システム（世界システム）と、アフリカ諸国のローカル・アクター（政府・武装勢力）間との密接な関連の上で発生しているケースが多い、と指摘している[83]。吉田は、アフリカ諸国はすでに先進工業国に対する一次産品供給地として世界経済に「垂直的に統合」されており、アフリカの鉱物資源なしには現代の先進国工業諸国は一日たりとも生活することができない。つまり、世界システム論における商品連鎖によってアフリカと先進工業諸国は密接に関わり合い、それこそがアフリカの恒常的な経済危機や紛争の根本要因であると主張している[84]。

本多と吉田の見解の相違は、注目する部分の違いによって生じていると考えられる。本多は新興諸国の工業化に注目しているため、たとえ移転される生産過程が工業製品の生産過程であるとしても、労働集約的生産工程に過ぎず、輸出品がウォーラーステインのいう「周辺的産品（競争的に生産され、交換において弱い立場に置かれる産品）」であるならば、新興諸国は半周辺化したとはいえず、周辺のままであるとみなしている。したがって、そうした労働集約的生産工程さえも移転されないアフリカ諸国は、グローバル・システムに組み込まれているとはみなされない。本多の分析では工業化に主眼が置かれるため、吉田が指摘するように工業製品の原料となる一次産品は排除されている。

ただし、鉱物資源の輸出をもってアフリカがグローバル・システムに組み込まれていると論じる吉田の分析もまた、鉱物資源産出地域に対象を限定した一面的な分析である。確かにアフリカからは、豊富な鉱物資源が輸出され、世界の工業を支えている。しかしその一方で、アフリカにおいては人口の６～７割が農村に居住している[85]。綿花、コーヒー、カカオなどの輸出作物の栽培に従事する農家もあるが、比率としては少ない。大部分の農家は、国際市場どころか国内市場にもアクセスのない、自給自足の小規模農業を営んでいる。世界有数の鉱物資源産出国であるコンゴにおいても、資源産出地域は東部の特定の地域に集中している。こうした偏りを考慮に入れたとき、アフリカはどこまで世界システムに組み込まれているといえるのであろうか。「アフリカ」という大きな区分や国家レベルではなく、国内の地方レベルで考察し直す必要がある。

1.1.3 社会的責任を果たそうとする動機

前項までは、社会的責任消費の論拠となる議論を検討してきたが、本項では、個々の消費者が責任を受け入れ、遠くの他者を救おうと尽力する動機はどこにあるのか、社会的責任消費の動機を検討する。個人の社会的責任行動の動機や行動原理を追究する研究は、環境配慮行動や倫理的消費行動を対象として数多く行われている。本項では、理論研究として、個人の道徳観に注目する徳倫理学（virtue ethics）のアプローチと、センの潜在能力論を援用する潜在能力アプローチを取り上げる。

徳倫理学（virtue ethics）のアプローチ

消費者の倫理を理論と実践の両方から研究するニューホルム（Terry Newholm）らの研究グループは、消費者が倫理的行動をとる動機を理解する上では、個人の本質的な道徳観に注目する徳倫理学（virtue ethics）の分析が有用であると指摘している[86]。

徳倫理学の基礎はアリストテレスの『ニコマコス倫理学』に由来する。アリストテレスは、「すぐれた人間とは、おもうに、各方面のことがらにおいて真を観取することに最も卓越的であるごときひとだといえよう。彼はいわば規準であり、尺度なのである」として、善き人間こそが善き行いとは何かを知ることができると主張した[87]。人間は社会的存在であるために、教育され、社会化されることによって、世の中の慣習や約束事、伝統を内面化し、自身の道徳観として身につけるようになる。その結果、外部から求められる義務を果たすだけではなく、自身の持つ道徳観によっても行動するようになる。

さらに、そうした道徳観によって、自己の利益のみならず、他者の幸福や社会の繁栄を思いやる、社会的存在としての自己認識が作用するようになり、「何をすべきか」という行為だけではなく、「どのような人間になるべきか」という行為主体としてのあり方も行動選択の判断基準になる。

つまり、「困っている人を救いたい」という行為への志向のみならず、「自分は困っている人を救うような人間でありたい」という行為主体としての志向も、他者を救おうと尽力する動機になる。

潜在能力（capability）アプローチ

行為主体としてのあり方をさらに掘り下げるのが、センが提唱した潜在能力（capability）理論を援用する潜在能力アプローチである。センは、行為主体（agency）としての個人は自分自身の福祉のためだけに行動するとは限らず、その人自身の福祉に直接結びついていなくても、社会的な目標や価値を成し遂げようと行動することがあると指摘している[88]。

この観点を開発倫理学に援用したクロッカー（David Crocker）は、「すべての人は尊厳において平等であるため、互いを尊重する道徳的義務を負う」という基礎に立ち、「すべての人が同じ行動をとっても人間の生活を終末に向かわせることにならない消費をすべき」という倫理的消費の原則を示した[89]。

また、持続可能な消費とはどのような消費であるか、その定義を追究したコミム（Flavio Comim）[90]は、センの提唱した行為主体の自律性に注目し、「持続可能な消費とは、生活の質と環境保護につながる自律的な資源消費（autonomous use of resources）である」と定義している。

徳倫理学からの分析においても潜在能力アプローチにおいても、消費者が自分の福祉のみならず他者の福祉にも考慮して行動することは、個人の主体性や道徳観に照らして合理的であるという分析において共通している。道徳的に正しい人間でありたい、すべての人の尊厳が守られる社会であってほしいという個人の意思が、社会的責任と果たそうとする行動に導くというのである。

しかし問題は、理論においては合理的とされる行動が、現実には必ずしも実行されているわけではないという点にある。世界各地で問題が発生していても、それらのすべてが国際社会から注目され、問題解決のための支援を得られるわけではない。生産地で問題が起きていることが明らかになっても、そのすべてについて消費者が行動を起こすとは限らない。それならば、どのような場合には救いの手が差し伸べられ、どのような場合には看過されるのか、消費者の行動を左右する要素をさらに考えていく必要がある。

1.1.4 遠くの問題に対する認知と行動

類似した問題が2つの地域で同時に起きているにもかかわらず、一方の地域には援助が集まり、もう一方の地域には誰も注目しないという現象はしばしば発生する。あるいは、ひとつの問題であってもある時期は看過され、ある時期は注目されることがある。なぜこうした差が生じるのか。その理由を理解するには、途上国で起きている問題が国際社会によってどのように認知されるのかを考えなければならない。

メディアと世論

人は、自分が直接に見聞きする身近な事象を除いて、ほぼすべての事象に対するイメージを、他者から間接的に与えられた情報によって形成する。アメリカで20世紀最高のジャーナリストと称えられたリップマン（Walter Lippmann）は、1922年の著書『世論』において、「人と、その人をとりまく状況の間に一種の疑似環境が入り込んで」おり、「人の行動はこの疑似環境に対する一つの反応である」と指摘した上で、世論を分析するには「行為の現場、その現場について人間が思い描くイメージ、そして、そのイメージに対する人間の反応がおのずから行為の現場に作用するという現実」という三者の関係を認める必要があると指摘している[91]。

リップマンの指摘で注目すべきは、「そのイメージに対する人間の反応がおのずから行為の現場に作用する」という部分である。ある事象に関する情報が人に伝わることで、人が何らかの行動を起こし、それが当該事象への影響として跳ね返っていく、という一種の循環ともいえる作用が働いているというのである。

現代においては、リップマンがいうところの疑似環境、イメージを形成する情報提供者としてメディアの役割が大きい。遠く離れた世界で起きている問題は、メディアに取り上げられてはじめて視聴者が認知するものとなり、そこで提示された情報や解釈が、視聴者のイメージを形成する。そして、その問題の重要性に関する判断もまた、メディアで取り上げられる頻度によって左右される。

意思決定の仕組みを解明してノーベル経済学賞を受賞したカーネマン（Daniel Kahneman）は、「人間は記憶から容易に呼び出せる問題を相対的に重要だと評価する傾向があるが、この呼び出しやすさは、メディアに取り上げられるかどうかで決まってしまうことが多い。頻繁に報道される事柄は、他のことが消え失せた後まで記憶に残る。」と指摘している。ただし、「その一方で、メディアが報道しようと考えるのは、一般市民が現在興味を持っているだろうと彼らが判断した事柄である」とカーネマンは続ける[92]。視聴者の反応が報道の頻度を左右し、リップマンの論に従うならば、その反応によって問題の現場に対してさえも影響を与えるのである。

メディアの政治利用

ただし、メディアはしばしば政治的に利用されることがあるという事実も念頭に置かなければならない。

スペクタクルとしての政治ニュースへの熱中が人々のイデオロギーや行動、沈黙に対しておよぼす影響を分析したエーデルマン（Murray Edelman）は、「劇的な問題の構築をめぐって、また場合によっては問題の劇的な解決をめぐって、物語と政治的利益、受け手の社会状況の三者の交錯が生じる」として、政治ニュースは「政治的な支持や反対を促す触媒である」と指摘した。そのため政治ニュースは、「報道してもらうことで人々にある特定の考え方を持たせようとする」人々によって利用されることがある[93]。

世界の遠い地域で起きている問題に対する国際社会の関心を引く手段としてメディアが利用された典型的な事例が、ボスニア紛争である[94]。

1991年に旧ユーゴスラヴィア連邦で内戦が勃発した際、アメリカをはじめとする国際社会は介入に消極的であった。冷戦の終結によって「周辺」地域への紛争に介入する動機がなくなり、利害関係のない地域での紛争を解決するために自国民の血を流すことへの抵抗感が生まれていたこと、非同盟諸国が当事国の承認なしに内政に介入することへの反発を示したことが理由として挙げられる。同時に、6つの共和国からなる複雑な連邦が崩壊し、民族が入り乱れての内戦に発展したことで、「紛争終結のためには誰にどう働きかけるべきなのか」が不明確になり、国連が旧ユーゴ全体に包括的な経済制裁を実施したり、和平交渉の場を設けることしかできなかったという面もあった。

こうした国際社会の対応を一変させたのが、ボスニアにおいてセルビア人がムスリム人を「民族浄化」するべく大規模虐殺を行っているという「セルビア悪玉論」の広まりであった。現地情報でさえ、どちらの勢力に非があるとも判断し難い情報ばかりであったにもかかわらず、欧米での報道や論評は次第に「ムスリム人＝被害者」「セルビア人＝加害者」という善玉・悪玉論に傾いていった。それが、ユーゴ連邦（セルビア人側）に対する経済制裁、国連追放、北大西洋条約機構（NATO）軍によるセルビア空爆という偏った対応に結びついていった。「民族浄化」というキーワードは、「再びヨーロッパでホロコーストが起きてしまった」というヨーロッパ諸国の恐怖心をあおり、国際社会を積極的な介入へと傾けたのである。

紛争が終結した後の2002年に、元NHKディレクターの高木徹が著した『戦争広告代理店』によって、こうした報道の偏りと国際社会の動きの裏には、国際世論を戦略的につくり出すPR企業の情報操作が働いていたことが明らかになった[95]。ボスニア・ヘルツェゴヴィナの外相がアメリカの大手PR企業と契約し、メディアに訴えかける巧みなPRによって、ムスリム人に同情的なイメージをつくり上げ、積極的介入を求める国際世論をつくり出したのである。開戦当初、戦略もなしにアメリカに訴えに来たボスニア・ヘルツェゴヴィナの外相に対して、アメリカ国務省の報道官が伝えたという次のメッセージは、アメリカにおけるメディアと世論と政治との関係をよく表している。

アメリカには世界中から問題をかかえた国の外相がやってきて、助けてくれ、助けてくれと懇願します。そんなことは日常茶飯事なんですよ。でも、国民の世論のサポートなしに、いちいち彼らの頼みを聞いてやることはできません。国民が支持していないのにそういう国の救援に動くことは“政治的な自殺”といってもよい行為です。政府の外交政策は、議会によって監視されていますからね。議会は国民の世論が賛成しない政策には予算をつけません。そして、アメリカ国民に声を届かせるには、なにをおいてもメディアを通して訴えることなんです[96]。

アメリカ政府を味方にしたければアメリカの世論を動かせ、世論を味方につけたければメディアを動かせ、というメッセージである。

ボスニア紛争ほど戦略的には行われていないとしても、メディアによる報道が世論を動かし、政府の政策決定に影響を与えるという「CNN効果」は、他の紛争介入においてもしばしば見られる。ただし、ボスニアの事例のように、報道の多さが常に世論の高まりをもたらし、政府による積極的介入に結びつくとは限らない。

つながりの認知

戦争写真が見る人にどのような反応を起こさせるかを分析したソンタグ(Suzan Sontag)は、他者の苦しみを写した映像は見る人に同情心を起こさせるが、あまりに繰り返される残虐行為の映像は、人々に「どの戦争も止めさせることができない」という無力感を起こさせると指摘する。同時に同情心は、「同情を感じるかぎりにおいて、われわれは苦しみを引き起こしたものの共犯者ではない」という自身の無罪を主張し、チャンネルを切り替えて映像から目を背けることを許容する。「一つの戦争が、直接にかかわる地域を超えて国際的な注目を集めるには、それが戦争として例外であり、交戦国同士の利害の衝突以上のものを表しているとみなされることが必要である」「彼らの苦しみが存在するその同じ地図の上にわれわれの特権が存在し、或る人々の富が他の人々の貧困を意味しているように、われわれの特権が彼らの苦しみに連関しているのかもしれない—われわれが想像したくないような仕方で—という洞察こそが課題であり、心をかき乱す苦痛の映像はそのための導火線にすぎない」とソンタグは指摘する。つまり、残虐な映像だけではなく、その残虐行為が自分とつながっているかもしれないという洞察がなければ、人々の関心を引きつけ、行動に移させることはできないというのである[97]。

ソンタグの指摘を、1.1.1で検討したヤングの社会的つながりモデルに照らすならば、構造上のプロセスへの参加を本人が自覚し、責任帰属を認知しなければ、救済行動への動機にはならないということになる。

残虐な映像と自分とのつながりの認知が世論を動かし、政府を動かした典型的な事例として、シエラレオネ紛争があてはまる。

シエラレオネ紛争は、1991年の紛争発生以後、1997年にはじめて国連による経済制裁が実施されるまで、国際社会による措置が一切とられなかった「看過された紛争」であった。ソマリア紛争での米軍の介入の失敗やルワンダの虐殺など、アフリカでの紛争介入が失敗し続けていた時期であり、シエラレオネでのゲリラの活動は「犯罪」の域を出ないとみなされていた。民主的な選挙で成立した政権が1997年にクーデタで倒されると、ようやく国連が経済制裁を導入するが、介入に対する政治的意思は低いままであった。

ところが、和平協定に基づいて派遣されていた国連平和維持活動（PKO）要員が武装勢力の人質になる事件が2000年5月に発生し、同時に、NGOによって紛争ダイヤモンド問題が告発されると、事態は一変した。シエラレオネで採掘されるダイヤモンドが武装勢力の紛争資金源になっているという紛争ダイヤモンド問題の告発は、シエラレオネ紛争と先進国の企業、ひいては消費者とのつながりを示したのである。

2000年5月を機にメディアは手足を切断するゲリラの残虐行為と先進国の消費者が購入しているダイヤモンドとを結びつける報道を盛んに行うようになる。2000年4月の時点では、シエラレオネに関する報道はNY Times

で1カ月に9件、The Guardianでも12件であったが、5月にはそれぞれ95件と122件に急増している。この報道が、シエラレオネの旧宗主国であり、世界最大のダイヤモンド企業デビアスをかかえるイギリスの世論を動かし、イギリスがシエラレオネに特殊部隊を派遣してPKO要員を救出するとともに、積極的な紛争解決策に乗り出すきっかけとなった[98]。

消費者運動におけるつながりの強調

さらに、つながりを戦略的に強調して、途上国の問題に対する世論を喚起する存在として、メディアに加えて、市民への啓発活動を行うアドボカシー団体としてのNGOの役割も考慮する必要がある。

NGOの啓発活動が世論を喚起して消費者運動を巻き起こした事例として、1996〜97年に起きたNIKEの搾取工場問題が挙げられる。NIKEが生産を委託する韓国のスポーツ靴企業が、ベトナムやインドネシアなど東南アジアの下請工場で、強制労働、児童労働、低賃金労働、長時間労働、体罰やセクシャルハラスメントなどをめぐる労働争議を起こされていることが、1996年に韓国の新聞で報道された[99]。こうした問題が1996年10月にアメリカCBSの48時間ドキュメンタリー「NIKE story in Vietnam」など欧米のメディアでも取り上げられると、搾取工場と契約するNIKEに対して、インターネットを通じた反対キャンペーンが起きた。代表的な例として、アメリカのNGO Vietnam Labour Watchによる、ベトナムのNIKE契約工場における労働状況の調査、報告書の公開、NIKE商品のボイコットを訴えるキャンペーンが挙げられる[100]。

キャンペーンは欧米諸国でのNIKE製品の不買運動、訴訟問題に発展し、売り上げの減少につながった。次頁の絵（**図1-2**）は、不買運動で使用された風刺画のひとつである[101]。「If the shoe fits, wear it（その評言が思い当たるなら、自分のことと思え）」ということわざをもじって、消費者が履く靴が工場での「奴隷労働」につながっていることを表現し、ボイコットへの賛同を求めている。

このキャンペーンは、東南アジアの下請け工場という、消費者からは遠く

図 1-2 NIKE 不買運動の風刺画

出典：People & Planet HP

離れた生産地で起きている人権侵害について、劣悪な労働条件や児童労働といった「他者の苦しみ」を伝えるだけではなく、魅力的な靴を履くという「われわれの特権」が「彼らの苦しみに連関しているのかもしれない」という感覚を起こさせるキャンペーンになっている。

結果としてこのキャンペーンは、NIKE が下請け工場の労働条件を改善する動きにつながったのみならず、欧米の多くの企業が、海外の自社工場や業務委託先などのサプライチェーンにまで管理の責任を認識する、「企業の社会的責任」（CSR）の拡大をもたらした。

途上国の生産地で起きている人権侵害と、先進国の消費者が購入する身近な製品とを結びつけることで、「あなたはこの人権侵害に加担しているかもしれない」という印象を与え、消費者の行動変化を求める NGO の取り組みは、数多く行われている。

1.1.5 本書の挑戦

1960 年代にプレビッシュが提唱した中心・周辺概念を基礎として、従属論、世界システム論、構造的暴力論が展開される中で、途上国の社会問題を世界経済の構造の中でとらえる議論は、低開発のみならず、社会不正義や紛争にも適用されるようになった。一連の議論で描き出されてきたのは、途上国の生産地と先進国の消費地との間には、単なる産品の貿易を越えて、両者の関係性を規定する構造が存在するということであった。そしてその構造の中では、途上国の生産地における人々の苦境が先進国の消費地における人々の利益になるという利益不調和が存在している。そのため、先進国の人々が自分の利益を求めて行う日常的な行動は、こうした構造を通じて遠くの他者に苦境をもたらす危険性をはらんでいるのである。

グローバル正義論として世界経済制度の変革を求めるポッゲや、社会構造の変革を求めるヤングの社会的つながりモデルは、こうした認識の上に成り立っている。消費者が手にする製品が、その生産過程において生産者の苦境を生み出しているのならば、その苦境を生み出す構造上のプロセスに参加する消費者は結果責任を有し、消費行動の変化や企業、政府に対する意思表示を通じて、構造変革を求める責任を有する。

そして、一般の消費者が途上国の社会問題と自分とのつながりを認知する上では、メディアやNGOによる情報提供が重要な役割を担ってきた。シンガーも指摘しているように、人は遠くよりも近く、他人よりも身内に対しての方が援助する義務を感じやすい。つながりを強調することで遠くの他者の問題を自分の問題としてとらえやすくなり、問題解決に貢献しようとする意欲が高まるのならば、つながりの強調には意味があると評価できる。

これまでの議論を踏まえて本書では、世界経済の構造や、その構造によってもたらされる不正義についての分析が、現代世界にあてはまるのか否か、紛争資源問題を事例として検討する。1.1.1で検討した、援助する義務とグローバル正義論の観点から、紛争資金問題に関する社会的責任消費の論拠と動機をとらえる。特に、従来は個別に議論されてきた匡正的正義、分配的正義、援助する義務という3つの観点の相互補完に注目し、統合的な論理を整えることに挑戦する。

さらに、既存の議論が抱える2つの問題点を指摘し、改善を試みる。ひとつは、途上国の社会問題を分析する際に、内生的要因と外生的要因のどちらかが偏重されており、両要因の間の相互作用が十分に検討されてないことである。そしてもうひとつは、直接的なつながりの強調がしばしば、つながりが見えにくい社会問題を捨象する原因になっているという事実が検討されていないことである。

内生的要因と外生的要因の偏り

もともとプレビッシュが中心・周辺概念を提唱したときには、彼はラテン・アメリカの経済発展の制約要因を国内要因と対外的要因の両方から検討し、両要因の関連も検討していた。しかし従属論は、中心国による資本の収奪という外生的な要因を強調するあまりに、当該地域において蓄積されてきた社会的関係や、外部からの影響が現地において内部化されていく過程といった、内生的要因を十分に検討しなかった。この問題点は当時からすでに従属学派内外からの批判を受けており、フランクの1978年の著書では、周辺国内での生産様式の変化と資本の蓄積・非蓄積という、内生的要因にも分析の対象が広げられている[102]。それでもなお、中心国との間の交換と資本移動がもたらした生産様式の転形というレベルに分析がとどまり、当該地域内における構造的要因が十分に検討されているとはいい難い。

同様に、世界経済の構造をより深く分析する世界システム論においても、周辺地域の社会的背景は十分に検討されていない。ウォーラーステインの壮大な著作『近代システム論』（Ⅰ～Ⅳ）においては、世界経済システムを形成した中心地域の歴史的背景が詳細に描かれている一方で、世界経済システムに組み込まれる側の周辺地域の分析は、奴隷制や国家形態など、「組み込み」の分析に必要な部分に限定されている。その点で、中心地域の視点から世界をとらえた分析になっているという偏りがあり、周辺地域における現地の文脈が捨象されているという問題がある。

途上国の問題を世界経済の構造の中でとらえる理論がこうした問題点を抱えているために、アフリカの貧困や紛争の要因を議論する際に、不公正貿易や援助依存といった外生的要因がことさらに強調されたり、逆に、アフリカの問題は政治腐敗などの内生的要因によって起きていると強調して外生的要因が否定されたりするなど、どちらかに比重が偏って意見が対立するという問題が生じている。

ミラーが、人間を行為の受け手であると同時に主体であるという両面性からとらえることを強調し、グローバル正義論の責任主体を国民国家ととらえるべきと主張したことは、こうした内生的要因と外生的要因の間のジレンマを反映していると考えられる。

社会的責任消費は、外生的要因となっている世界経済の構造を変革することで、途上国の社会問題の解決を外部から促進しようとする取り組みである。しかし、外部からの取り組みを検討するからといって、内生的要因を捨象して外生的要因だけを検討したのでは、対象とする社会問題を正しく理解できない。

本来、内生的要因と外生的要因は相互に影響し合って作用しているはずである。対象とする社会問題を正しく理解するためには、どちらかではなく両方の要因を分析の対象とし、相互作用を検証すべきであろう。

コンゴの資源産出地域で起きている問題と先進国の消費者との関係をとらえる本書では、世界システム論の分析視点やグローバル正義論を援用しながらも、紛争資源問題の発生・継続要因をとらえる上で、世界経済の構造の影響という外生的要因と、現地の文脈という内生的要因の両方を分析の対象とする。

つながりの強調による捨象

既存の議論のもうひとつの問題点は、直接的なつながりの強調がしばしば、つながりが見えにくい社会問題を捨象する原因になっているという事実が検討されていないことである。

リップマンやカーネマンが指摘したように、遠くの問題に対する人々の認知は、メディアやNGOがつくり出すイメージによって大きく左右される。そして、他者の苦痛を映し出す映像と自分とのつながりの認知が、人々を救済行動に向かわせる動機づけとなる。

しかし同時に、メディアやNGOが、途上国で起きている問題と先進国の消費者との直接的なつながりを強調すればするほど、消費者とのつながりが見えやすい問題、あるいは同じ問題の中でもつながりが見えやすい部分に注目が集中し、つながりが見えにくい問題や見えにくい部分は注目されにくくなる。

上述したように途上国の生産地で起きている問題の多くには、外生的要因と内生的要因があり、両者は相互に影響し合って作用している。それにもかかわらず、先進国の消費者との直接的なつながりばかりが強調されれば、消費者とのつながりが薄く感じられる内生的要因は捨象され、外生的要因のみが強調されることになる。

確かに、消費者との直接的なつながりに光を当てることで世論の関心を喚起し、問題解決への端緒を開くことができるのならば、つながりの強調には意味がある。単純化された「物語」が消費者の責任帰属意識を喚起し、解決への取り組みに参加する救済意欲を高めるならば、単純化にも意味がある。

しかし、単純化された物語はどこかで元の姿に戻さなければならない。消費者が解決への貢献を求められている問題は、本当はどのような問題なのか。たとえ、当該問題の複雑な実態すべてを理解することは困難であっても、単純化された物語の先には実は深い奥行きがあり、外部からの働きかけは現地の文脈と相互に影響し合いながら作用していく。消費者が問題解決への主体的な行為者になるためには、そうした奥行きを理解する必要がある。

消費者市民社会とは、個々の消費者が、自らの消費行動が将来にわたって内外の社会経済情勢および地球環境に影響をおよぼしうることを自覚し、公正かつ持続可能な社会に主体的に参画する社会を意味する。主体的な消費者とは、自らの求める価値を自覚し、自律的に行動する消費者である。メディアのつくり出すイメージに左右され、NGOのキャンペーンに動員される受け身の存在ではなく、主体的に責任を果たす存在となるためには、問題を正しく認識し、自身の責任の範囲を理解しようとする姿勢が必要であろう。

この問題点を踏まえて本書では、途上国の社会問題と先進国の消費者の間のつながりを直接的で目に見えやすいつながりに限定せず、目に見えにくいつながりにも広げる。

以上2点の問題点を踏まえて次節では、社会的責任消費の論拠と動機に対する本書の仮説を提示し、事例研究を通じて展開する議論を設定する。

第2節　「つながり」をとらえる視点

生産地と消費地をつなぐ経路が明確にされていないにもかかわらず、消費地での取り組みによって生産地での問題を解決しようとする試みが始まったのはなぜなのか。第1節で検討した既存の議論を踏まえて、この問いに対する本書の仮説を提示し、事例研究を通じて展開する議論を設定する。

1.2.1　仮説：鍵となる3つの「つながり」

匡正的正義、分配的正義、援助する義務のそれぞれの議論を踏まえて本書では、以下の3つのつながりの認知が、社会的責任消費の論拠と動機をとらえる鍵になるという仮説を提示する。

第1に、先進国の消費者の消費行動が、問題を引き起こしている（あるいは継続させている）構造的要因とつながっているという「問題とのつながり」。第2に、先進国の消費者には問題解決に貢献できる可能性があるという「問題解決とのつながり」。第3に、人間の尊厳を守るべきという「形而上的なつながり」である。

第1に、ポッゲやヤングが論じた、途上国の社会問題は世界経済の制度や構造によってつくり出されているという見解は、「問題とのつながり」にあたる。プレビッシュ以降展開されてきた一連の議論に見られるように、途上国の社会問題は、現地の文脈だけで起きているのではなく、世界経済の構造の中でつくり出されている。そして、先進国の消費者もその世界経済の構造の中でくらし、構造上のプロセスに参加している。そのため、先進国の消費者は途上国の社会問題をつくり出す構造に加担しているという結果責任を有する。自分が豊かでいられるのが、遠くの他者から搾取しているおかげであるのならば、匡正的正義の観点から見て消費者は、その他者に対する補償を行ったり、不正義をつくり出す構造を変革したりする救済責任を有する。

そして、「問題とのつながり」を検証する際には、序章で提示した2つの経路を検証する必要がある。途上国で生産された産物を先進国の消費者が消費しているという「モノ」の生産・流通経路を通じたつながりと、先進国での消費行動が生産地に影響を与えるという「影響」の伝達を通じたつながりである。消費者が手にする製品が、その生産過程において生産者の苦境を生み出しているという「モノ」の生産・流通を通じての直接的なつながりのみならず、消費地における消費動向が、生産者の苦境を生み出す構造を助長させている可能性があるという「影響」の伝達を通じたつながりも重要な「問題とのつながり」である。

ただし、「問題とのつながり」のみで消費者の社会的責任をとらえるには限界がある。社会構造があまりに複雑であるがために消費者とのつながりが見えにくく、結果責任が特定しにくい社会問題に対して、消費者は救済責任を有するのか否か、説明しきれない疑問が残るためである。こうした疑問に対して、補完する論理を提供するのが、「問題解決とのつながり」および「形而上的なつながり」である。

第2に、「救うことができるものは救うべき」という、シンガーに代表される援助する義務は「問題解決とのつながり」にあたる。先進国の消費者がわずかな費用を負担することで、あるいはキャンペーンに賛同する意思を表明することで、誰かの大きな苦しみが緩和されるならば、消費者はその手段を実行する救済責任を有する。

例えば地震や津波のような自然災害によって被害が発生した場合、遠く離れた地域にくらす人々はその被害に対して何の結果責任も有していない。それでも人々が寄付に協力したり、ボランティアに駆けつけるのは、「誰かの苦しみを緩和するために自分にできることはするべき」という救済責任を受け入れるからであろう。同じように、社会構造があまりに複雑であるがために消費者とのつながりが見えにくく、結果責任が特定しにくい途上国の社会問題に対しても、消費者の行動によって生産者の苦境が改善されるならば、消費者は救済責任を有する。

このつながりは、序章で提示した2つの経路のうち、「影響」の伝達を通じたつながりにあたる。

第3に、「私たちはどういう人間であるべきか」を問う徳倫理学や、人間の尊厳に見合った生活を実現するために必要な潜在能力の閾値を保証する潜在能力アプローチは、「形而上的なつながり」にあたる。たとえ問題と自分との間に形而下的なつながりがないとしても、「人間の尊厳は尊重されるべき」という分配的正義に基づく理念においてすべての人はつながっている。誰かが直面している危機が人間の尊厳の危機であると認知された場合、生産者であるか消費者であるかに関わりなく、そして結果として救えるか否かの見通しにかかわりなく、すべての人は他者に対して救済責任を有していることになる。

そして、これら 3 つのつながりは、相互に排他的にではなく、むしろ補完し合って作用する。1.1.4 で指摘したように、人々が社会的責任を受け入れる上では、「問題とのつながり」の認知が、最も強力な責任帰属認知となり、人々が救済行動に乗り出す動機となる。しかし、問題とのつながりが明確でなければ人々が行動しないわけではない。「自分にできることはするべき」という「問題解決とのつながり」や、「人間としての尊厳を守るべき」という「形而上的なつながり」もまた、社会問題に対して人々が責任を果たそうと尽力する動機になりえる。

この仮説の妥当性を実験的に検証することは、本書ではできない。しかし、この 3 つのつながりを分析視点としながら事例研究を行うことで、途上国の生産地と先進国の消費者の関係を包括的にとらえて社会的責任消費の論拠と動機を解明するには、この 3 つのつながりが鍵になることを示していく。

1.2.2 「つながり」が捨象するものへの視点

ただし、つながりに注目することによって生じる弊害も考慮しておかなければならない。つながりは往々にして目に見えないものである。社会的責任消費において問題と消費者とのつながりを重視する傾向が強まるほど、つながりが見えにくい問題は分析の対象になりにくくなるという弊害が生じる。さらに、ひとつの社会問題をとらえる際にも、消費者とのつながりが見えやすい外生的要因を強調するあまりに、問題を引き起こしている現地の文脈が捨象され、正しい問題認識を阻害する危険性もある。

1.1.5 で述べたように、プレビッシュの中心・周辺概念はもともと、現地の文脈でのみ途上国の低開発をとらえる見方に異論を唱えて提起されたものであった。しかし、従属論から世界システム論、構造的暴力論へと、世界経済の構造に分析の重点を置く議論が展開されるうちに、当該地域内における社会的要因が付随的な位置づけに追いやられるようになった。さらに、社会的責任消費の議論において、消費者に直接的につながっている問題や消費者が責任を感じやすい問題が注目されるにともない、消費者とのつながりが見えにくく共感を得にくい問題は捨象されやすくなっているのではないか。

消費者の関心を引いてキャンペーンへの賛同を増やそうとするNGOは、問題を単純化し、消費者とつながる部分、感性に訴えやすい部分に焦点を絞る。国際社会の関心が低く「ステルス戦争[103]」といわれていたコンゴ東部紛争が、各国政府が法を整備して取り組む問題にまで押し上げられたのは、「紛争携帯電話」というわかりやすく単純化されたつながりが消費者の関心を引いたためである。キャンペーンがもたらした関心の高まり自体は、評価に値する。

しかし、紛争資源問題への注目が集まり、各国政府が対策を開始したことをもって「ゴール」としたのでは、問題の本質を見落とす。対策の開始を糸口として、問題の根となっている要因の追究を進めることが必要であろう。途上国で起きている問題と消費者のつながりが認知され、消費者が行動を起こし、政府や企業が動き始めたことをきっかけとして、当初は問題を単純化するために捨象した問題を再び取り上げ、問題の全体像を正しく理解する議論へと発展させていくことが必要である。

こうした問題意識に立って本書では、コンゴ東部の資源産出地域で起きている問題と先進国の消費者とのつながりを軸にしながらも、消費者とはつながりが見えにくい側面にも光を当てる。世界経済の構造の影響と、現地の文脈という両方の視点を持ち、コンゴが抱える問題の全体像の中での紛争資源問題の位置づけを示すことで、紛争資源問題の解決に向けた消費者市民社会の役割をとらえ直したい。

第3節　事例対象地域の概要

本節では、次章以降で検討する事例の対象地域であるコンゴの地理、産業、エスニック構成、略史を整理する。

1.3.1　地理的条件と産業

アフリカ大陸のほぼ中央に位置するコンゴは、アルジェリアに次いでアフリカで2番目に広い国であり、周辺9か国と国境を接している。国の中央部を横断して流れるコンゴ川の流域には熱帯雨林が広がり、マウンテンゴリラ、コンゴクジャク、キタシロサイなどの希少動物を含む多様な野生動物が生息している。一方、温帯に属する南部や東部の山岳地方には、金、銅、スズ、ダイヤモンド、コバルト、ウラニウム、タンタル、タングステン、ニオブ、マンガンなどの鉱物資源の鉱脈がある[104]。コンゴは世界有数の資源産出国である。しかしながら、2013年の人間開発指数（HDI）では187か国中186位の最貧国であり[105]、豊富な資源が国民の豊かさに結びついていない様子がうかがえる。

コンゴの人口の約2割は農業に従事し、米、小麦、とうもろこしといった自給作物のほか、パーム油、綿花、コーヒーといった輸出作物の生産が国内総生産（GDP）の2割を占めている。一方で、南部や東部の鉱業のために、GDPの3割は工業が占めている[106]。輸出品の約9割は鉱物資源であり、資源を輸出して食料や工業製品などの消費財を輸入する、典型的な資源依存型経済である[107]。

2015年1月に可決された新行政区分案により、全国は26州と1都市に分けられることになったが、1997年から2014年までは以下の10州と1都市に分けられていた。バンドゥンドゥ州（Bandundu）、バス・コンゴ州（Bas-Congo／Lower Congo）、赤道州（Equateur）、西カサイ州（Kasai-Occidental／West Kasai）、東カサイ州（Kasai-Oriental／East Kasai）、カタンガ州（Katanga）、マニエマ州（Maniema）、北キヴ州（Nord-Kivu／North Kivu）、オリエンタル州（Orientale）、南キヴ州（Sud-Kivu／South Kivu）、首都キンシャサ（Kinshasa）。

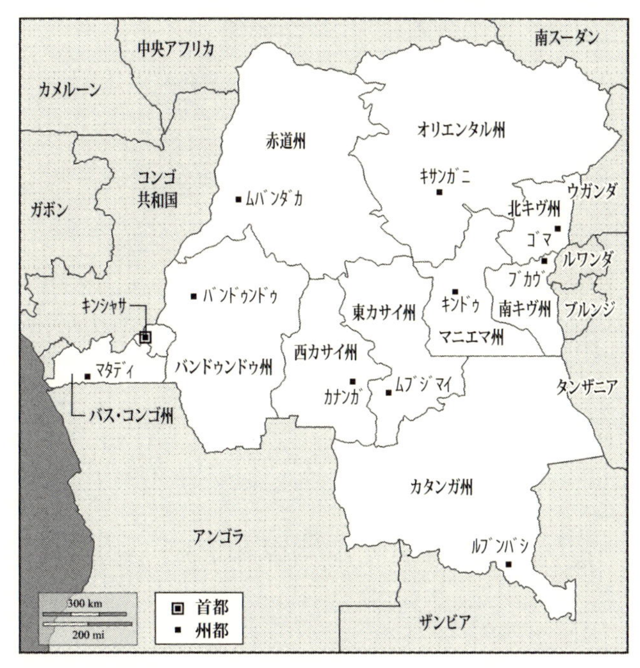

図 1-3　コンゴの行政区分（1997 ～ 2014 年）

出典：筆者作成

鉱物資源のためにコンゴの人口や産業は南部・東部に集中しているが、コンゴ川は河口域と源流域において険しい高低差があるため、南部・東部の資源を西部の港まで運ぶ河川交通としては機能しない。鉄道や道路の整備が鍵であるが、東部の資源の積出しは東のルワンダ、ウガンダ、タンザニア、南のアンゴラ、ザンビアといった周辺国に向けられる。こうした状況はコンゴ国内が経済的に一体となって発展することを阻害して地方の分離傾向を促している。

1.3.2　エスニック構成

複雑なエスニック構成も、国内の統一を困難にしている要因のひとつである。コンゴには、200 以上のエスニック集団がくらしている。規模の大きな

表 1-1　コンゴの国勢

国名	コンゴ民主共和国（Democratic Republic of the Congo）		
首都	キンシャサ（Kinshasa）	面積	234.5 万㎢
人口	7,938 万人（2015 年）	通貨	コンゴ・フラン（FC）
言語	フランス語（公用語）、リンガラ語、バントゥ系諸語（コンゴ語、ルバ語など）、スワヒリ語		
エスニシティ	モンゴ、ルバ、コンゴ、マンベツ、アザンデなど 200 以上		
宗教	キリスト教 80%（カトリック 50%、プロテスタント 20%、キンバジスト 10%）、イスラーム 10%、その他の伝統宗教など 10%		
所得	国内総生産（GDP）：389 億ドル　／　一人当たり GNI：400 ドル　（2015 年）		
主産業	農業：コーヒー、砂糖、パーム油、ゴム、茶、綿花、カカオ、キニーネ 鉱工業：銅、コバルト、ダイヤモンド、金、タンタル、スズ、タングステン		
貿易	輸出：124 億ドル　（2015 年） 　品目：ダイヤモンド、銅、金、コバルト、木材、原油、コーヒー 　相手国：中国、ザンビア、韓国、ベルギー 輸入：123 億ドル　（2015 年） 　品目：食品、機械、輸送機械、燃料 　相手国：中国、南アフリカ、ザンビア、ベルギー、ジンバブエ、インド		

出典：CIA Factbook（2016 年 7 月 29 日更新）より筆者作成

エスニック集団としては、モンゴ（Mongo）、ルバ（Luba）、コンゴ（Kongo）、マンベツ（Mangbetu）、アザンデ（Azande）などがあるが、これらを合わせても人口の 45% ほどであり、その他は小集団に分かれている[108]。中には、近隣諸国との国境をまたいでくらすエスニック集団もある。

なお、日本語の「民族」「部族」「氏族」は nation、ethnic、tribe、clan、lineage というエスニシティの要素と必ずしも一対一の対応関係にないため、本書においては原則としてエスニシティ、エスニック集団、クラン、リネージという用語を用いる。

1.3.3　コンゴの略史

事例研究を進めるにあたってコンゴの歴史を概観しておきたい。

コンゴ川流域には紀元前から、森林の狩猟採集民、森林からサバンナに移行する地域の農耕民、コンゴ川の漁撈民がくらし、それぞれが地域の首長のもとで親族関係を基礎とする小集団を形成していた。15 世紀には河口域に

表 1-2 コンゴ略年表

年	出来事
1885年	コンゴ自由国
1908年	ベルギー領コンゴ
1960年	コンゴ独立
1960年	コンゴ動乱の発生
1965年	モブツ政権の成立
1994年	ルワンダ難民の流入
1996年	第一次コンゴ紛争の発生
1997年	L. カビラ政権の成立
1998年	第二次コンゴ紛争の発生
2001年	L. カビラ暗殺 →J. カビラ政権へ
2002年	プレトリア協定の成立
2003年	コンゴ紛争の「終結」 ※東部紛争は継続
2005年	憲法に関する国民投票の実施
2006年	大統領選挙・国民議会選挙の実施
2011年	大統領選挙・国民議会選挙の実施

出典：筆者作成

コンゴ（Kongo）王国、源流域にルバ（Luba）王国やルンダ（Lunda）王国が成立し、ヨーロッパ商人やアラブ商人との交易を行っていた。

その後、19世紀にアフリカの植民地化が進むと、1885年のベルリン議定書によってコンゴ地方はベルギー国王レオポルド2世（Léopold II）の私的所有地コンゴ自由国（the Congo Free State）となり、1908年には統治権がベルギー政府に譲渡されてベルギー領コンゴ（Belgian Congo）となった。

第二次世界大戦後の1960年に独立を果たすが、直後から国内は混乱し、4つの政府が正統性を争うコンゴ動乱が発生した。

1965年にモブツ（Joseph-Désiré Mobutu / Mobutu Sese Seko）がクーデタによって政権を掌握してからは、1997年まで32年間の独裁体制が敷かれた。その間、1977年と1978年には反政府武装勢力がシャバ（Shaba）州（カタンガ州）に侵攻する事件が起きた（第一次、第二次シャバ危機）。モブツ政権はこの危機を乗り切ったものの、1980年代には民主化の動きが加速して独裁体制が動揺し始めた。

1990年代に入って隣国ルワンダで内戦が始まると、その影響はコンゴ東部にもおよんだ。1990年にはツチ(Tutsi)武装勢力のルワンダ愛国戦線(RPF)が隣国ウガンダからルワンダへ侵攻し、フツ（Hutu）のハビャリマナ（Juvénal Habyarimana）政権との間で内戦が始まった。1994年にはハビャリマナ大統領の死をきっかけとして、フツ過激派がツチ住民とフツ穏健派を虐殺するルワンダ・ジェノサイドが発生した。その後、RPFが政権を奪取すると、報復を恐れたフツ過激派とフツ住民が大量に周辺国に逃れた。コンゴ東部にも大量の難民が流入し、混乱に陥った。難民キャンプはルワンダでの虐殺を主導したフツ武装勢力の拠点となり、政権奪還を目指してルワンダへ越境攻撃を開始したり、コンゴ東部に住むルワンダ系住民に対して攻撃を加えたりした。

こうした問題にコンゴ政府が有効な対策をとれなかったことから、1996年10月、コンゴ東部の反政府武装勢力がツチの民兵組織と合同して「コンゴ・ザイール解放民主連合（AFDL）」を結成し、これをルワンダ、ウガンダ、ブルンジ、アンゴラなどの近隣諸国が支援する形で、モブツ政権の打倒を目指す闘争が始まった。これが、第一次コンゴ紛争（1996〜97年）である。

1997年5月にはAFDLが首都キンシャサを陥落してモブツはオランダに亡命し、AFDL議長であったローラン・カビラ（Laurent-Désiré Kabila: L. カビラ）が新大統領に就任した。

L. カビラは新政権を樹立すると、ルワンダの影響力を政権から駆逐しようとし、1998年、L. カビラの政策転換に反発したツチ勢力が「民主コンゴ連合（RCD）」と「コンゴ解放運動（MLC）」を結成し、今度はL. カビラ打倒を目指す闘争を開始した。これが第二次コンゴ紛争（1998〜2003年）である。RCDとMLCの側にルワンダとウガンダが加勢する代わりに、L. カビラ側にはアンゴラ、ジンバブエ、ナミビアなどが加勢し、紛争は国際紛争へと拡大した。

1999年にはザンビアの仲介によってルサカ停戦協定が結ばれ、国連PKOとして国連コンゴ民主共和国ミッション（MONUC）の派遣が決まったものの、その後も和平の履行は進まなかった。状況が好転するのは、2001 年に暗殺された L. カビラの後を継いで息子のジョゼフ・カビラ（Joseph Kabila Kabange: J. カビラ）が政権の座に就いてからであった。

最終的には 2002 年に、紛争の長期化による各国経済の疲弊や、諸国・国際機関の仲介努力が功を奏して包括的和平合意であるプレトリア協定が結ばれ、2003 年に紛争は「終結」した。

プレトリア協定後、コンゴは新国家の建設に向けて歩み始めた。2003 年には J. カビラ政権と RCD、MLC などの元反政府武装勢力とが権力を分有する形で移行政権が発足した。そして 2005 年には憲法に関する国民投票、2006 年には大統領選挙と国民議会選挙が行われ、国家再建が進んだ。軍事面でも、反政府武装勢力が国軍に統合され、政府や MONUC による武装解除が進められた。

しかし、紛争が「終結」してもなお、コンゴ東部では紛争状態が継続している。特定のエスニック集団の自衛を主張する武装勢力や周辺国の反政府武装勢力が活動し続け、国連の報告によれば、2013 年に武力衝突を起こした武装勢力は 11 集団に上っている[109]。Mai Mai とよばれる地域的な自衛集団や分派を含めれば、コンゴ東部に存在する武装勢力の数は 40 を超える[110]。そして、こうした武装勢力が資金源として利用しているのが、コンゴ東部の豊富な資源である。このような武装勢力による紛争資源の利用を停止させ、紛争状態を改善する方策として、2010 年から OECD やアメリカ政府による紛争鉱物取引規制が行われている。

結論を先取りすると、これらの紛争鉱物取引規制の導入後、コンゴ東部では徐々に状況の改善が始まっている。しかし、残存する武装勢力による住民への暴力は依然として続いており、すべての鉱山がコンフリクト・フリー（紛争に関わらない状態）になるにはいたっていない。

アフリカの経済と紛争の関係を分析している経済学者のコリアー（Paul Collier）は、途上国の貧困の理由を「紛争の罠」「天然資源の罠」「劣悪な隣国に囲まれている内陸国の罠」そして「小国における悪いガバナンスの罠」という 4 つの罠で説明している[111]。コンゴはコンゴ川の河口においてわずかに海に接していることと、小国ではなく大国であることを除けば、この4つの罠がそろっている。さらに、地理的条件と多様なエスニック構成のために、政治的、経済的な一体性を保つことが難しく、地方の分離傾向が強いという問題もある。

コンゴには政治的、経済的な問題が存在する。紛争資源問題さえ解決すればコンゴが抱える問題が解決するというわけではない。それでは、紛争資源問題とはコンゴにとってどのような問題であり、コンゴが抱える問題全体の中でどのような位置づけを持つものなのか。第2章以降の事例研究では、コンゴにおける紛争資源問題の位置づけをとらえ、欧米や日本といった消費地とのつながりをとらえる。

小　括

貧困、労働搾取、環境破壊、紛争など、途上国の生産地で起きている社会問題に対して、現地の当事者や政府、国際援助機関のみならず、先進国の政府や企業、個人にも社会的責任を求める論拠はどこにあるのか。

第1節では、社会的責任消費につながるこれまでの議論をたどり、消費者が社会的責任を有するといえる論拠と行動する動機を検討した。途上国の社会問題を現地の問題としてだけではなく、世界経済の構造の中で起きている問題としてとらえる議論は、プレビッシュが中心・周辺概念を唱え、従属論、世界システム論、構造的暴力論へと展開された1960年代以降、盛んに行われてきた。そして、途上国の問題を世界経済の構造の中でとらえる認識が広まると、グローバル正義論において、途上国の問題を解決するために先進国が取り組むべき制度や構造の変革についても議論されるようになり、政府のみならず先進国の個人の責任にも議論の対象が広がった。

一方で、個々の消費者が責任を受け入れ、遠くの他者を救おうと尽力する動機はどこにあるのか。個人の道徳観に注目する徳倫理学アプローチと、行為主体の自律性に注目する潜在能力アプローチの両方から、消費者が自分の福祉のみならず他者の福祉にも考慮して行動することは、個人の主体性や道徳観に照らして合理的であるという理論づけがなされている。

しかし、社会的責任が理論的に示されたからといって消費者の行動に直結するわけではない。先進国の消費者が途上国の生産地で起きている社会問題をどのように認知するかは、メディアやNGOによる取り上げ方に影響される。他者の苦しみを写した映像は見る人に同情心を起こさせるが、あまりに繰り返される残虐行為の映像は、人々に「どの戦争も止めさせることができない」という無力感を起こさせる。残虐な映像だけではなく、その残虐行為が自分とつながっているかもしれないという洞察がなければ、人々の関心を引きつけて行動に移させることはできない。したがって、途上国の生産地で起きている社会問題が自分の生活とどのようにしてつながっているかという責任帰属認知が、消費者の社会的責任行動を左右する鍵となる。

これらの既存の議論を踏まえて第2節では、「問題とのつながり」「問題解決とのつながり」「形而上的なつながり」という3つのつながりの認知が社会的責任消費の論拠と動機をとらえる鍵となることを指摘した。

ただし、つながりに注目して途上国の問題を見るあまりに、つながりが見えにくい側面は注目されにくかったり、世界経済の構造の影響よりも現地の文脈の方に沿った側面は捨象されやすくなったりする危険性がある。途上国の問題を世界経済の構造の中でとらえる既存の議論では、世界経済の構造に分析の重点が置かれるあまりに、当該地域内における社会的要因が付随的な位置づけに追いやられているという問題点があることを指摘した。

本書では、コンゴ東部の資源産出地域で起きている問題と先進国の消費者とのつながりを明らかにすることを軸にしながらも、消費者とのつながりが見えにくい側面にも光を当てる。世界経済の構造の影響と、現地の文脈という両方の視点を持ち、コンゴが抱える問題の全体像の中での紛争資源問題の位置づけを示す。そして、消費者のどのような行動が問題を助長し、逆にどのような行動が問題解決に貢献しているのか、コンゴの紛争資源問題における消費者市民社会の役割をとらえ直す。

注

1 Singer, Peter [1993], *Practical Ethics,* second edition, Cambridge University Press（山

内友三郎監訳［1999］,『実践の倫理［新版］』昭和堂）. および Singer, Peter [2010], *The Life You Can Save: How to Do your Part to End World Poverty*, Random House（児玉聡，石川涼子訳［2014］,『あなたが救える命—世界の貧困を終わらせるために今すぐできること』勁草書房）.

2 Beitz, Charles R. [1979], *Political Theory and International Relations*, Princeton University Press（進藤榮一訳［1989］,『国際秩序と正義』岩波書店）.

3 Hoffmann, Stanley [1981], *Duties Beyond Borders: On the Limits and Possibilities on Ethical International Politics*, Syracuse University Press（寺澤一監修，最上敏樹訳［1985］,『国境を超える義務—節度ある国際政治を求めて』三省堂）.

4 Rawls, John [1999a], *A Theory of Justice,* revised edition, Harvard University Press（川本隆史他訳［2010］,『正義論　改訂版』紀伊國屋書店）. Rawls, John [1999b], *The Law of Peoples: with "The Idea of Public Reason Revisited"* , Harvard University Press（中山竜一訳［2006］,『万民の法』岩波書店）. Rawls, John [2001], *Justice as Fairness: A Restatement*, Harvard University Press（田中成明他訳［2004］,『公正としての正義 再説』岩波書店）.

5 Pogge, Thomas [2008], *World Poverty and Human Rights: Cosmopolitan Responsibilities and Reforms*, second edition, Polity Press（立岩真也監訳［2010］,『なぜ遠くの貧しい人への義務があるのか—世界的貧困と人権』生活書院）.

6 Young, Iris Marion [2011], *Responsibility for Justice*, Oxford University Press（岡野八代，池田直子訳［2014］,『正義への責任』岩波書店）.

7 Miller, David [2007], *National Responsibility and Global Justice*, Oxford University Press（富沢克他訳［2011］,『国際正義とは何か—グローバル化とネーションとしての責任』風行社）.

8 Nussbaum, Martha C. [2006], *Frontiers of Justice: Disability, Nationality, Species Membership*, Harvard University Press（神島裕子訳［2012］,『正義のフロンティア—障碍者・外国人・動物という境界を越えて』法政大学出版局）.

9 正義を分配的正義と匡正的正義に分けるとらえ方はアリストテレスに由来する。アリストテレス著，高田三郎訳［1971］,『ニコマコス倫理学（上）』岩波書店，235-236頁（1131b27-33）。

10 Hardin, Garrett [1974], "Living on a lifeboat", *Bioscience* 24(10), pp.561-568.

11 George, Susan [1977], *How the Other Half Dies: The Real Reason for World Hunger*, Penguin Books（小南祐一郎，谷口真里子訳［1984］,『なぜ世界の半分が飢えるのか 食糧危機の構造』朝日新聞社）.

12 Singer [1993], 邦訳 284-285 頁。

13 Singer [1993], 邦訳 264-267 頁。

14 Singer [1993], 邦訳 277-278 頁。

15 The Life You Can Save <http://www.thelifeyoucansave.org/>

16 例えば Miller [2007], 邦訳 283-287 頁。

17 Singer [2010], 邦訳 40-41 頁。

18 Singer [2010], 邦訳 42-43 頁。

19 Singer [1993], 邦訳 291 頁。

20 Singer [2010], 邦訳 151-152 頁。

21 Sachs, Jeffrey [2005], *The End of Poverty: How We Can Make It Happen in Our Lifetime*, Penguin Press（鈴木主税，野中邦子訳［2006］,『貧困の終焉—2025 年までに世界を変える』早川書房）.

22 Easterly, William [2006], *The White Man's Burden: Why the West's Efforts to Aid the Rest Have Done So Much Ill and So Little Good*, Penguin Press（小浜裕久，織井啓介，冨田陽子訳［2009］,『傲慢な援助』東洋経済新報社）.

23 Singer [2010], 邦訳 139-147 頁。

24 Rawls [2001].

25 Rawls [1999a], 邦訳 8 頁。

26 Rawls [1999a], 邦訳序文xii頁。

27 Rawls [2001], 邦訳 75 頁。

28 Rawls [1999a], 邦訳 7 頁。

29 Beitz [1979], 邦訳 216-227 頁。

30 Rawls [1999b].

31 Rawls [1999b], 邦訳 5 頁。

32 Rawls [1999a], 邦訳 6 頁。

33 Pogge [2008], 邦訳 II 頁。

34 Pogge [2008], 邦訳 228 頁。

35 Pogge [2008], 邦訳 57 頁。

36 Pogge [2008], 邦訳 113-114 頁。

37 Pogge [2008], 邦訳 270 頁。

38 Young [2011], 邦訳 89 頁。

39 Young [2011], 邦訳 144 頁。

40 Young [2011], 邦訳 165-168 頁。

41 Young [2011], 邦訳 166 頁。

42 Miller [2007], 邦訳 13 頁。

43 Miller [2007], 邦訳 17 頁。

44 Miller [2007], 邦訳 24 頁。

45 Miller [2007], 邦訳 11 頁。

46 Miller [2007], 邦訳 149-150 頁。

47 Nussbaum [2006]. この本の邦訳では capability を「可能力」と訳しているが、本書では「潜在能力」という訳を採用する。

48 Sen, Amartya [1992], *Inequality Reexamined*, Oxford University Press（池本幸生他訳［1999］,『不平等の再検討』岩波書店）.

49 Nussbaum [2006], 邦訳 90-92 頁。

50 Nussbaum [2006], 邦訳 84-85 頁。

51 Nussbaum [2006], 邦訳 360-370 頁。

52 Prebisch, Raul [1964], *Towards a New Trade Policy for Development*, UNCTAD（外務省訳［1964］,『新しい貿易政策を求めて―プレビッシュ報告』国際日本協会）. および Prebisch, Raul [1963], *Hacia una dinámica del desarrollo latinoamericano*, U.N., Sales No.64. II.G.4.（大原美範訳［1969］,『ラテン・アメリカの開発政策』アジア経済研究所）.

53 Prebisch [1963], 邦訳 2-34 頁。

54 Prebisch [1963], 邦訳 36-110 頁。

55 Prebisch [1963], 邦訳 112-150 頁。

56 Prebisch [1964].

57 Frank, Andre Gunder [1978], *Dependent Accumulation and Underdevelopment*, Macmillan（吾郷健二訳［1980］,『従属的蓄積と低開発』岩波書店）. および Frank, Andre Gunder [1975], Underdevelopment or Revolution（大崎正治他訳［1976］,『世界資本主義と低開発―収奪の≪中枢―衛星≫構造』柘植書房）.

58 Frank [1975], 邦訳 15 頁。

59 Frank [1975], 邦訳 17 頁。

60 Frank [1975], 邦訳 224-227 頁。

61 Frank [1975], 邦訳 268-294 頁。

62 ウォーラーステインの世界システム論については以下の文献を参照。

- Wallerstein, Immanuel [2011a], *The Modern World-System: The Second Era of Great Expansion of the Capitalist World-Economy, 1730-1840s (New Edition)*, University of California（川北稔訳［2013］,『近代世界システムIII―「資本主義的世界経済」の再拡大 1730s-1840s』名古屋大学出版会）.
- ——— [2011b], *The Modern World-System: Centrist Liberalism Triumphant, 1789-1914*, University of California（川北稔訳［2013］,『近代世界システムIV―中道自由主義の勝利 1789-1914』名古屋大学出版会）.
- ———[2004], *World-Systems Analysis: An Introduction*, Duke University Press（山下範久訳［2006］,『入門・世界システム分析』藤原書店）.
- ——— [1974], *The Modern World-System: Capitalist Agriculture and the Origins of the European World-Economy in the Sixteenth Century*, New York, Academic Press Inc.（川北稔訳［2006］,『近代世界システム―農業資本主義と『ヨーロッパ世界経済』の成立』（I・II）岩波書店）.

63 Wallerstein [2004], 邦訳 53-54 頁。

64 Wallerstein [2011a], 邦訳 157 頁。

65 Wallerstein [2004], 邦訳 78-82 頁。

66 Galtung, Johan [1969], "Violence, Peace and Peace Research", *Journal of Peace Research*, No.3, 1969（所収：高柳先男他訳［1991］,『構造的暴力と平和』中央大学出版

部, 1-66 頁).

67 同上。

68 Galtung [1969], 邦訳 5 頁。

69 Galtung [1969], 邦訳 11 頁。

70 Galtung [1969], 邦訳 30 頁。

71 Galtung, Johan [1971], “A Structural Theory of Imperialism”, *Journal of Peace Research*, No.2, 1971（所収：高柳他訳［1991］, 67-166 頁).

72 Galtung [1971], 邦訳 70-71 頁。

73 Galtung [1971], 邦訳 75 頁。

74 Galtung [1971], 邦訳 77-78 頁。

75 Leys, Colin [1975], *Underdevelopment in Kenya: the Political Economy of Neo-Colonialism, 1964-1971*, London, Heinemann Educational Books.

76 Hopkins, Antony Gerald [1975], “On Importing Andre Gunder Frank into Africa”, *African Economic History Review*, vol.2, No.1, pp.13-21.

77 吉田昌夫［1992］,「世界の中のアフリカ」『地域研究シリーズ 12　アフリカII』アジア経済研究所, 7-12 頁。

78 川北稔編［2001］,『知の教科書―ウォーラーステイン』講談社, 31-34 頁。

79 竹沢尚一郎［1999］,「ボゾとは誰のことか」日本文化人類学会『民族學研究』64 (2), 223-236 頁。

80 Pelizzo, Riccardo [2001],“Timbuktu: a lesson in underdevelopment”, *Journal of World System Research* 7.2, pp.265-283.

81 本多健吉［2001］,「第三世界運動の崩壊と新興市場―グローバリゼーションの衝撃」本山美彦編『グローバリズムの衝撃』東洋経済新報社, 53-74 頁。

82 本多［2001］, 67-72 頁。

83 吉田敦［2005］,「アフリカの鉱物資源と世界経済―理論検討」『商学研究論集』第 22 号, 95-96 頁。

84 吉田［2005］, 86-87 頁。

85 FAO「アフリカの経済事情」<http://www.fao.or.jp/topics/africa/fao.html>

86 参照：Barnett, C., P. Cafaro, and T. Newholm [2005], “Philosophy and Ethical Consumption”, in Harrison, R., T. Newholm, and D. Shaw (eds), *The Ethical Consumer*, SAGE Publications, pp.11-24.

87 アリストテレス［1971］, 127 頁（1113a32-34)。

88 Sen [1992].

89 Crocker, David A. [2008], *Ethics of Global Development: Agency, Capability, and Deliberative Democracy*, Cambridge University Press.

90 Comim, F., R. Tsutsumi, and A. Varea, [2007], “Choosing Sustainable Consumption: A Capability Perspective on Indicators”, *Journal of International Development*, No.19, pp.493-509.

91 Lippmann, Walter [1922], *Public Opinion*, The Macmillan Company（掛川トミ子訳［1987］,『世論（上）（下）』岩波文庫）.

92 Kahneman, Daniel [2011], *Thinking, Fast and Slow*, Farrar Straus & Giroux（村井章子訳［2012］,『ファスト&スロー—あなたの意思はどのように決まるか』早川書房）, 邦訳 17 頁.

93 Edelman, Murray [1988], *Constructing the Political Spectacle*, The University of Chicago（法貴良一訳［2013］,『政治スペクタクルの構築』青弓社）.

94 ボスニア紛争については以下の文献を参照

・Gharekhan, Chinmaya R. [2006], *The Horseshoe Table: An Inside View of the UN Security Council*, Pearson Education, pp.92-179.

・月村太郎［2006］,『ユーゴ内戦—政治リーダーと民族主義』東京大学出版会。

・最上敏樹［2001］,『人道的介入—正義の武力行使はあるか』岩波書店。

95 高木徹［2002］,『ドキュメント戦争広告代理店　情報操作とボスニア紛争』講談社。

96 高木［2002］, 34 頁。

97 Sontag, Susan [2003], *Regarding the Pain of Others*, Farrar, Straus and Giroux（北條文緒訳［2003］,『他者の苦痛へのまなざし』みすず書房）.

98 参照：華井和代［2010］,『現代アフリカにおける資源収奪と紛争解決　紛争資源を対象とするターゲット制裁は紛争解決をもたらすか』東京大学大学院公共政策学教育部リサーチペーパー <http://www.pp.u-tokyo.ac.jp/graspp-old/courses/2010/documents/graspp2010-5150010-4.pdf>

99 朴根好［1998］,「ナイキとアジア—「搾取の芸術」」『月刊オルタ増刊号　NIKE：Just DON'T do it.—見えない帝国主義』アジア太平洋資料センター, 2-29 頁。

100 Vietnam Labour Watch <http://www.saigon.com/nike/>

101 イギリスの学生組織 People & Planet の HP より転載 <http://peopleandplanet.org/>

102 Frank [1978].

103 紛争研究者のヴァージル・ホーキンスはコンゴ紛争を、「世界から無視される紛争＝ステルス戦争」とよんでいた。Hawkins, Virgil,「ステルス戦争」<http://stealthconflictsjp. wordpress.com/>

104 Central Intelligence Agency（CIA), The World Factbook: Congo, Democratic Republic of the, <https://www.cia.gov/library/publications/the-world-factbook/geos/cg.htm>

105 UNDP［2014］,『人間開発報告書 2014』。最下位はニジェール。

106 CIA, The World Factbook.

107 外務省「各国情報：コンゴ民主共和国基礎データ」<http://www.mofa.go.jp/mofaj/area/congomin/data.html#01>

108 CIA, The World Factbook.

109 国連専門家グループ報告 S/2014/42

110 IRIN "Briefing: Armed groups in eastern DRC" <http://www.irinnews.org/report/99037/briefing-armed-groups-in-eastern-drc>

111　Collier, Paul [2007], *The Bottom Billion: Why the Poorest Counties Are Failing and What Can Be Done about It*, Oxford University Press（中谷和男訳［2008］,『最底辺の 10 億人―最も貧しい国々のために本当になすべきことは何か？』日経 BP 社）.

第2章　世界経済の中のコンゴ

コンゴにおいて紛争と資源が結びつき、紛争資源問題として表面化するのは、1996年に始まる2度のコンゴ紛争以降である。しかし、問題の根は非常に深い。先進国に有利な世界経済の構造の中でコンゴの資源が利用され、現地社会に問題をもたらすという構造は、100年や200年の枠にはおさまらない、さらに長い歴史を持って展開されてきた。奴隷、象牙、ゴム、鉱物と対象資源を変えながら、欧米を中心とする世界経済の構造の中にコンゴは組み込まれ、資源依存型経済を形成してきた。

その一方で、コンゴ東部には、ルワンダ系住民と隣接のエスニック集団との間における土地と市民権をめぐる対立が存在した。それが、1990年代のルワンダ難民流入を機に紛争へと発展し、周辺諸国を巻き込んで戦火が拡大する中で資源と紛争が結びつくにいたった。

本章では、コンゴの紛争資源問題の根にあたる、資源の利用と、土地とエスニシティと市民権をめぐる対立の問題を、歴史にさかのぼって考察する。

第1節では、コンゴを歴史的に考察する分析視点として、ウォーラーステインの世界システム論における「組み込み」の概念を整理する。第2節では、欧米を中心とする世界経済の構造の中にコンゴが組み込まれていく過程を、植民地化以前にまでさかのぼって考察する。第3節では、コンゴ東部のルワンダ系住民が土地と市民権をめぐる対立の中で紛争主体となっていく過程を、植民地期にさかのぼって考察し、コンゴにおける紛争の本質をとらえる。

第1節　分析視点：世界経済への「組み込み」

世界を経済システムとして分析するウォーラーステインは、世界経済システム成立の過程を、1450〜1640年、1640〜1815年、1815〜1917年の3つの時代に分けた。その上で、1450年から1640年までのヨーロッパを中心とする部分的な世界経済を「ヨーロッパ世界経済」とよんでいる[1]。

「ヨーロッパ世界経済」に包含される地域としては、北西ヨーロッパ、地中海のキリスト教支配地域、中欧やバルト海地方といったヨーロッパ本土のみならず、ヌエバ・エスパーニャ（パナマ地峡以北のアメリカ大陸スペイン領）、アンティーリャ列島（カリブ海の諸島）、中央アメリカ、ペルー、チリなど、スペインとポルトガルが有効な支配権を確立したアメリカ大陸の諸地域と、大西洋沿岸の諸島、アフリカ沿岸のいくつかの飛び地が含まれる。インド洋地域、極東、オスマン・トルコ帝国は含まれない[2]。

「世界経済」に包含されるか否かは、その地域における何か重要な生産過程が、生活必需品を生産・消費する世界分業体制の商品連鎖の一部をなしているか否かで判断される。そのため、ヨーロッパとインド洋地域やオスマン・トルコ帝国との交易が盛んであっても、奢侈品の交易が中心である間は、世界分業体制の一部であるとはみなされない[3]。ロシア、トルコ、インド洋地域などにはそれぞれ別の世界システムが存在していた。これらの地域がヨーロッパ（イギリス）を中心とする「世界経済」に組み込まれるのは、1750年〜1850年の間である。

アフリカはどうであろうか。「ヨーロッパ世界経済」の時代にも、西アフリカから供給された奴隷は、砂糖プランテーションの労働力となってヨーロッパの重要なカロリー摂取を賄っていた。その点で、奴隷の供給が世界分業体制の一部であったとはいえる。しかし、奴隷の供給地であった西アフリカにおいて、奴隷の供給がその地域における重要な生産過程であったといえるかどうかについては検討の余地がある。この点についてウォーラーステインは、奴隷の供給が時代を追うごとに、捕虜や犯罪者の売買から奴隷狩りへと発展したことに注目している。捕虜や犯罪者の売買は「余剰」を集めて輸出する奢侈品輸出の域を超えていなかったが、軍事力を用いて奴隷を「生産」する奴隷狩りへと発展することによって、奴隷の供給は、「資本主義的世界経済」の分業の一部をなす、真に生産的な企業活動となったのである[4]。

ウォーラーステインの示す「西アフリカ」にコンゴが含まれているかは明らかではないが、奴隷貿易の一翼を担っていたという点で、コンゴの世界経済における位置づけにもこの分析はあてはまるであろう。ただしウォーラーステインは、この移行は奴隷価格が着実に上昇した18世紀に起こったと考えている。すなわち、15世紀に始まる奴隷貿易によって西アフリカは世界分業体制の一部をなしていたが、「世界経済」に完全に組み込まれていくのは18世紀である。

「世界経済」への「組み込み」という視点で見たとき、コンゴは世界の経済構造の中でどのように位置づけられるのであろうか。また、世界経済に組み込まれることでコンゴの現地社会はどのように変化したのであろうか。次節では、コンゴがヨーロッパを中心とする世界経済に組み込まれていく過程を、世界分業体制の一部としての位置づけと、コンゴ内での生産過程の形成に注目しながら見ていく。

第2節　世界経済に組み込まれるコンゴ

ポルトガル人が初めてコンゴ川（ザイール川）流域の人々と接触した15世紀末から18世紀までは奴隷、19世紀末のコンゴ自由国時代には象牙とゴム、20世紀前半のベルギー植民地期には樹脂やパーム油、銅、1960年の独立以降は銅をはじめとする鉱物資源、というように対象産品を変えながら、コンゴは欧米諸国の資源供給地であり続けてきた。コンゴの資源問題には、資源がコンゴ住民に十分な恩恵をもたらさず、一部のエリート層と欧米企業によって利益が持ち去られ続けてきたという問題のみならず、資源産出を最優先し、住民の福祉を後回しにする政治経済によってコンゴ内部の社会構造が形成されてきたという問題もある。

本節では、世界経済の中でのコンゴの資源搾取と社会の変化を、5つの時代に分けて考察する。1. ヨーロッパとの接触以前、2. ヨーロッパとの接触期（1483～1840年）、3. 植民地化の過程（1840～1885年）、4. コンゴ自由国時代（1885～1908年）、5. ベルギー領コンゴ時代（1908～1960年）である。

2.2.1 ヨーロッパとの接触以前：コンゴ川流域の自律的生活

世界経済に組み込まれることによってコンゴの社会がいかに変化したかを理解するためには、それ以前がどのような社会であったのかを知る必要がある。まずはヨーロッパとの接触以前のコンゴ川流域の状況を概観しておきたい。

サハラ以南のアフリカに広がるバントゥ系諸族の移動経路や、農耕の変化については諸説があるが、大まかにまとめると以下のようにいえる。

コンゴ川流域に狩猟採集民がくらし始めたのは、少なくとも紀元前4000年から前5000年頃にさかのぼる。その後、アフリカ全土においてバントゥ系諸族の移動が起きると、コンゴ川流域でもヤムイモなどの根菜類を栽培するバントゥ系農耕民がくらし始めた。紀元前3世紀頃には鉄器の使用が普及し、やがてバントゥ系農耕民は森林を拓いてソルガム（モロコシ）、シコクビエ、トウジンビエを栽培する焼畑農耕を行うようになった。5世紀に東南アジア原産のバナナが伝わると、農耕はさらに拡大した。バナナは森林内での栽培に適して生産性が高く、人口増加や余剰生産をもたらした。農耕民は余剰農産物を狩猟採集民や漁撈民と交換するようになり、肉、魚、農産物を交換する相互補完的な関係が築かれた。10世紀頃にバントゥ系諸族の移動がひととおり終わるまでには、森林からサバンナにかけての地域に農耕民の社会が形成されていた[5]。

ただし、コンゴ川中流域においてフィールド調査を行ったネルソン（Samuel Henry Nelson）は、農耕民の村でも農耕の他に狩猟、植物採集、漁撈といった複数の生産様式を混合した食糧生産が行われていたことを強調している。食糧生産の多様性は、栄養バランス、季節ごとの食糧の安定、性別や年齢に応じた労働の多様性を確保し、森林資源を最大限に利用する方法として有効であった[6]。

社会の構成は、20 世紀以降現在までの民族誌が伝える伝統的農村の状況から推測される。コンゴの伝統社会では、地縁的な母系リネージ（lineage：男性とその姉妹の息子による共同体）が各村の中核をなす。リネージの女性たちが産んだ子どもたちが、代々のリネージ構成員となり、最年長者を首長として同一の村に住む。このようなリネージが複数集まって一つのクラン（clan）を形成する[7]。農耕社会の成立とともに、リネージに基づく首長制が整っていったと考えられる。

こうした社会が一部において王国という形にまとまるのは、15 世紀以降である。コンゴ川の河口域にはコンゴ王国、内陸の源流域には 16 世紀頃にルバ王国やルンダ王国などの王国群が形成された。

貿易商人の見聞録を含むポルトガルの古文書[8]を手掛かりとした再構成によれば、コンゴ王国は、王都のムバンザ・コンゴ（Mbanza Kongo ／後のサン・サルヴァドル（São Salvador））を中心とした王権の中核と、独立性の強い 10 ほどの周辺首長領の弱い連合体であった[9]。王権の基盤は弱かったが、15 世紀末にポルトガル人が来訪する頃には、全土を 6 つの県に分ける政治構造を整えていた。王は 6 県の首長を臣下となし、県首長は郡首長を支配し、郡首長は複数の村をその行政下に置く。王は地方行政官の罷免権を有し、貝貨の採集権を独占し、宮廷への徴税システムも確立していた[10]。ただし、王が統治するのは自らの資本や近隣の村に過ぎず、王国内の各地域はそれぞれに自律的な経済を維持していた[11]。ポルトガルとの交易において窓口となったのは、このコンゴ王国である。

一方、コンゴ川の源流域（後のカタンガ州）の王国群は、考古学資料や口述伝承を集めた渡辺公三によれば、以下のように再構成される。ルバ王国は、15 世紀までに力を蓄えた地域の首長が、東のインド洋沿岸との象牙や金などの長距離交易を支配することで成立した。そこから、ルバ王国の王族が移動した先で土着の首長の娘と結婚して王となる形で、他の小王国を形成した[12]。神話研究に基づく歴史構成では、ルバ王国が鉄や塩（湖沼の泥水から生成される）の交易を通じて成長し、18 世紀にインド洋沿岸との象牙や金などの交易（あるいは大西洋との奴隷貿易）を支配することで、強力な中央集権体制を築き、「ルバ帝国（Luba Empire）」とよばれるまでに成長したと描かれることもある。しかし、こうした神話は植民地統治の過程で誇張された可能性があると渡辺は指摘する[13]。

つまり、植民地化以前のコンゴ川流域には、森林の狩猟採集民、森林からサバンナに移行する地域の農耕民、コンゴ川の漁撈民がくらし、それぞれが地域の首長のもとで親族関係を基礎とする小集団を形成していた。河口域や源流域には王国が存在したが、コンゴ川流域全体から見れば一部に過ぎず、多くの地域では自律的な生活が維持されていた。

2.2.2　ヨーロッパとの接触期：奴隷貿易の始まり

コンゴ川流域に大きな変化が訪れるのは、15世紀に東のインド洋からはアラブ商人、西の大西洋からはポルトガル人が訪れ、外部世界との交易が始まったときである。

前述のように、インド洋交易は東部の王国群成立を刺激した。一方、大西洋から訪れたポルトガル人は、コンゴ王国との交易を開始した。ポルトガルからもたらされる文物はコンゴの王と貴族の関係に変化をもたらし、やがて始まる奴隷貿易はコンゴを世界経済に組み込んでいく。

コンゴとヨーロッパ人との接触が始まるのは、ポルトガル王ジョアン2世（Joâo II）の命を受けてアフリカ西岸を探検していたディオゴ・カン（Diogo Cão）の一行が、1482年にコンゴ川の河口に到達したときであった[14]。ポルトガルは当初、コンゴ王国と対等な立場で国交を結び、キリスト教の布教活動を始めた。1491年には最初の宣教団が派遣され、コンゴ王ンジンガ・ンクウ（Nzinga Nkuwu）は洗礼を受けてジョアン1世（Joâo I）を名乗った[15]。王子ンジンガ・ムベンバ（Nzinga Mbemba）もこのときに洗礼を受け、1506年にアルフォンソ1世（Alfonso I）として即位する。彼は特にポルトガル文化の吸収に熱心であった。ポルトガルの衣服を着てくらし、宣教師や商人を歓待し、コンゴの若い貴族をポルトガルに留学させた[16]。コンゴ王が首長連合の長であったことを考えれば、先進的な文物をいち早く取り入れることで威容をはかったことは想像に難くない。王都の名をサン・サルヴァドルに改名したのもアルフォンソ1世であった。

しかしほどなく、コンゴには奴隷商人が往来するようになる。ウォーラーステインは、この時期のポルトガルが対外発展で求めたものは、地金、穀物、砂糖生産用の土地と奴隷、漁場であったと指摘している[17]。東地中海の砂糖プランテーションで異教徒の奴隷を使う制度は、すでに12世紀から行われていた。やがてアフリカ人奴隷も使われるようになるが、奴隷はアラブ商人から供給されていた[18]。スペインやポルトガルが奴隷貿易を始めるのは、アフリカ沿岸部への探検を開始してからである。

ポルトガルは、1490年代にギニア湾のサン・トメ島で藍、砂糖、コーヒーの栽培を始め、プランテーションで働かせる奴隷を対岸のコンゴ王国から調達し始めた。1500年代にはサン・トメはヨーロッパ市場にとって最大の砂糖供給地となり、1526年までにコンゴから年間3,000人の奴隷が連れて行かれた[19]。さらに、スペインとポルトガルがアメリカ大陸に到達し、鉱山開発やプランテーション経営に乗り出すと、アフリカ人奴隷がアメリカ大陸にも送られるようになる。ポルトガルは、ブラジルではコーヒーのプランテーション、カリブ諸島では砂糖のプランテーションを経営し、アフリカ人奴隷を働かせた[20]。サン・トメは奴隷貿易の中継地となった。

多くのアフリカ地域がそうであるようにコンゴでも、戦争捕虜や重債務者、犯罪者が処罰として奴隷にされる慣習がヨーロッパとの接触以前からあった。そのため、武器や日用品との交換で商人に捕虜を渡す行為は、各地の首長にとって抵抗感の少ない行為であったと考えられる。内陸の首長たちから奴隷を集めて沿岸部まで連行し、ポルトガル商人に売る現地の仲買人も存在した[21]。

しかし、アメリカ大陸での奴隷需要が増加すると、こうした取引だけではなく、一般住民を誘拐する奴隷狩りも行われるようになった。過熱する人身取引や奴隷狩りが歓迎せざる事態であったことは、コンゴ王アルフォンソ1世が再三にわたってポルトガル王に送った手紙からうかがえる[22]。

毎日、商人がわが民を誘拐しています。この国の子どもたち、貴族や家臣の息子たち、私自身の家族までも……この腐敗と堕落は私たちの国土の人口を減らすほどに広がっています……この王国に必要なのは祭司と教師だけです。ワインと小麦粉以外の商品は必要ありません……この王国が奴隷の貿易や輸送の地とならないことが私たちの願いです。(1526年の手紙[23])

ベルギー政府の推計によれば、16世紀には年間7,000人が奴隷として輸送されている[24]。大量の住民が国外に連れ出されることで、コンゴ王国内に人口減少と不安感が発生したことは予想がつく。同時に、ポルトガルから流入する衣服、宝飾品、小物などの産品が首長や貴族の間に出回ることで、王の権威は低下した[25]。1539年の手紙では、ポルトガルに留学しようとしたアルフォンソ1世の甥や孫たちまでもが行方不明になったことが訴えられており[26]、もはやポルトガルがコンゴ王国を対等に見ていなかったことがうかがえる。

1543年のアルフォンソ1世の死後、コンゴ王国は100年間で17人もの王が交替する政治混乱の時代に入る[27]。南方のルアンダ（Luanda）を根拠地とした奴隷商人の軍事的介入、ジャガ人による侵入と略奪、地方の反乱が続いた末に、1665年にはポルトガル勢力がコンゴ王を殺害して王国を支配下におさめた[28]。名目的な王政は1914年まで残されるものの、もはや実質的な統治力も、奴隷貿易に抗う力もなくなっていた。16世紀から1885年までの間に、コンゴからは推計で1,325万人が奴隷として「輸出」されることになる（**表2-1**）[29]。

コンゴから「輸出」された奴隷がヨーロッパの重要なカロリー源である砂糖生産に従事していたという点で、コンゴはヨーロッパ世界経済の一部に組み込まれ始めていたといえる。一方で、コンゴにとっての奴隷輸出が、その地域における重要な生産過程であったといえるであろうか。

18世紀までのヨーロッパ人が沿岸地域で奴隷貿易に従事するだけで、内陸にまでは入って行けなかったことに注目すべきであろう。コンゴ川の河口から350kmほど内陸には、後にスタンレー・プール（Stanley Pool）と名付け

表 2-1　コンゴからの奴隷輸出（推計）

期間	年間（人）	計（人）
16世紀	7,000	700,000
17世紀	15,000	1,500,000
18世紀	30,000	3,000,000
1800-1850年	150,000	7,500,000
1850-1860年	50,000	500,000
1860-1885年	2,000	50,000
	計	13,250,000

出典：*Belgian Congo Vol. II* より筆者作成

られる、川幅が急に広くなった滞水部がある（現在はマレボ・プール（Malebo Pool）とよばれる）。プールから内陸部のキサンガニ（Kisangani）までの中流1,700kmは、比較的平坦な地形で滝がないために船舶の航行が可能である。反対に、プールから河口までの下流350kmには260mの高低差があり、30もの急流が船の航行を阻んでいる。河口からコンゴ川をさかのぼることは困難であり、陸においては険しい地形と熱帯病がヨーロッパ人を阻んでいた[30]。同様の困難は、東部の源流域にもいえる。東アフリカのザンジバルに拠点を置いたアラブ商人は、象牙と奴隷を求めて交易を拡大し、1830年代までにタンガニーカ湖の沿岸までは到達したものの、その先は現地の仲買人を通じての交易に甘んじざるを得なかった[31]。

1482年にディオゴ・カンがコンゴ王国に到達してから、1877年にスタンレー（Henry Morton Stanley）がコンゴ川の流路を確認するまでの約400年間に、ヨーロッパ諸国によって21回の探検が行われている。しかしいずれも、プールまでの河口域、東部のタンガニーカ湖から源流域、あるいはアンゴラとの境のサバンナ地域に限られていた[32]。コンゴ川の広大な流域は長い間、ヨーロッパ人にとって未知の「暗黒大陸」「闇の奥」であり続けた。

ヨーロッパ人やアラブ商人が入って行けない内陸部において奴隷貿易の先鋒を担っていたのは、現地民自身であった。コンゴ川中流のモンゴ（Mongo）地域についてフィールド調査を踏まえた研究を行うネルソンは、漁撈民の中に伝統的な生産様式を放棄して奴隷貿易に従事した人々がいたと指摘している。ボバンギ（Bobangi）やボロキ（Boloki）がその代表的な集団であった。彼らは川に沿って交易拠点を設け、内陸の仲買人から奴隷を購入した。奴隷はカヌーでマレボ・プールまで運ばれて別の商人に渡され、大西洋沿岸の貿易拠点であるルアンダやロアンゴ（Loango）でヨーロッパの奴隷商人に渡された[33]。奴隷獲得の方法には、襲撃や誘拐、村の首長からの購入、戦争捕虜の購入があった[34]。

地域が限定されているとはいえ、18世紀半ばに起きた奴隷需要の急増は、コンゴ内において奴隷貿易を一種の営利活動に押し上げていたといえるであろう。どの時点からという特定はしにくいものの、世界での奴隷需要の増加と国内での奴隷「生産」の拡大が、コンゴをヨーロッパ世界経済に組み込んでいったととらえられる。

2.2.3　植民地化の過程：闇の奥へ

「闇の奥」であった内陸部にヨーロッパ人が進出し始めるのは、奴隷貿易が廃止に向かい、アフリカの植民地化が進む19世紀後半である。

1807年にイギリスが奴隷貿易を禁止したことを皮切りに、アメリカ、オランダ、フランスがこれに倣った[35]。植民地での奴隷制度も、イギリスは1834年、フランスは1848年に廃止した[36]。代わりに、アフリカには原料供給地、商品市場としての役割が期待されるようになる。イギリスは1815年にケープ植民地（現南アフリカ）、フランスは1830年にフランス領北アフリカ（現アルジェリア）を領有して以降、アフリカの内陸に盛んに探検隊を派遣した。マラリアの治療薬としてキニーネが改良されたことと、蒸気船が登場したことが、こうした探検を後押しした[37]。

コンゴ川流域の探検が進むのもこの時期である。1841年にケープタウンを出発したイギリス人のリビングストン（David Livingstone）がザンビアまで北上し、東はモザンビーク、西はアンゴラを探検した後、1856年までにタンガニーカ湖やヴィクトリア滝を「発見」した。1875年にはスコットランド人のカメロン（Verney Lovett Cameron）がザンジバルからアンゴラまでのアフリカ大陸東西横断に成功した[38]。そしてアメリカ人のスタンレーがこれに続く。スタンレーは、1874年にザンジバルを出発し、タンガニーカ湖を経て1877年にコンゴ川の河口にたどり着くことで、コンゴ川の流路を確認する横断に成功した[39]。

こうした探検を先遣隊としてアフリカ内陸部へのヨーロッパ人の進出が始まると、コンゴ川流域を植民地化しようとする列強諸国の駆け引きも始まった。その中で、巧みな外交力を発揮したのがベルギー国王レオポルド2世である。レオポルド2世によるコンゴ領有の過程は、資源獲得を最優先するという後の植民地政策を特徴づける要因になるため、詳しく見ておきたい。

ベルギーは、1830年にオランダから独立したばかりの小国であったが、立憲君主制を整え、鉄道網の整備と工業化によって急速に経済成長していた。1885年のベルリン会議でコンゴ領有を承認されるまでの、レオポルド2世の植民地獲得事業には、2つの特徴がある。ひとつは、議会がほとんど関与しない王の個人事業であったこと、もうひとつは、他の列強の利害が交錯する中で、勢力均衡の間隙をつく事業であったことである。

列強諸国に倣う植民地獲得がベルギーにも必要であると考えていたレオポルド2世は、皇太子時代から中国や東南アジアにおいて機会をうかがってきた。しかし、議会の理解も資本家の協力も得られずに失敗に終わった。そのため、植民地獲得を個人事業として進めることを決意し、まだ列強が進出していないアフリカ内陸に目を転じていた[40]。

スタンレーの探検を知るとレオポルド2世は、1876年に「ブリュッセル地理会議」（The Geographical Conference of Brussels）を主催し、欧米諸国の探検家や研究者を一堂に集めた。そして、アラブの奴隷貿易をやめさせ、アフリカに文明をもたらす博愛精神に基づき、国際アフリカ協会（International African Association：IAA）の設立を宣言した[41]。

1877年にスタンレーがコンゴ川流域の探検に成功すると、レオポルド2世は後援を申し出た。望んでいたイギリスの後援を受けられなかったスタンレーは、1878年にレオポルド2世との5年契約を結び、コンゴ川流域に貿易拠点や道路を建設する事業を開始した[42]。スタンレーは450を超える首長を訪問し、アルコール、機関銃、衣服などと交換に、土地の権利や貿易の独占権を王に認める契約を結んでいった。土地の権利には、森林資源や鉱物資源、狩猟や漁撈の獲物など、土地から得られる資源のすべてが含まれていた。ただし、ほとんどの首長は文字を知らないために契約書の内容を理解せず、×印をつけることで署名の代わりとした[43]。

こうした事業はまもなく列強の利害対立の矛先となる。フランスはIAAがレオポルド2世の個人的利益を代行しているのではないかとの疑問を呈し、デ・ブラザ（Pierre Savorgnan de Brazza）率いる探検隊をコンゴ川流域に派遣した[44]。デ・ブラザはフランス領ガボンから出発し、1880年8月にスタンレー・プールに到達した。そして、北岸の首長から領土を譲り受け、貿易の独占権とフランスの保護を認める契約を結んだ[45]。これが現在のコンゴ共和国の首都ブラザヴィル（Brazzaville）である。一方、デ・ブラザの帰国後にプールに到着したスタンレーは、南岸の首長と契約を結び、駐在所を設置してこの地をレオポルドヴィル（Leopoldville）と名付けた。これが後のコンゴ民主共和国の首都であり、現在のキンシャサである。前述のように、このプールより上流は比較的平坦な地形であるため、船舶での航行が可能となる。スタンレーはプールから約1,700km先のスタンレー滝までの間に駐在所を設置していき、滝の沿岸の駐在所をスタンレーヴィル（Stanleyville）と名付けた。現在のキサンガニである[46]。

本国ベルギーではレオポルド2世が植民地獲得の準備を進めていた。疑問が呈されたIAAを1882年に解散し、国際コンゴ協会（International Association of the Congo: IAC）を新設した。IACは「国際」の名を冠するものの、諸国の組織とは連携を持たない、レオポルド2世の個人事業組織であった[47]。王は青字に金の星を描いた旗をIACの旗と定め、スタンレーが設置したコンゴ川流域の駐在所に掲げさせた。同時に、アメリカの在ベルギー大使であるサンフォード（Henry S. Sanford）を通じてアメリカ大統領へのロビー活動を展開した。IACの目的が博愛精神に基づいたものであることを信じたアメリカ議会は、アメリカとコンゴとの貿易品に税を課さないことを条件に、

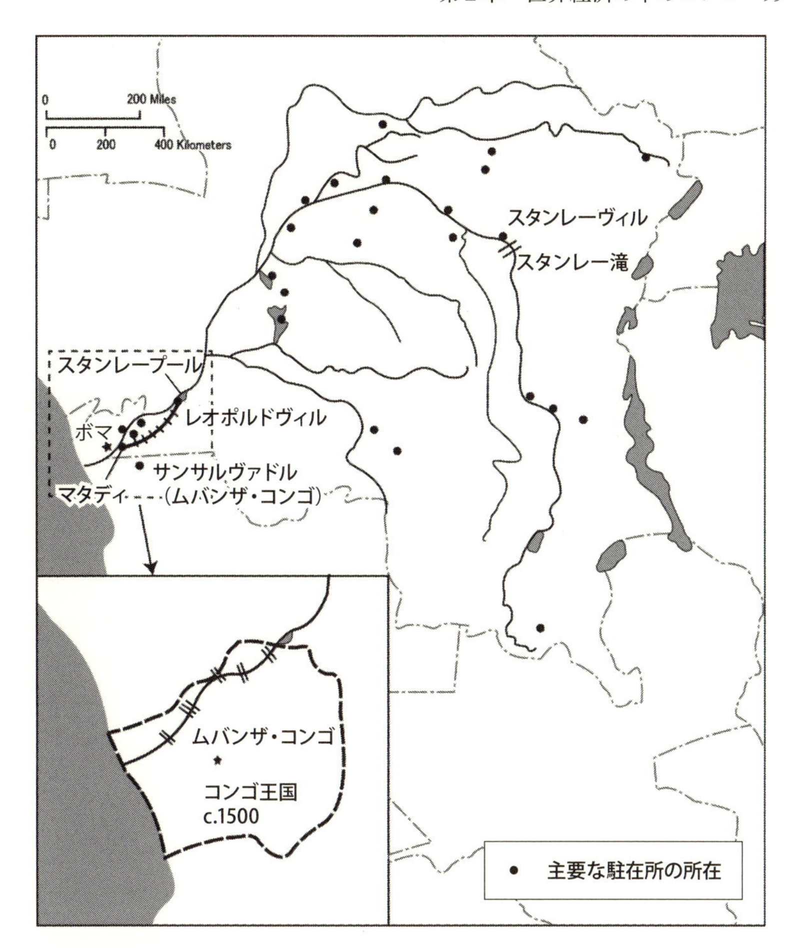

図 2-1　1900 年のコンゴの地図

出典：Hochschild [1999] より筆者作成

1884 年 4 月に「IAC の旗を友好政府の旗として承認する」決議を採択した。これは事実上、アメリカがコンゴに対するレオポルド 2 世の権利を認めたことを意味する [48]。

続いてレオポルド 2 世はフランスに対して、「IAC は将来、王がコンゴ領の売却を決定したときにはフランスを最初の選択肢にする」という条件での権利尊重を申し出た。レオポルド2世には領土を維持する資金も軍事力もないと判断したフランスはこれを承諾し、コンゴ領有権を承認する条約を締結した。普仏戦争（1870～71年）での勝利以来、フランスの報復を警戒してきたドイツも、フランスとの融和のためにIACを承認した[49]。

この流れに危機感を抱いて国際会議の開催を要求したのはポルトガルであった。コンゴ王国から南のアンゴラにかけて植民地を建設していたポルトガルは、コンゴ川河口域の領有権を主張した。アフリカ進出においてフランスと対立していたイギリスも、ポルトガルを支持した。この流れを受けて、英仏の対立を懸念するドイツ宰相のビスマルク（Otto von Bismarck）が開催したのが、「アフリカ分割会議」として知られるベルリン会議である。

1884年11月、ベルリンにはオーストリア・ハンガリー、ベルギー、デンマーク、イギリス、オランダ、イタリア、ノルウェー、ポルトガル、ロシア、スペイン、スウェーデン、トルコ、アメリカの13か国が集まった。IACは国家ではないために参加できず、レオポルド2世も出席していないが、ベルギー政府が事実上のIAC代理を務めていた[50]。

会議では、ヨーロッパ諸国の利害が交錯した。当初は、コンゴ川河口域の領有権をめぐってフランスとポルトガルが対立した。イギリスは、14世紀に結んだ英葡条約を理由にポルトガルを支持する姿勢を示した。しかし、英仏の対立を懸念するビスマルクがナイル上流でのイギリスを支援しない可能性を示唆すると、イギリスはIACの承認に転じた。最終的には、諸国がアフリカ進出をはかる情勢下では、英米仏独といった列強によってコンゴ川の広大な流域が支配されるよりも、小国ベルギーが支配し、自由貿易が保証される方が好都合であるという結論が導き出された。1885年2月にはベルリン議定書が締結され、自由貿易、中立化、コンゴ川の自由航行を条件として、IACのコンゴ地方における支配権が認められた。ベルリン議定書には、IACに代わってベルギー政府が署名した[51]。

ベルリン会議ではアフリカ沿岸部を植民地化する際のルールが定められ、植民地を建設する際には議定書の調印諸国に通告することが了解された。ただし、ベルリン会議には一人もアフリカ人が出席していない。アフリカ人のあずかり知らないところで、その領土の分割が決められていたのである。

こうして1885年にコンゴ領有を認められてから、1908年にベルギー政府に統治が移譲されるまで、23年間のレオポルド時代を象徴するのは苛酷な資源搾取である。上述のように個人事業として植民地獲得を進めたレオポルド２世は、探検家や傭兵の雇用、蒸気船や武器の購入に莫大な資金を投じていた。ベルギー政府からは資金提供しない約束が結ばれていたために、王は個人として銀行家から資金調達しなければならなかった。そのため、コンゴ領有が実現する頃までには主要債権者のロスチャイルド（Rothschild）からさえも資金が借りられない状況に陥っていた[52]。アラブの奴隷貿易をやめさせるという人道的な目的を前面に掲げて、ベルギー議会から2,500万フランを借りることには成功したものの[53]、こうした資金繰りの問題が、「コンゴに使った資金はコンゴから回収する」という搾取に結びついたものと考えられる。

2.2.4　コンゴ自由国時代：赤いゴムの統治

1885年５月29日、レオポルド２世はコンゴ自由国（État indépendant du Congo／the Congo Free State）の成立を宣言し、８月１日には自らがその国王に就任した。

植民地の獲得当初、レオポルド２世が注目した貿易品は象牙であった。19世紀の半ばまでに奴隷貿易は終息し、アフリカからの主要な輸出品はパームや落花生などの原料に変わっていた。しかし、コンゴからの輸出品として人気が高かったのは、象牙であった。ポルトガル時代から象牙の輸出は行われていたが、19世紀後半のヴィクトリア朝時代に象牙が上流階級の間で流行したことで、需要が急増した。象牙は、ナイフの柄、ビリヤードの球、くし、扇風機、ナプキン・リング、ピアノやオルガンの鍵盤、チェスの駒、十字架、かぎたばこ入れ、ブローチ、肖像、義歯など幅広い用途で使われる[54]。江戸時代の日本でも、象牙は印章や根付けの材料として重宝された。

レオポルド２世はコンゴ川流域に象牙の集積拠点を築き、蒸気船でマレボ・プールまで運んだ。そこから下流の船が使えない地域では陸上を人力で運ば

表 2-2　コンゴ自由国の象牙輸出

年	価格（ベルギーフラン）	輸出割合（%）	重さ（kg）
1888	1,096,240	42.0	5,824
1890	4,668,887	56.6	76,448
1892	3,730,420	67.8	118,739
1894	5,041,660	57.5	185,558
1896	3,826,320	30.9	246,125
1898	—	—	201,240
1900	5,253,000	11.0	330,491

出典：Gann&Duignan[1979], p.118 より筆者作成

せ、マタディ（Matadi）で再び蒸気船に載せて本国へ輸送した。1890 年代の前半には、象牙はコンゴからの輸出品の半数を占めていた（表 2-2）[55]。

前述のネルソンは、奴隷から象牙への取引商品の変化が、貿易方法やコンゴの伝統社会に変化をもたらしたと指摘している。象牙は、奴隷のように村の襲撃や誘拐では獲得できない。森や野生動物に関する知識を持った現地民が、高度な技術と集団行動によって狩りを成功させる必要がある。そのため、商人は村の首長と良好な関係を築いて象狩りを促す必要があった。商人は首長と交渉し、ビーズやヨーロッパの工業製品と交換に象牙を入手した。商人と首長との直接的な交易が促進されることによって、奴隷貿易で活躍した仲買人は衰退し、首長の権威が向上した[56]。また、象牙交易にともなって物の輸送が促進され、キャッサバ、タバコ、メイズなど外来の作物が内陸部に広がると同時に、ラフィア織布や壺、籠などの伝統的な工芸品、染料、ナイフ、鉄、塩、カヌーなどの域内交易も促進された。象牙交易は、コンゴ川流域のより広い地域を地域経済に統合する効果をもたらした。

ただし、ウォーラーステインの定義に従うならば、象牙は奢侈品にあたり、象牙貿易の拡大をもってコンゴ内陸部が世界分業体制の一部に完全に組み込まれたとはいえない。欧米の工業にとっても、コンゴ国内経済にとっても、大きな影響力を持ったのは、1890 年代に拡大するゴム貿易である。

19 世紀前半から、ゴムは耐水素材として衣服に使われていた。1839 年

にはグッドイヤー（Charles Goodyear）が生ゴムと硫黄、鉛白の混合物を熱すると硬化することを発見し、ブーツやレインコートに応用していた。そして1845年に、トンプソン（Robert Thompson）が車輪に空気入りのゴムを巻いて使う技術を発明し、1887年にイギリスのダンロップ（John B. Dunlop）が実用化に成功した。ダンロップは翌年に特許を取得し、1890年にタイヤ生産を開始した。同時に、フランスではミシュラン（Édouard Michelin）が自動車用の空気入りゴムタイヤを発明し、特許を取得して生産を開始した[57]。自転車の普及と自動車産業の発展にともない、ゴムは欧米の工業化にとって必要不可欠な原料になっていった。

ゴムには天然ゴムと20世紀に発明される合成ゴムがある。天然ゴムは、ゴムの樹木を傷つけて得られる樹液を加工して作る。樹液の収集に最も適したパラゴムノキ（Hevea brasiliensis）はアマゾン川流域の熱帯雨林が原産地である。1876年にイギリス人のウィックハム（Henry Wickham）が種をロンドンに持ち帰って栽培し、東南アジアにゴムのプランテーションを作り始めるまで、パラゴムノキはアマゾン川流域以外では栽培されていなかった。さらに、パラゴムノキは成長して樹脂が採れるようになるまでに6～8年を要する。東南アジアに建設されたプランテーションで樹液を収集するには1900年代まで待たなければならなかった。そのため、1890年代までのゴム生産の9割はブラジルが独占し、それでも欧米のゴム需要に対して供給が追い付かない状況であった[58]。

一方、コンゴ川流域にはゴムの木の一種であるザンジバルツルゴム（Landolphia kirkii）が豊富に自生している。レオポルド2世にとっては大きなビジネスチャンスであった。コンゴ自由国の時代は「赤いゴム」の時代と称されるほど、苛酷なゴム収集が始まる。

1885年のコンゴ自由国設立当初から植民地政府は、現地民によって有効に占有されていない「空き地（vacant land）」に対する権利は国に属すると宣言していた。有効に占有されている土地とは、家屋が建てられている土地と耕されている土地のみを意味する。熱帯雨林はもちろんのこと、移動農耕のための休耕地や狩猟地も「空き地」とみなされた[59]。1892年の法令においても、「空き地」はすべて国に属すことが宣言された。この法令に基づいて現地総督が制定した数々の法令によって、ゴムと象牙の自由取引は禁止され、同時に、ゴムと象牙を「税」として政府と指定企業に納めることが現地民に義務付けられた[60]。

広い国土は、政府の直轄地（domaine privé）と企業が独占的な開発権を有する地域に分割された。直轄地では、徴収する税の量が地方役人の自由裁量に委ねられ、集めたゴムと象牙の量に応じて役人の報酬や昇進が決定された。より多くのゴムと象牙を、より少ない費用で収集するほど、役人の収入と昇進が有利になる仕組みが作られた[61]。

企業としては、1892年にゴムの収集企業としてアングロ・ベルギー・インドゴム会社（ABIR）が設立され、政府が株の半数を保有する代わりに、独占的開発権を認められた。アントワープ・コンゴ貿易会社（Anversoise）やコンゴ上流貿易ベルギー有限会社（SAB）など数社によってコンゴ川中流域は区分けされ、ゴムの開発権が独占された（図2-2）[62]。この仕組みが、企業と政府が一体となって収益を増大させようとする「企業国家」をつくり出し、極端な資源搾取を増幅する一因となった。

こうして始まったゴムの収集がコンゴの原住民にとっていかに苛酷な事態を引き起こしたかは、ヨーロッパで人権運動を起こしたモレル（Edmund Dene Morel）らが元駐在員や宣教師から収集した情報によって知ることができる[63]。

コンゴのゴムの木は何十メートルもの高さの他の樹木の上部に枝を広げているため、ナイフとバケツを持って木に登り、樹木を集める作業が必要である。住民にこの作業をさせ、大量の樹液を集めるには何らかの強制力が必要であった。そこで多用されたのが、人質をとる方法であった。地域によってその形態は多様であるが、モレルらが集めた現地情報の中には、いくつかの共通した方法が見られる。役人や企業は兵士を率いて村々を襲撃し、女性や子どもを捕虜として隔離する。その上で村の首長や男性に一定量のゴム樹液の収集を要求し、集まったところでゴム樹液およびヤギと交換に人質を解放する[64]。収集したゴムは村人によって集積所まで徒歩で運ばれた[65]。

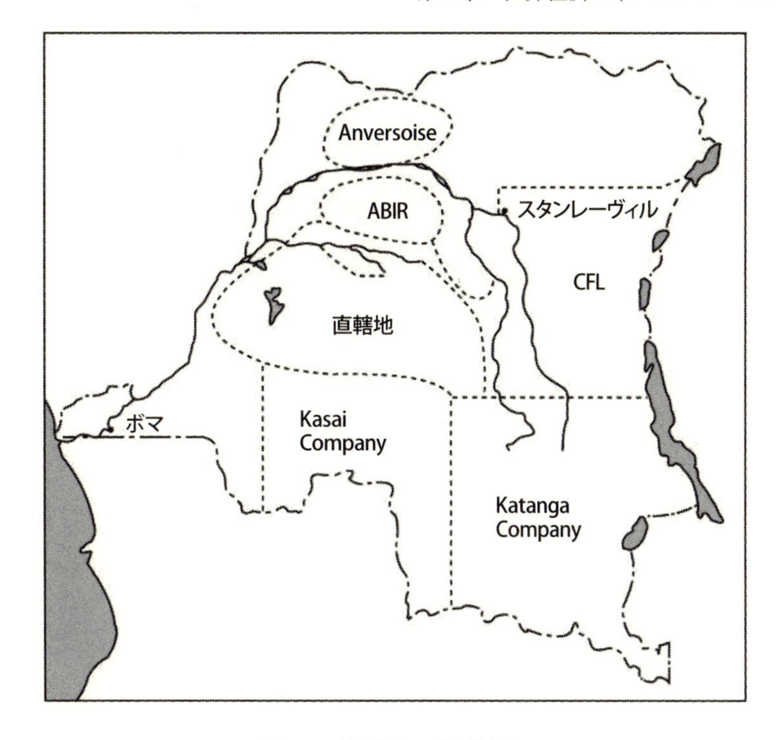

図 2-2　開発権の分割地図

出典：Nelson[1994], p.87 より筆者作成

襲撃によって村人が殺害されることもあり、樹液が集まるまで人質には食糧や水が与えられずに餓死することもあった。要求された量に達しなければ、鞭打ちや手足の切断などの罰が与えられることもあった。例えばABIRは、男性１人当たり２週間で３～4kgのゴムの収集を割りあてたが、これはほぼ終日労働を要する量である[66]。もしもゴムの収集を拒否する村があった場合、レオポルド２世の公安軍（force publique）や企業の私設軍が村人を殺害し、周囲への見せしめにした[67]。

役人や企業による残虐性を象徴する行為として、手首の切断が多く報告されている。もともと、手首の切断は兵士が使用した銃弾の数を照合するために行われた軍の慣習であった。現地兵が支給された銃弾を狩猟や反乱に流用

表 2-3　コンゴ自由国のゴム輸出

年	価格 (ベルギーフラン)	輸出割合 (%)	重さ (kg)
1888	260,029	10	74,294
1890	556,497	6	123,666
1895	2,882,585	26	576,517
1900	39,874,005	84	5,316,534
1905	43,755,903	83	4,861,767

出典：Gann & Duignan[1979], p.123 より筆者作成

することがないよう、使用した銃弾の数だけ、殺害した死体から右手首を切断して証拠として提出することが求められていた。しかし、兵士は動物の狩りに銃弾を使い、生きている住民から手首を切断して報告用に集めることがあったという[68]。こうした悪習が、ゴムの収集に際する脅しや懲罰に利用されたと考えられる。暴力による恐怖を圧力として、政府と企業は大量のゴムを収集し、コンゴからのゴム輸出は飛躍的に増加していった（**表 2-3**）。

ゴムはレオポルド 2 世に莫大な富をもたらした。コンゴの獲得に費やした投資を回収するのみならず莫大な収益を手にした王は、宮殿や博物館など、ベルギー国内での建造物の建設や装飾に資金を費やした。その一方で、苛酷な搾取によるゴムの収集は、コンゴにおいて深刻な帰結をもたらした。それは、経済の自己破壊、人口減少、伝統社会の変化である。

ゴムの木は樹液を搾り取った後、一定期間を置かなければ次の搾汁ができない。大量の樹液の収集を要求された現地民は、無傷の樹木を探して森の奥深くへと入り込んでいったが、やがてゴムの木は枯渇していった。一方で、ゴムの木を探す距離が村から遠くなるほど、男性の労働時間が長くなり、狩猟や農耕などの食糧生産にあてる時間がなくなっていった。女性の多くは人質として隔離され、残された人々のみで十分な食糧を生産することは困難であった。加えて、駐屯する役人や兵士への食料提供や世話も要求された。ABIR の管轄地域では、わずか 100 名ほどの村に対して、1 か月に豚 5 頭、鶏 50 羽、ヤムなどのイモ 15 kg、ゴム 60 kg が要求された[69]。村々には疲弊、

飢饉、病気が蔓延し、死者が続出した。先進国では工業製品の原料として多用されるゴムが、ベルギーには豊かな富をもたらす一方で、コンゴには苛酷な搾取をもたらすという現象は、構造的不正義の典型といえよう。

現地民はゴムの木を切り倒して生産を不可能にして白人を追い出そうとしたり、混ぜ物で量をごまかしたり、様々な方法で抵抗した。苛酷な搾取に耐えかねての反乱も各地で発生したが、成功する例はほぼなく、銃を持った兵士によって鎮圧された。村ごと森の奥地へ移住する方法も取られたが、野生動物の攻撃を受けたり、先住の集団と衝突するなどの問題が発生した。さらに、政府や企業の進出が内陸にまで広がるにつれて、徴税を逃れられる地域は狭まっていった[70]。コンゴ全域にまで統治が浸透するのはベルギー植民地になってからであるが、ゴム収集が内陸部の植民地化を促進したことは確かである。

植民地化以前には少なくとも2千万人と推計されていた現地民の人口は、1911年には850万人に減少した[71]。コンゴ自由国の23年間に、放火、手の切断、強姦、殺害などの容赦のない暴力と、飢餓、疲弊、病気によって1千万人が犠牲になったと推計されている[72]。資源の獲得のみを目的としたレオポルド2世のコンゴ支配は、ヨーロッパによる植民地支配の中でも最も残虐な例として記憶されている。

ここで指摘しておきたい点が2点ある。第1に、こうした苛酷な搾取はヨーロッパ人のみによって遂行されたのではなく、現地民が多く関与していたことである。政府の駐在所の多くは、白人の役人1名と20名ほどの現地民によって構成されていた。政府や企業に雇用される現地民は、孤児、脱走者、捕虜などとして軍に徴集された者や、解放奴隷、債務者であった[73]。伝統社会においては最下層に位置づけられる彼らは、政府や企業の協力者となることで村人に対する優位を獲得した。ヨーロッパ人とのパトロン関係や軍事力を利用して村人に対して暴君的にふるまう現地兵もいた[74]。また、反抗的な首長が排除される代わりに、ヨーロッパ人に友好的な態度を示して新たな指導者として台頭する者もいた。

こうした点を考慮すると、資源獲得を第一義とする政策が、コンゴの現地民社会にも資源搾取に加担する構造をつくり出していたといえる。極端な資源依存型経済は、ヨーロッパ人によって外部から押し付けられるだけにとどまらず、コンゴ社会に内部化していたのである。ゴムの収集と貿易を通してコンゴは、苛酷な搾取をともないながらヨーロッパを中心とする「世界経済」に組み込まれていったといえる。

第2に、苛酷な搾取を終わらせたのが、先進国の市民社会による圧力であったことも指摘しておきたい。1890年代からすでに、アフリカ系アメリカ人の歴史家でジャーナリストのウィリアムズ（George Washington Williams）や、コンゴに派遣されたアフリカ系アメリカ人宣教師のシェパード（William Henry Sheppard）らの証言によって、コンゴの実態は欧米に知らされ始めていた。そして、こうした情報を集めて改革運動に発展させたのが、アイルランドの活動家ケースメント（Roger Casement）と前述のモレルを中心とする人権運動である。

イギリスの海運会社の事務員として、ベルギー・コンゴ間の海運を監督していたモレルは、コンゴから輸送されてくる大量の象牙とゴムの代わりに、ベルギーからは兵士と弾薬しか送られていないことから、奴隷労働の可能性を疑った。そして元駐在員や宣教師から得た情報をもとに苛酷な強制労働の事実を知ったモレルは、1903年から週刊の『西アフリカ便り（West African Mail）』を発行し、コンゴの実態を世に知らしめた。1904年には、ケースメントとともにコンゴ改革協会（CRA）を立ち上げ、欧米でのロビー活動を展開した[75]。モレルが現地の記録と証言を集めて1906年に出版した『赤いゴム（Red Rubber）』は瞬く間に欧米諸国に広まり、各地でコンゴにおける人権侵害に反対する集会や署名活動が展開されるようになった。CRAの支部はドイツ、フランス、ノルウェー、スイスなどに広がり、コナン・ドイル（Sir Arthur Conan Doyle）やマーク・トウェイン（Mark Twain）などの著名な作家、諸国の議員や大都市の市長からも支持の表明が相次いだ。

コンゴから莫大な利益を得るレオポルド2世に対する諸国政府の妬みがあったことや、鞭打たれたり右手を失ったりした現地民の写真が欧米の読者に衝撃を与えたことが、運動が広まった背景として挙げられる。人権侵害は国王の私有地という異例な統治が原因となっているという主張が展開され、1908年にコンゴは国王の私有地からベルギー政府の植民地へと移譲されることになった。

CRAを中心とするコンゴ改革運動は、欧米諸国で高まった市民社会の関心が遠くアフリカの改革につながった事例として、特筆に値する。ただし、コンゴ改革運動が求めたのはベルギー政府による統治であって、現地民による自治はまったく議論されなかった。

2.2.5　ベルギー領コンゴ時代：資源依存型経済の形成

1908年10月18日にベルギー議会はレオポルド2世からコンゴの統治を引き継ぐことを決定し、11月15日にベルギー領コンゴ（Belgian Congo）の成立を宣言した。コンゴの移譲は人権侵害が原因であったため、1908年に制定された植民地憲章（Charte Coloniale）においては、現地民の人権保護と法による統治の原則が示された[76]。ベルギー政府には植民地省（Ministre des colonies）と植民地評議会（conseil colonial）が設置され、法に基づく体系的な植民地経営が行われるようになった。

コンゴ自由国時代には、植民地政府と企業によって開発権の分割が決められていたものの、実際には、ゴムや樹脂が集められる森林や、プランテーションおよび鉱山とその周辺の食糧生産地以外には、植民地統治が行き渡っていなかった。コンゴ全域にまで植民地統治が浸透していくのはベルギー領になってからである。ここでは、当初は人権尊重と福祉を掲げた植民地政府が、結局は資源優先へと舵を切っていく過程を見ていく。

ベルギーへの移譲によってコンゴ統治が変わったか否かについての見解は、評価が分かれるところであろう。確かに、国際社会からの圧力に応えて現地民の人権保護が掲げられ、強制労働は禁止された。しかし一方で、政府、企業、教会が一体となって利益を追求する植民地経営は変わっていない。この時期に作られた経済構造は独立後にも引き継がれていくため、農業政策、鉱業政策、住民統治政策に焦点を当てて詳しく見ていく。

農業政策

植民地省は1909年から長期的な投資と成長を促進するための経済政策（Programme Générale）を導入した。政策の柱は、第1に、ヨーロッパ資本によるパームとゴムのプランテーション建設を促進すること、第2に、植民地経済への現地民の自主的な参加を促進するために自由貿易と賃金労働を奨励することであった[77]。

初期のプランテーション建設の中心は植民地政府とイギリス系企業であった。政府による強力な誘致によって、1911年にはイギリスの石鹸会社リーバ・ブラザーズ（Lever Brothers）が、支社としてベルギー領コンゴ製造所（Huileries du Congo Belge：HCB）を設立し、コンゴで初めてのパームのプランテーションを建設することが決まった。HCBの契約はベルギー領コンゴにおける政府と企業の結びつきの典型を示している。政府がHCBに求めた条件は、2,500万フラン以上の初期投資をすること、従業員の半分をベルギーから雇用し、機器の3分の1とその他の資材の半分をベルギーから調達すること、植民地憲章に基づいて現地民の権利と社会福祉の向上を尊重することであった。一方、HCBが与えられた権利は、プランテーションを建設する土地の使用権と、プランテーションからの収穫が得られるようになるまでの期間は、周辺の4,500平方マイルの地域に対して、ゴムや樹脂などの自生する植物資源を入手する独占的権利を保証されることであった[78]。

政府が課す税を現金で納めるために、現地民は森でゴムや樹脂を収集して売ったり、パームのプランテーションでの賃金労働に従事する必要があった。そのため、上述の契約は、企業が安価で大量の資源や労働力を確保することを保証していた。企業は独占的利益を政府によって保証され、政府はコンゴのみならずベルギー本国の経済的利益をも確保したのである。なお、コンゴ自由国時代に設立されたABIRやSABの契約も継続している。

しかしこの契約は期待した利益をもたらさなかった。植民地政府が掲げた自由貿易政策のために、レバノン、ギリシア、ポルトガル、ベルギー、セネガルから独立商人が流入したためである。1910年にはわずか2人だった商人は、1913年には161人、1917年には1万人以上に増加した[79]。彼らは、現地民が森で収集したゴムや樹脂を企業よりも高値で購入した。プランテーション建設に莫大な費用を投資している大企業よりも、初期投資がかからない独立商人の方が追求する利益が少ない分、高値での購入が可能だったためである。

また、現地民にとっては、プランテーション建設の重労働で賃金収入を得るよりも、森で自由に樹脂を収集して商人に売る方が魅力的な現金獲得方法であった。樹脂の収集はゴムやパームよりも比較的簡単である上に、森で野生のキノコや果実を採集する食糧生産活動と両立できる。木材、タイル、金属を塗装する工業原料として樹脂の需要は増加しており、ゴムに代わって主要な輸出品になり始めていた。そのため、当初の期待とは異なり、企業はプランテーションを建設する資金不足と労働力不足に陥った[80]。

1910年代のゴムの国際価格の低下も、ゴム収入を基盤としていたSABなどの企業の経営を圧迫した。東南アジアに建設されたゴムのプランテーションの生産量が1900年代後半から増加した上に、大量生産によって生産費用を大幅に減少させたのである[81]。

加えて、1914年に始まる第一次世界大戦によって、鉱物、パーム油、食糧への戦時需要が急増したことも、植民地政府が自由市場経済から統制経済へ方針を転換するきっかけとなった[82]。戦時中に政府は現地民に課す税を増加し、強制耕作（cultures obligatoires）にあたる政策を始めた。地方行政機関が村に対して農産物の生産を要求し、市場価格を下回る価格で購入することを認めたのである。要求を満たせない場合は鞭打ちや投獄などの処罰も行われた。植民地政府はこの政策を「現地民に経済意識を与えるための教育」であると主張していたが、わずかな対価が支払われているという点以外は、本来植民地憲章で禁止されているはずの強制労働と大差はない[83]。政府と結びついた企業の利益を確保するために、世界市場での需要が高い産物を生産することがコンゴに課せられたのである。

ひとたび導入された強制耕作は、大戦が終了しても継続することになる。独立商人の経済活動も制限され、現地民は収集した樹脂を企業に売るか、プランテーションでの賃金労働に従事して納税のための現金を確保しなければならなくなった。

鉱業政策

一方、独立後もコンゴの重要な輸出品となる鉱物採掘が本格化したのもベルギー時代である。東部のカタンガやカサイ地域に銅や金の鉱山があることは植民地化以前から知られており、レオポルド2世時代の1891年には、コンゴ自由国政府と民間の共同出資によって、最初の開発会社であるカタンガ会社（Compagnie du Katanga）が設立された。しかし、目的であった金鉱は当時の技術では採掘がかなわずにいた[84]。

ベルギー時代に入って、カタンガでの鉱山開発に意欲を示したのは、イギリス領北ローデシア（現ザンビア）でタンガニーカ特許会社（Tanganyika Concession Company）を経営するイギリス人事業家のウィリアムズ（Robert Williams）であった。ウィリアムズはまず、カタンガ会社を、コンゴ自由国政府が3分の2､会社が3分の1の投票権を持つカタンガ特別委員会（Katanga Special Committee）に移行させた。その上で、タンガニーカ特許会社とカタンガ特別委員会との間で1900年と1902年に契約を結んだ。この契約では、将来の収入の大部分は委員会のものとなる一方で、ウィリアムズにカタンガでの自由な鉱山投資が認められた[85]。1906年にはベルギーの持ち株会社であるベルギー総合会社（Société Générale de Belgique）とタンガニーカ特許会社による合弁企業としてUnion Minièreが設立され､本格的な銅山開発が始まった。

同様に、Société Généraleがアメリカ資本との合弁でダイヤモンド採掘会社のForminièr（Société Internationale Forestière et Minière）を設立し、スズの採掘会社としてはGéomines（Compagnie Géologique et Minière des Ingénieurs et Industriels Belges）を設立するなど、1900年代には鉱山開発会社の創設が相次いだ[86]。地域や鉱物によって時期と方法に差があるものの、第二次世界大戦期までには､銅､金､ダイヤモンド､スズ､亜鉛の採掘が順次始まっていた。

同時に、1911年にカタンガと北ローデシアを結ぶ鉄道が建設されたことを皮切りに、鉱山地域から鉱物を運び出すための鉄道敷設が続いた。1920

表 2-4　植民地初期の主な特許会社

設立年	社名	業種
1887	Compagnie du Congo pour le commerce et l'industrie (CCCI)	信託
1890	Compagnie du chemin de fer du Congo (CFC)	鉄道
1891	Compagnie du Katanga (CK)	鉱物
1892	Anglo-Belgian India-Rubber Company (ABIR)	ゴム
1897	Société Anversoise du Commerce au Congo (Anversoise)	貿易
	Société Anonyme Belge pour le Commerce du Haut Congo (SAB)	貿易
1900	Comité Spécial du Katanga (CSK)	地域開発
1901	Compagnie du Kasaï	ゴム、象牙
1902	Compagnie des chemins de fer du Congo supérieur aux Grands Lacs (CFL)	鉄道・地域開発
1906	Union Minière du Haut-Katanga (UMHK)	鉱物
	Société Internationale Forestière et Minière (Forminière)	ダイヤモンド
	Compagnie du chemin de fer du Bas-Congo au Katanga (BCK)	鉄道・鉱物
1910	Compagnie Géologique et Minière des Ingénieurs et Industriels Belges (Géomines)	スズ
1911	Huileries du Congo Belge (HCB)	パーム
1928	Comité national du Kivu (CNKi)	地域開発

出典：筆者作成

年代には水力発電のためのダム建設が始まり、鉱山への安価なエネルギー供給が進んだ[87]。

こうして始まったコンゴの鉱物輸出は、1914 年から 1918 年の第一次世界大戦期に飛躍的に増加した。アジアとの競争でゴムや樹脂の国際価格が低下したことも受けて、コンゴからの輸出品としてはパームと鉱物輸出の割合が増加するようになった。

鉱業政策で注目したいのは労働力である。鉱山開発の開始当初には、道路や鉄道の敷設、設備の設置などインフラ整備のために労働需要が急激に高まった。地域の村からは、期間限定の労働者が大量に動員された。しかし、インフラが整備されて機械化や精錬技術の導入が進むと、非熟練労働者の需要は減少し、代わりに技術を身に付けた熟練労働者の需要が高まった。熟練労働者は、地域の村からの通いではなく、家族をともなって鉱山周辺に居住することを求められた[88]。鉱山会社はこうした熟練労働者と家族のための労働者キャンプを整え、教会と協力しながら教育、公衆保健にいたる社会サービスを提供した[89]。

一方、地域の村には鉱山労働者の食糧を確保するための農業生産が求められた。第一次世界大戦中に始まった強制耕作は、こうした鉱業分野での需要にも一致していた。

政府から独占的開発権を認められた企業が道路や鉄道などの社会インフラを整え、鉱山やプランテーションに労働者を集めて社会サービスを提供し、一方で周辺地域には労働者向けの食糧生産を求める、というしくみは典型的な企業の形態として定着した。政府は、企業に独占的開発権を保証する代わりに企業からの税収や社会サービスの提供で歳入を保証されており、政府と企業の利害が密接に結びついた体制が形成された。

こうした利害の結びつきは、経済が順調なときは政府と企業に利益をもたらすが、企業が経営難に陥ると、そのまま政府の財政難に結びつくという危険性をはらんでいた。特に、世界恐慌の波及による 1930 年代の物価下落は、企業の経営を圧迫した。プランテーション建設や鉱山開発に莫大な投資をした企業は、労働力の不足と物価の下落によって危機に陥った。そこで政府が導入したのが、1933 年の統治政策「Total Civilization」である。

Total Civilization の内容は、①自由競争を排除する新開発政策、②増税、③政府の権力拡大、④州の再編と間接統治の導入である[90]。政府は企業の経営を支えるためにコンゴの地域社会全体が協力する体制を作った。鉱山やプランテーションの開発が行われている地域では、道路建設などへの労働力の提供を義務づけ、それ以外の地域では換金作物の栽培・輸出や、労働者のための食糧作物となるキャッサバの栽培を義務づけた[91]。

こうして、当初は人権尊重と福祉を掲げた植民地政府が、結局は資源優先の植民地経営へと舵を切っていくことになったのである。

住民統治政策

農業、鉱業の政策に加えて、コンゴ全域の現地民が植民地統治に組み込まれることを促進したのは、住民統治政策である。植民地政府は、全土を４州（のち６州）に分割して州知事を任命し、州の下を県、郡、地区に分けて行政機構を整えた。さらに地区長の管理下に、伝統的な村やエスニック集団のラインに沿ったチーフダム（chefferie：首長領）を設定し、住民からの徴税や人口調査、政府の命令の伝達をチーフに委ねた。より小さな集団はセクター（secteurs）に分けた。チーフやセクター・チーフは、住民から政府への反発を減らすため、住民と政府の緩衝役となる人物が任命された。伝統的な村の首長がチーフに選ばれる場合もあるが、多くは植民地政府に対して友好的な人物が選ばれ、村の首長とは違う人物が選ばれることもあった[92]。チーフは政府への協力によって俸給が与えられ、格付けされた。すべての現地民はいずれかのチーフダムへの所属が義務付けられ、地元を離れるときにはパスブック（passeport de mutation）を所持するよう定められた[93]。

こうした政策によってコンゴの鉱物、農産物輸出は増加し、1930年代後半の物価の回復と相まって、1935年にはコンゴ経済は回復した。

前述のネルソンは、植民地政策が地域社会にもたらした変化として、伝統的な食糧生産活動の破壊による食糧難、生活水準の低下、出生率の低下と、村からプランテーション、鉱山、都市へ人口が流出したことによる社会階層やアイデンティティの変化を指摘している[94]。

狩猟、採集、農耕、漁撈といった多様な生産活動の組み合わせによって森の資源を最大限に活用していた食糧生産が破壊される一方で、鉱山やプランテーションでの労働という新たな労働形態が生まれることによって、村においては社会的地位が低い層にとっては、実力で地位を獲得する機会となった。コンゴは、他のアフリカの植民地と比較しても、鉱山やプランテーションに監督や技術者として移住するヨーロッパ人の人数が少ない。少数のヨーロッパ人の下で多数の現地民監督や労働者が働いていた。彼らは村の伝統を離れ、職業に基礎を置くアイデンティティを形成した。また、鉱山やプランテーションの労働者居住地で売買されるヨーロッパからの輸入品を村に持ち帰って商売をする小規模商人も誕生し、現地民の中にも、植民地政策を活用して新しい生計手段を築く人々がいたことは指摘しておきたい。

まとめ

本節では、コンゴが世界経済に組み込まれる過程を考察してきた。ポルトガル人が初めてコンゴ川流域の人々と接触した 15 世紀末から、18 世紀までは奴隷、コンゴ自由国時代には象牙とゴム、ベルギー植民地期には樹脂やパーム油、銅、というように対象産品を変えながら、コンゴは欧米諸国の資源供給地であり続けてきた。それはときに苛酷な資源搾取の形式をとった。特に「赤いゴム」とよばれるほどの苛酷なゴム収集はコンゴに、経済の自己破壊、人口減少、伝統社会の変化をもたらした。収集されたゴムが欧米での自動車産業に活用されていたことを考えれば、コンゴにおける苛酷な搾取は、工業化する欧米諸国を中心とする世界経済の構造の中で起きていた問題といえる。

ただし、コンゴでの苛酷な搾取が現地民の手で行われていた事実も無視することはできない。ヨーロッパとの交易は、伝統社会では最下層に位置する人々に社会的地位を獲得する機会を与え、コンゴの現地社会にも搾取に加担する構造をつくり出した。ガルトゥングが帝国主義の構造として示したように、世界経済の中では周辺国にあたるコンゴの中にも、中心部と周辺部が成立し、利益不調和が生じていた。この社会構造の理解は、現在の紛争資源問題を考える上でも有用である。紛争はコンゴ人の手で行われている。資源の獲得を第一義とする外部者と、それを利用してして利益を確保しようとする一部の現地民の相互作用が、コンゴ内部に搾取の構造をつくり出しているのである。

第３節　コンゴ紛争の発生要因

前節では、欧米を中心とする世界経済の構造の中にコンゴが組み込まれ、資源依存型経済が形成される様子を描いてきた。本節では、問題の中心軸を紛争に移して、土地と市民権をめぐるエスニック対立が紛争に発展していった過程を見ていく[95]。

1996 年に始まる 2 度のコンゴ紛争において中心的な紛争主体となったのは、コンゴ東部の南キヴと北キヴにくらすルワンダ系住民である。また、

2003年以降も継続しているコンゴ東部紛争では、隣国ルワンダから流入した難民をめぐる対立が多数の武装勢力による複雑な対立構造の軸になっている。コンゴにおけるルワンダ系住民とは何者であり、どのようにくらしてきたのか、そしてなぜ紛争主体となったのか。ルワンダ系住民と隣接集団との関係を中心に、植民地期にさかのぼって考察する。

2.3.1　コンゴにおけるルワンダ系住民とは何者か

留意すべきは、「ルワンダ系住民」というひとつのエスニック集団が存在するわけではない、という点である。ルワンダ系住民とは、隣国ルワンダからコンゴに移住してきた住民をさすが、移住の時期や特性は大きく4つに分けられる。①ルワンダ王国期に移住した人々、②植民地期に移住した労働者や農民、③1959～61年のルワンダの社会革命で難民となったツチのエリート、④1994年のルワンダ・ジェノサイド後に難民となったフツの民衆と民兵である。主な居住地域も、北キヴのマシシ（Masisi）、ルツル（Rutshuru）、南キヴのイトンブェ（Itombwe）、ブカヴ（Bukavu）などに分かれている。ルワンダ系住民にはこうした多様性があるにもかかわらず、一括りにされて他のエスニック集団から敵視されるようになった経緯に、コンゴ紛争の本質的な問題が存在している。

隣国ルワンダでは、人口の84%を占める多数派のフツと、15%の少数派のツチがしばしば対立し、武力衝突にいたることもあったが、コンゴ東部のルワンダ系住民にはフツもツチも混在して共存していた。両者の対立が生じるのは、1994年のルワンダ・ジェノサイド後にコンゴ東部に大量のルワンダ難民が流入して以降のことである[96]。

本節では、コンゴでルワンダ系住民が定住した地域と集団形成によって4つの呼称を用いる[97]。主に南キヴに居住するバニャムレンゲ（Banyamurenge）、北キヴのルツルに居住するバニャルツル（Banyarutshuru）、北キヴのマシシに居住するバニャマシシ（Banyamasisi）、1959年以降に北キヴに移住してきたバニャルワンダ（Banyarwanda）である。

ルワンダ語でBanyaとは「人々」を意味し、バニャムレンゲは「ムレンゲの人々」、バニャルツルは「ルツルの人々」を意味する呼称である（単数の場合はMunyaだが、煩雑さを避けるためにBanyaで統一する）。したがって、本来は特にルワンダ系住民に限定して使われる呼称ではない。彼らはむしろ、後述するように植民地期までは「ツチ」「フツ」という呼称を使用していた。1959年にルワンダで社会革命が発生したときに流入してきた難民をバニャルワンダ、従来からの居住者を居住地によってバニャムレンゲと分けてよぶようになったのである。また、後述するようにコンゴのルワンダ系住民はしばしばひとまとめにしてとらえられることがあり、「バニャルワンダ」という呼称はすべてのルワンダ系住民をさす呼称として用いられることも多い。さらに、1996年に始まるコンゴ紛争ではしばしば現地の報告書で「バニャムレンゲ」が紛争主体の呼称として使われ、この場合の「バニャムレンゲ」とは、コンゴ東部のツチ全体をさす呼称として使われている場合が多い。本節ではこれらの呼称を可能な限り分けて使用するが、区別することができない場合もあることを注記しておく。

2.3.2　南キヴのルワンダ系住民

コンゴ東部の南キヴには植民地以前から、ブワリ（Bwari）、ヴィラ（Vira）、フレロ（Fulero／Furiiru）、シ（Shi）、ハヴ（Havu）、テンボ（Tembo）、ベンベ（Bemba）、リガ（Lega）、ルンディ（Rundi）といったエスニック集団がモザイク状に居住していた[98]。そこへ隣国ルワンダとブルンジから移住してきたのが後にバニャムレンゲとよばれるルワンダ系住民である。まずは、①ルワンダ王国期に移住した人々と、②植民地期に移住した労働者や農民に注目する。

最初のバニャムレンゲがいつ、どのような経緯で移住してきたのかは口頭伝承によっていくつかの説があるが、遅くとも19世紀後半までには、ルワンダおよびブルンジからルジジ（Ruzizi）川を渡って南キヴに移住してきたと考えられる[99]。

バニャムレンゲに関しては移住の経緯よりも時期の方が重要である。地理学者のワイス（Georges Weis）によれば、南キヴには1881年以来ルワンダ系住民の居住が確認されている[100]。これは、1885年にコンゴ地方がベルギー国王レオポルド2世の私的所有地「コンゴ自由国」として承認されるよりもわずかに前であり、後の市民権法においてバニャムレンゲが市民権の保持を主張する際に重要な意味を持つ。

南キヴに移住してきたバニャムレンゲは、イトンブェを中心とするムレンゲ（Murenge）の高地で、いくつかの集団に分かれて牧畜を営んだ[101]。前節で詳述した「赤いゴム」の支配は南北キヴ地域まではおよんでおらず、植民地政策の影響がおよぶのは、1908年にベルギー領コンゴになって以降である。

植民地期：バニャムレンゲのくらしと隣接集団との関係

植民地期には、南キヴのバニャムレンゲがくらす地域に、ムウェンガ（Mwenga）県、フィジ（Fizi）県、ウヴィラ（Uvira）県の3つが存在し、各県は複数の伝統的チーフダムに分かれていた[102]。チーフダムは行政機構改革でしばしば変化する。ウヴィラ県には1919年の時点で9つのチーフダムが存在したが、その中にツチを対象とするカイラ（Kayira）とガフトゥ（Gahutu）というチーフダムが存在した。その後、1933年の行政機構改革でチーフダムは3つに統合され、ツチを対象とするチーフダムは消滅する[103]。フィジ県では、バニャルワンダの中心的な居住地が、コンゴ自由国時代の1906年から「ツチ」として自律的な行政区分を与えられており、ベルギー植民地時代にもチーフダムとして認められていた。しかしこちらも、1933年の行政機構改革で統合され、消滅する[104]。

バニャムレンゲは隣接集団とどのような関係にあったのか。デペルキン（Jacques Depelchin）は公文書とインタビューに基づいてイトンブェにくらすバニャムレンゲと隣接集団のフレロの関係を明らかにしている[105]。

ルワンダ王国期にバニャムレンゲがフレロの居住地にやってきたとき、フレロの王（mwaami：ムワミ）は家畜と引き換えに牧草地を与えた。しかし、フレロの王による統治が厳しかったため、バニャムレンゲはイトンブェの高地に移動した。ただし、この移動によってバニャムレンゲのフレロへの依存はむしろ強まった。バニャムレンゲは牧畜民であり、農耕に従事しない。バニャムレンゲが提供するバナナビール、ヤギ、乳、ときには牛と交換でフレロはイトンブェに食糧を調達した[106]。

こうした情報からバニャムレンゲの存在をどう読み取るかは研究者によって見解が異なるが[107]、以下の3点を指摘することはできる。第1に、植民地期のバニャムレンゲは「ツチ」として認識されていたこと、第2に、移住者であるバニャムレンゲにも他のエスニック集団と同様にチーフダムを形成する権利が認められていたこと、第3に、行政機構改革で消滅したことから、植民地期のバニャムレンゲは政府との結びつきが強い集団ではなかったことである。隣国ルワンダではツチの優位性を強調したベルギーであるが、コンゴにおいては特にツチを重用したわけではなかった。

1908年にコンゴ地方がベルギー領コンゴになり、隣国ブルンジとルワンダも1922年からベルギーの委任統治領ルアンダ・ウルンディ（以下、ルワンダと表記）になると、ベルギーの植民地政策によってルワンダからの移住労働者がコンゴに流入してきた。移住の中心はカタンガなどの鉱山や北キヴのプランテーションであるが、1930年代には南キヴのブカヴへの移住労働者も細々と続いた。移住労働者の多くはフツであり、主に都市部に住んだために高地で牧畜を営むツチのバニャムレンゲとは生業を異にしていた[108]。

独立期：バニャムレンゲと東部反乱

植民地期には南キヴのエスニック集団のひとつとしてくらしていたバニャムレンゲであるが、独立期にはそのアイデンティティを揺るがす事態が生じた。1959年にルワンダで起きた社会革命と、コンゴ動乱にともなって1964年に発生した東部反乱である。

1959年から1961年にかけてルワンダでは、政治権力の担い手がツチ・エリートからフツ・エリートへ移行する社会革命が遂行された。革命の過程で、ツチのチーフやサブチーフが襲撃を受け、1959年11月末までに7,000人のツチが難民として周辺国に流出した[109]。これによってコンゴ東部にも多くのツチ難民が流入した。彼らは都市部や難民キャンプに居住したため、バニャムレンゲとツチ難民の接触が多かったわけではない。しかし、社会革命そのものがもたらしたバニャムレンゲのアイデンティティへの影響は大きかった。

本節では便宜上南キヴのルワンダ系住民を「バニャムレンゲ」とよんできたが、この呼称が使われるようになるのは、1960年代半ば以降である。社会革命によるツチ難民とそれ以前からコンゴに居住していた人々を区別するために用いられたのではないかと考えられる[110]。

ただし、ルワンダ系住民のアイデンティティを分析するマムダニ（Mahmood Mamdani）は、この呼称は単なる区別のための他称ではなく、本人たちのアイデンティティの変化を表していると指摘している。社会革命によってルワンダの政治エリートがツチからフツに変わり、暴力によってツチが追い出されると、南キヴのツチたちは自らのアイデンティティを祖国ルワンダから切り離して現在の居住地に結び付けようとした。「バニャムレンゲ」とは、ムレンゲの丘に住む人々をさしている。その土地に結びついた名称を名乗ることは、土地と自分たちとの結びつきを強調する行為である。バニャムレンゲは、祖国ルワンダと自分たちを結びつけるエスニック・アイデンティティよりも、現在の居住地であるムレンゲの地と自分たちを結びつけるテリトリアル・アイデンティティを選んだのである[111]。

しかし、彼らが土地への結びつきを強化しようとしたその時期に、バニャムレンゲと隣接集団との軋轢を強める事態が起きた。それが、コンゴ動乱にともなう東部反乱であった。

コンゴは1960年にベルギーから独立するが、独立1週間後に軍隊の諸要求から反乱が発生すると、混乱に乗じてカタンガ州と南カサイ州がそれぞれ分離独立を宣言した。同胞の保護を理由に旧宗主国ベルギーがカタンガ州に出兵し、中央政府でもルムンバ（Patrice Lumumba）首相率いるコンゴ国民運動（MNC）とカサヴブ（Joseph Kasavubu）大統領率いるアバコ党（Abako）が対立する混乱状態に陥った。この事態に対して国連安全保障理事会（安保理）は国連コンゴ軍（ONUC）を派遣し、カサヴブ派が反乱を鎮圧していくが、最終的にアメリカの支援を受けた軍事司令官モブツがクーデタで政権を掌握し、動乱を終結させた（コンゴ動乱については2.3.4で詳述する）[112]。

このコンゴ動乱の中で、1961年に暗殺されたルムンバの流れをくむムレレ（Pierre Mulele）らが、動乱にともなう経済の混乱や国土の荒廃に対する不満を背景として、共産主義革命を掲げる反乱を1964年から起こした。東部でも同じくルムンバ派のスミアロ（Gaston Soumialot）らが闘争を開始し、ウヴィラでも武装勢力の活動が始まった。特にシンバ（Simba：ライオン）とよばれる武装勢力は急速に支配領域を広げ、8月には東部の主要都市スタンレーヴィルを制圧した。彼らは人民解放軍（APL）を組織して南キヴでも住民の動員を行った[113]。これが東部反乱である。

シンバの東部反乱に際してバニャムレンゲの立場を左右したのは、彼らが家畜を所有する比較的裕福な集団であったことである。APLが掲げる革命思想は彼らの財産を没収・分配する可能性を示唆しており、共感できるものではなかった。一方で、APLに対抗することは彼らの財産が略奪の対象となる事態を招く。バニャムレンゲにとってこの反乱でどのような立場をとるかは、どのようにして財産を守るかという問題であった。そのため、反乱に対する彼らの立場は二転三転することになる。

ウヴィラで闘争が開始された当初、APLが彼らの財産や家畜を略奪の対象としたことから、バニャムレンゲは政府軍に協力した。このことは、APLに協力するフレロ、ベンベ、ヴィラといった隣接集団とバニャムレンゲの緊張を高めた。1964年4月にはAPLに同調するフレロとベンベの若者約600人によってウヴィラでの襲撃事件が起こり、1か月後にウヴィラが占領されると、APLはナショナリストではないとみなした伝統的首長を処刑して知識人層を襲撃した。この事態を受けて、バニャムレンゲは家族とクランを守るためにAPLに加わることにした。しかしながら、今度は反乱軍のために家畜の供出に応じざるを得なくなり、その一方でフレロやベンベから敵視される状況は変えられなかった。そのため、政府軍がAPL掃討作戦を展開した際には再び政府軍に協力した[114]。

コンゴ動乱は1965年9月にモブツのクーデタによって終結し、APLの反乱も鎮圧されるが、南キヴには大きな爪あとを残した。戦闘によって居住地域は破壊され、バニャムレンゲは多くの財産と家畜を失った。また、反乱鎮圧後にもバニャムレンゲの居住地域ではAPLの活動が残り、バニャムレンゲが政府軍による掃討作戦に協力したことから、バニャムレンゲと隣接集団の間に軋轢が生まれていた。この軋轢はその後のモブツ政権期にルワンダ系住民が優遇されたことと相まって深まり、やがてコンゴ紛争の火種のひとつになる。

ここで、1959年にルワンダから流入してきたツチ難民とバニャムレンゲとの違いに注目しておきたい。東部反乱が始まったとき、APLはツチ難民の協力を取り付けるため、勝利後はルワンダの再征服を支援すると約束した。そのため、ツチ難民にはAPL協力者が多く、ウヴィラ制圧の際には重要な役割を果たした[115]。しかし、すでに半世紀以上をコンゴでくらしてきたバニャムレンゲにとっては、本国の政権よりも現住地での生活の安全の方が重要であった。ここに、同じツチではあっても、王国期に移住してきたバニャムレンゲと独立期に本国を追われて流入してきたツチ難民とのアイデンティティの違いが反映されていた。

それにもかかわらず、反乱を機にバニャムレンゲとの対立感情が深まった隣接集団は、バニャムレンゲを追い出すために彼らを「外国人」であると非難するようになり、ベルギー人が帰国するようにルワンダ人も帰るべきだと訴えた。バニャムレンゲがその呼称によって土地とのつながりを強調する一方で、隣接集団からは「外国人」とのレッテルを貼られる状況に陥ったのである。

その後、彼らの複雑なアイデンティティはモブツ政権によって利用されて、政治化していくことになるが、その前に、次項では北キヴのルワンダ系住民について考察する。

2.3.3　北キヴのルワンダ系住民

北キヴにおけるルワンダ系住民の主な居住地はルツルとマシシである。ルツルには、①ルワンダ王国期に移住した人々と、②植民地期に移住した労働者や農民が多くくらしていた。ただし、ルツル周辺のルワンダ系住民は、植民地化のはるか以前からその地にくらしており、植民地期に引かれた国境線によってコンゴ領に区分されたのであって、移住者ではない。そして、そうした住民の多くはフツであった[116]。一方、マシシには植民地期に多くの移住労働者が流入してきた。土地をめぐる問題が最も深刻なのはマシシであったため、本項では、マシシのルワンダ系住民に焦点を当てる。

植民地期：バニャマシシの移住と隣接集団との関係

北キヴのルワンダ系住民の多数を占めるのは、植民地期の移住政策によってルワンダから移住してきたフツの農民である。移住政策の目的はルワンダの人口過剰による飢饉の緩和であったが、コンゴ側から見た場合、プランテーションや鉱山での労働力の確保という利点があった。

1908年にコンゴの統治がベルギー政府へ委譲されると、植民地政府は北キヴでの入植地建設に乗り出した。北キヴの高地は豊かな土壌と温暖な気候のために白人の入植に適していた。1908年の基本法によって植民地政府は、原住民が有効に占有していない土地は「空き地」であるとして国有化した。このときに、マシシ周辺の森林は「空き地」とみなされ、白人の入植が行われた。しかし、この土地はマシシの原住民であるフンデ（Hunde）の牧草地や狩猟地であった。白人の入植はフンデの土地を接収する形となり、フンデは狩猟採集生活を行う土地を奪われた[117]。

やがて入植者の増加とプランテーションの建設によって労働力が必要となると、植民地政府はフンデに農業労働を要求するが、フンデが拒否したため、ルワンダからの移住労働を導入した。1926年の法令によって国外からの労働者の雇用が自由化されると、マシシでは3つの形態でルワンダからの移住労働が斡旋された。鉱山会社のUnion Minièreや、プランテーション経営を行うCNKiでの雇用、および個人での移住である[118]。

当初は移住労働の斡旋として行われていた移住政策であったが、やがてルワンダからの強制的な「移植（transplantation）」の性質を持つようになる。1930年代には、植民地政府によってルワンダを追い出されたフツ農民が家族を連れて移住してくるようになった[119]。1937年には「バニャルワンダ移住ミッション（Mission d'Immigration des Banyarwanda: MIB）」という組織が創設されてルワンダから到着する労働者の行政手続きを行い、給与支払いなどの管理を行った。ルワンダからマシシへの移住者は1937年の691人から、

1940年には5,256人、1945年には25,448人へと増加を続け、やがてルワンダ系の移住労働者が原住のフンデよりも多数になっていった[120]。彼らはバニャマシシとよばれるようになる。

ルワンダからの移住労働者の特徴は、一時的な出稼ぎではなく、家族を連れた移住であったことである。彼らはルワンダでの過重な賦役労働を逃れてきた農民であることが多く、故郷を離れた時点で土地を失い、帰る場所はなくなっていた。そのため、移住者たちは新天地マシシに定住するために新たな共同体を形成し、独自のチーフダムを持つことを求めた。その要求を植民地政府も認め、1938年にはギシャリ（Gishari）チーフダムが形成された。このチーフダムは1957年に独立に向けた再編で消滅するまで続いた[121]。

1927年にマシシで登録されていた現地住民の人口が56,181人であったことを考慮すると、いかにルワンダ系住民の増加が原住の隣接集団に危機感を抱かせたかは想像に難くない[122]。移住政策が開始された当初、植民地当局は移住させた労働者の居住地をつくるためにフンデのチーフに補償金を払ったため、チーフは移住を歓迎した。しかし、ベルギー側はこれを土地購入代金と解釈したのに対し、フンデ側は使用権を与えただけと解釈しており、独立後の軋轢のもととなった[123]。

つまり、マシシはもともと原住のエスニック集団であるフンデの土地であったが、ベルギー政府が国有化して白人の企業がプランテーションを経営した。そこにルワンダからフツ農民が労働者として移住してきて、プランテーション労働に従事した。それは、マシシへの定住を前提とした移住であり、移住者たちはマシシで独自のチーフダムを形成し、ひとつのエスニック集団となったのである。

ここで強調しておきたい点が2点ある。第1に、南キヴのバニャムレンゲと北キヴのバニャマシシとでは、移住の経緯、コンゴでのくらし方、隣接集団との関係がまったく異なっていることである。次項以降で考察していくように、独立後の市民権問題において南北キヴのルワンダ系住民はひとまとめに語られるようになるが、本来は、ルワンダからの移住者であるという点以外では異なる集団であることを確認しておきたい。

第 2 に、北キヴにおけるルワンダ系住民と隣接集団との軋轢は土地をめぐる問題である。どのエスニック集団にとっても土地は重要な生産手段であり、土地の所有権や使用権を確保することは居住のみならず生計を営むために必要不可欠な手段である。マシシのフンデにとって土地は原住民である自集団に属すべきものであり、白人が彼らの土地を接収してプランテーションを経営したり、移住労働者の居住区にするために補償金を支払ったりしても、それは土地の使用権が一時的に彼らに移っているに過ぎず、所有者は自分たちであるとの意識があった。しかし反対に、フンデのチーフに地代を払うルワンダ系住民は、居住期間が長くなるにつれて、自身の耕作する土地に対して地代を払うことに疑問を抱き始める。ルワンダ系住民が地代の支払いを渋るようになると、フンデのチーフは彼らが果たすべき義務から逃れようとしていると非難した[124]。

独立期：ツチ難民の流入と土地問題の発生

土地をめぐる問題が表面化するのは、独立前の 1958 年に地方選挙が実施されたときである。選挙に先駆けて北キヴでは行政機構改革が行われ、ルワンダ系住民のチーフダムが消滅していたが、人口において多数を占めるルワンダ系住民は地方選挙で勝利をおさめた。これを受けてフンデは、「原住民ではないルワンダ系住民が地方行政の重要ポストにつくべきではない」と訴え、ルワンダ系住民はフンデの土地所有者から使用権を認められている小作人に過ぎないと主張した[125]。

土地と市民権の問題に注目するプツェル（James Putzel）は、ルワンダ系住民がチーフダムを持たなかったことで土地へのアクセスが制限され、彼らが不安定な地位にあったことを指摘している[126]。しかしその一方で、フンデの側にも危機感があったことがうかがえる。数において凌駕され、土地が奪われていくことを恐れたフンデが対抗する手段としたのが「原住民」という鍵だったのである。

さらに、1959 年に隣国ルワンダで社会革命が発生すると、マシシにもツチ難民が多く流入した。移住労働者の増加ですでに危機感を抱いていたフンデは、ツチ難民の受け入れに強く反対したが、国連高等難民弁務官事務所（UNHCR）の強い要請によって受け入れを容認せざるを得なかった。このとき、フンデのチーフはあくまでも土地はフンデのものであることを強調して受け入れた[127]。

ツチ難民にとって、マシシは移住しやすい地であった。コンゴ東部にはルワンダのようなツチ・フツ対立がなかったため、たとえ植民地期に移住した労働者の多くがフツであっても、ルワンダ語を話す住民の存在は難民が社会に溶け込む助けとなった。ルワンダでフツ政権が続く中で、ツチ難民は本国への帰還よりもコンゴへの定住を選んだ[128]。彼らは北キヴで「ルワンダの人々」を意味するバニャルワンダとよばれた。こうして、独立期までにルワンダ系住民はマシシの人口の85％を占めるまでに増加した[129]。このことが、フンデにさらなる脅威を感じさせたことは想像に難くない。

1960年にコンゴが独立してキヴ地域の行政再編が進むと、フンデはベルギー政府が任命していたフツの行政官を解雇し、ルワンダ系住民が所有していた土地、家屋、商店、家畜、プランテーションをしばしば占領した。マシシでの土地をめぐる問題について詳細な調査を行ったブチャリンウェ（Mararo Bucyalimwe）は、マシシでの土地をめぐる対立が地方裁判所に持ち込まれた数を調査している。それによれば、1950年代には年間１～３件（1956年は６件）であり、しかも個人間の対立が多かったが、1960年代からその数が増加し、かつ対立の当事者がフンデとルワンダ系住民になったという[130]。

1964年に地方選挙が実施されると対立はますます激化する。選挙では、人口において多数派を占めるルワンダ系住民が勝利したものの、州知事が選挙結果を否定したために、フンデとルワンダ系住民の間での武力衝突が発生した（カニャルワンダ紛争とよばれる）。翌年に知事が軍を派遣して鎮圧したが、これは土地をめぐる問題が暴力事件に発展した初期の事例であった。

こうした経緯のために、1965年にモブツ政権が成立すると、特にツチ難民のバニャルワンダは、フンデのチーフダムからの容認ではなく、市場や中央政府の政治的権力を通じて土地を手に入れることを画策するようになる。バニャルワンダは、コンゴ国内での安全な居住環境を確保するために、政治機構、特に安全保障機構に入り込む戦略をとった。一方、フンデなどの隣接集団はルワンダ系住民が政治的権力を持つことを恐れ、彼らが「外国人」であることを主張して土地への権利を制限しようと主張した[131]。

こうして、土地をめぐる原住のエスニック集団とルワンダ系住民の対立は中央政治にまでおよび、後述する市民権の問題へとつながっていくことになる。

エスニシティはしばしば権力を志向する政治家によって道具化されることがある。そしてエスニック集団の側にも自集団の利益確保のために政治を利用する動機が存在する場合、道具化はさらに起こりやすくなる。本来、社会的権利を主張するために政治を利用するという志向は、民主主義社会を考慮しても健全な志向である。しかし、権利主張者が外国からの移住者であることが問題を複雑にした。植民地期に移住してきた移住労働者に市民権を認めるか否か、さらには、独立期に流入してきたツチ難民に土地の所有を認めるか、という問題は、コンゴ政府にとって難しい問題であった。

2.3.4　政治化されるアイデンティティ

南北キヴの問題をいったん離れて、コンゴの中央政治に目を向けたい。

コンゴ動乱を経て1965年から1997年まで続くモブツ政権では、鉱物資源やプランテーションから得られる利権を利用したパトロン・クライアント関係が政治経済を支配し、一部の政治エリートとその関係者によって国家の富が独占されるようになる。現代アフリカにおける紛争と国家のあり方を研究する武内進一は、独立以降のアフリカで成立した家産制国家を「ポストコロニアル家産制国家（Post-Colonial Patrimonial State：PCPS）」とよんだが、コンゴには典型的なPCPSが形成されたのである[132]。その利権関係の中でルワンダ系住民をめぐる問題も政治化されていった。それは、モブツによるルワンダ系住民の利用と、ルワンダ系住民による政治の利用という双方向の働きとして起きた。そして、チーフダムの設定、土地への権利、市民権の確保といった問題が地域のみならず中央政治の問題へと拡大していく。ルワンダ系住民と隣接集団との関係も、地域と中央政治という2つのレベルで展開することになる。

独立からコンゴ動乱へ

広い国土に200以上のエスニック集団がくらすコンゴにおいて、独立期から今日にいたる最も重要な課題は、いかに地域やエスニシティを越えた国民統合を実現するかである。

1960年6月30日にベルギー植民地からの独立を宣言したとき、それは国民統合に基づく独立ではなかった。統一性に乏しいコンゴでは、独立に際して中央集権制と地方分権制のいずれをとるかが、最大の争点になっていた。中央政府では、ルムンバ率いるコンゴ国民運動（MNC）とカサヴブ率いるアバコ党（Abako）が対立した。結局、選挙で第一党となったコンゴ国民運動の主導下に形式的には単一国家制（同時に中央集権制）をとりながら、実質的には州の権限を大幅に認めた擬似連邦制を採用し、集権派のルムンバが首相、分権派のカサヴブが大統領に就任するという形で独立を迎えることになった[133]。どのように国民統合を実現していくかという問題を解決しないままに船出を迎えてしまったのである。

問題をかかえたままに船出したことが、独立直後のコンゴ動乱の発生につながった。きっかけは、独立宣言からわずか4日後の7月4日に、政党の地域主義、政治家と軍の軋轢、軍内部のコンゴ人化の遅滞などを不満として、軍が反乱を起こしたことである。これに便乗して7月11日には東部のカタンガ州が州知事チョンベ（Moïse Kapenda Tshombe）のもとで独立を宣言、9月には南カサイ州もカロンジ（Albert Kalonji）のもとで独立を宣言し、中央政府でもルムンバ首相とカサヴブ大統領が互いに相手の罷免を声明したことから、コンゴは4つの勢力が対立する状況に陥った。ここに、自国民の保護を理由にカタンガに軍を進駐させたベルギーや、国連コンゴ軍（ONUC）が介入して5年にわたる動乱が始まった（**図2-3**）。

コンゴ動乱は、地域を越えた一体感のなさを如実に表している。カタンガや南カサイのように資源が豊富な地域は、経済的に発展していない他の地域と統合されて資源の利益が国民に分配されるよりも、ベルギーの庇護の下に

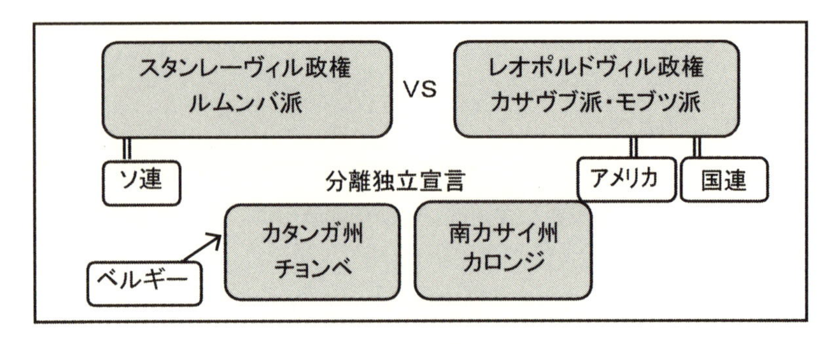

図 2-3　コンゴ動乱の構図

出典：筆者作成

独立することを望んだ。中央政府においても議会は地域の利益を求める各党派に分断され、統一的な意思決定をすることが難しい状況にあった。

国際社会もまた、コンゴ動乱を国民統合に向けた話し合いによって解決する方向へ導くことに失敗した。1960 年というのは、キューバ革命、U2 型機事件、ベルリンの壁の建設によって米ソの冷戦対立が激しさを増している時期であった。アメリカはソ連とのこれ以上の対立を避けるために直接介入はしないものの、ナショナリストのルムンバを共産主義的であるとして警戒し、1961 年 1 月、CIA がルムンバを暗殺した。それが、本来は共産主義ではなかったルムンバ派にソ連との接近をもたらした。地域主義を越えて国民統合を目指すルムンバが暗殺されたことは、コンゴの国民統合にとって大きな損失であった。コンゴ動乱は結局、1965 年 11 月に、アメリカの支援を受けた軍事司令官のモブツがクーデタを起こして権力を掌握することで、終結した[134]。

議会政治を通じた国民統合ができなかったという事実は、1980 年代後半から始まる民主化の時代にも引き継がれ、コンゴ紛争後の国家再建にも続いていく問題となる。

モブツ独裁政権の成立

1965 年に大統領に就任したモブツは、自身の政治を支える中央集権体制を築き上げた。1966年には暫定的に立法権を議会から大統領の手に移し、その後も議会を法案追認機関にした。首相は解任した後で後任を置かず、事実上廃止した。21州を8州に統合し、州知事を大統領が任命することで中央集権化を進めた。そして、モブツを総裁とする翼賛政党「革命人民運動（MPR）」を組織し、州知事はMPRの州支部長、市町村長はMPRの市町村支部長として、社会の末端までをMPRに組み込んだ[135]。

こうした急速な集権化に対しては、学生層や労働組合からの抵抗や反体制的な言動が起きた。しかし、モブツは反対勢力を次々と弾圧した上で大統領に強力な権限を付与する新憲法を1967年に制定した。さらに、宿敵となる政治家を排除した上で、1970年11月の大統領選挙に唯一の候補者として出馬し、当選した。続く議会選挙では、MPR政治局が作成した候補者名簿について賛否を問う方式で選挙を行い、MPRによる一党体制を強化した。

独裁体制を確立したモブツは、1971年に国名を「ザイール共和国（République du Zaïre）」に変え、政治、経済、社会、文化のあらゆる側面にわたって「真にザイール的なもの」を回復する「ザイール化政策」に着手した。これは、先祖たちが持っていたアフリカの人生観と価値観を再認識しようとする「真正（authenticité：オータンティシテ）」イデオロギーに基づいて、総合的な脱植民地化をはかるものであった。例えば、首都レオポルドヴィルをキンシャサに、スタンレーヴィルをキサンガニに変えるなど、都市や街路などの公共の場所につけられていた植民地時代の名称を現地名に変更し、1972年には人名をザイール風に変更することを義務づけた。モブツの名前もJoseph-Désiré Mobutuからザイール風のMobutu Sese Sekoに変わった。

経済のザイール化政策も1973年から徹底された。すでに1967年には国内最大の銅採掘企業であるUnion Minièreの国有化が行われていたように、鉱工業部門や運輸部門の国有化は始まっており、大規模企業の管理者・経営者を外国人からザイール人に変える政策が推進されていた。そして、1973年から翌年にかけては民間の小企業をザイール人に売却させ、農業に関しては土地を国有化してコーヒーその他のプランテーションや、林業・牧畜業を国有化した[136]。

こうした経済的なザイール化政策は、独立以降も実質的な経済支配を続けてきたベルギーから独立する意図を持つと同時に、企業のポストや利権をモブツの支持者に分配し、パトロン・クライアント関係を形成することで政治基盤を固めようとしたものでもあった。特に、Union Minièreの国有化は、強い経済力を持つカタンガを抑え込む意味を持っていたが、同時にベルギーによる独占状況を崩し、コンゴ経済に参入しようとする米企業の利益と合致したことから、アメリカの積極的支持を得る効果もあった。

こうした一連の改革によって、モブツは典型的なポストコロニアル家産制国家（PCPS）を築き上げたのである。そして、この統治機構の中で、ルワンダ系住民をめぐる問題は中央政府においても政治化されていくことになる。

ルワンダ系住民の厚遇

動乱を経てモブツの独裁へと動いていく中で、ルワンダ系住民を含む少数者に市民権を認めるか否かという問題も、中央政府の政策によって左右された。南北キヴ地域に視点を戻してルワンダ系住民の市民権をめぐる問題を見ていこう。

1960年3月に選挙法が定められたとき、10年以上前からコンゴに在住している住民には選挙権が与えられた。つまり、独立期に流入したツチ難民には選挙権は与えられないが、植民地期までに移住してきたルワンダ系住民には選挙権が与えられた。しかし、その4年後の1964年の憲法では、「1908年（ベルギー領コンゴ成立年）以前にコンゴに居住していたものの子孫」のみに選挙権が与えられることとなり、植民地期に移住してきた移住労働者は選挙権を剥奪された[137]。1964年という時期は、南キヴではシンバの東部反乱にバニャムレンゲが巻き込まれ、北キヴのマシシではフンデとルワンダ系住民の間でカニャルワンダ紛争が起きていたときである。1965年にはモブツのクーデタによってこの憲法は無効にされるが、ルワンダ系住民の法的地位の不安定さが露呈することになった。

1959年以降に流入したツチ難民のバニャルワンダが、政治機構に入り込むことでコンゴにおける自集団の安全を確保する戦略に出たのは、こうした文脈においてであった。ツチ難民の中には、ルワンダで政治的エリート層であった人が多い。また、権力の独占をはかるモブツにとって、移住者であるがゆえに強固な政治基盤を持たないバニャルワンダは、政治権力闘争において自分を脅かす存在になり得ないという点で利用しやすい存在であった。バニャルワンダも政治を利用し、モブツもバニャルワンダを利用したのである。顕著な例が、ツチ難民を自称するビセンギマナ（Barthélemy Bisengimana）である。1970年代にモブツの大統領府長官を務めたビセンギマナの政治力によって、モブツ政権はルワンダ系住民を利する政策をとった[138]。

モブツ政権による諸改革の一環として1972年1月に市民権法が改定され、「1908年までにザイール共和国の領土で確立された部族に属する祖先がいる／いたすべての人」および「ルアンダ・ウルンディ出身で1960年以前からキヴ州に住む人」「1960年時点でザイール国籍を有し、現在までザイールに住み続けている人」に市民権が与えられた。この市民権法では、19世紀から居住するバニャムレンゲの子孫も、1959年の社会革命で移住してきたツチ難民も市民権を認められたのである[139]。

モブツが経済のザイール化政策を推進してパトロン・クライアント関係を形成した際にも、利権分配の恩恵に預かったのがバニャルワンダであった。1973年に一般財産法が制定されると、現地民の所有地も、白人入植者の所有地もともに国有化され、「ザイール市民の入植地」へと移行された。この政策は、地域のエスニック集団のチーフダムとの関係では土地の所有を保証されなかったルワンダ系住民に、政府を介して土地の所有権を手に入れる機会を与えることになった。北キヴにおいては、白人が建設した最も大きなプランテーションがルワンダ系住民の手に渡り、牧場へと変更された[140]。

こうした「上からの」権利付与がいかにフンデの危機感を煽ったかは想像に難くない。ルワンダ系住民とフンデの間の緊張関係はいっそう強まった。前述のブチャリンウェが調査したマシシの土地をめぐる裁判の数も、それまでは多くても年間6件だったところから1973年には14件に増加した[141]。

こうしたモブツによる利権政治は、コンゴの豊かな資源を一部の支配層が独占することによって国家経済の発展を妨げ、一次産品の輸出に依存することで国際価格の変動の影響を受けやすい脆弱な経済を形成し、破綻しやすい国家を建設したこと、またクライアントへの利権分配を中心とする汚職によって健全な官僚機構が形成されなかったことから、しばしば批判の対象となる。しかし、土地と市民権の問題に注目するプツェルは、1965年から1974年までの国家建設期のモブツ政権は、地域やエスニシティに分断されたコンゴにおいて伝統的首長の影響力を周辺化し、地域とエスニシティを越えた水平的ネットワークを形成しようとした試みとして再評価している。また、モブツ政権が教育の普及に力を注ぎ、1968～69年までに初等教育（6～14歳）の就学率を92％、大学進学者数を8,401人に増加させたことにも注目している[142]。コンゴは独立時に大学の学位取得者がわずか十数人しかいなかった。高等教育の遅れが政治統合にとっての問題であったとしばしば指摘される。そうした中で、モブツ政権の教育の普及と利権政治は、コンゴ人エリート層をつくり出し、地域主義・民族主義を越えたコンゴの水平的統合を実現する手段になる可能性があったというのである。

しかし、モブツの試みは功を奏さなかった。理由として2点が挙げられる。第1に、他のエスニック集団の伝統的な権利が抑圧される中でルワンダ系住民が厚遇されるという不平等が、隣接集団の不満をルワンダ系住民に集中させる効果をもった。第2に、次に詳述するようにモブツの経済政策自体がうまくいかなかった。歳入の減少によってパトロン・クライアント関係を維持できなくなったモブツが、結局は地域主義・民族主義に転換したことで、それまで抑えられていた隣接集団の不満が噴出する機会をもたらすことになる。

経済危機と民主化プロセスの進展

モブツが行った経済政策は経済成長に結びつかなかった。資源政策による債務危機の諸原因を中心に、数々の問題点が指摘されているが、大きく4つの問題にまとめられる。第1に、1970年代の銅の国際価格の低迷がコンゴの資源依存型経済に打撃を与えたこと[143]、第2に、ザイール化後の企業の経営効率の悪化や設備投資の不足によって資源の産出量が年々減少したこと[144]、第3に、農業生産と地方開発を軽視したこと[145]、第4に、国際機関や外国政府からの援助資金が政府高官の威信増加や地方支配強化のプロジェクトに浪費されたことである[146]。

1970年代後半までにコンゴは経済危機、債務危機に陥った。1980年代のGDPは1962年の3分の1に減少し、1983年の累積債務は54億ドルに達した。そのため、コンゴ政府は1975年から6度にわたってIMFの融資を受けることになり、その度に構造調整政策を受け入れて経済の自由化、緊縮政策、債務返済のプログラムを実施した。それでも目立った景気回復は見られず、経済破綻への道を進んでいった。

モブツ政権の弱体化を象徴する事件が、1977年3月と1978年5月に発生したシャバ危機である。コンゴ動乱での反乱軍である旧カタンガ憲兵隊の流れをくむゲリラ組織「コンゴ解放民族戦線（FLNC）が潜伏先のアンゴラからカタンガ（当時はシャバ州）へ侵攻すると、コンゴ政府軍はこれを撃退することが出来ず、アメリカ、フランス、ベルギーなどの軍事介入によってかろうじて守られる事態に陥った[147]。

外国からの支援によってシャバ危機を乗り切ったモブツ政権であったが、国内での不満は依然として高く、1980年代には民主化運動に譲歩せざるを得ない状況に追い込まれた。すでに1970年代後半から、議会はMPRの一党体制であるにもかかわらずモブツ政権への批判を始めていた。1982年にはチセケディ（Etienne Tshisekedi）を指導者とする「社会進歩民主連合（UDPS）」が誕生し、改革要求を強めていった。さらに、1980年代後半から東欧やアフリカ諸国で民主化の波が起きると、従来は反共産主義のために黙認されてきた独裁に対する欧米諸国からの批判が高まり、援助供与の際に人権や政治的民主化が条件として課されるようになった。こうした内外からの圧力がついにモブツ政権を動かし、1990年4月には複数政党制の導入が宣言され、翌年8月には国民主権会議（Conférence Nationale Souveraine: CNS）が開催されることになった[148]。

民主化への可能性が開かれたことを受けて、コンゴ国内各地では政党の結成が相次いだ。ルムンバの流れをくむ「ルムンバ主義コンゴ国民運動（MNC-L）」「統一ルムンバ主義党（Parti Lumumbiste Unifié: PALU）」や、コンゴ動乱時のカタンガ州知事チョンベの甥を党首とする「連邦・民主主義者独立連合（UFERI）など、200を超える政党が誕生した。

その後、政党間の混乱によってCNSはたびたび中断され、ようやく暫定憲法と憲法草案の作成、選挙の実施日程を決定したのは1992年12月であった。この決定を受けてCNSは解散、一時はモブツの妨害工作として二重政府に陥った時期があったものの、1994年に共和国高等評議会・暫定議会（Haut Conseil de la République-Parlement de transition: HCR-PT）が発足し、ケンゴ（Kengo wa Dondo）首相のもとで民主政治がスタートした[149]。

こうして議会がモブツ後に向けての動きを進める一方で、冷戦の終結もモブツ時代の終焉を後押ししていた。冷戦時代に西側諸国がモブツ政権を支持したのは隣国アンゴラの解放人民運動（MPLA）政権による共産主義の影響力がコンゴへ波及することを防ぐためであった。しかし、冷戦が終結してアメリカのクリントン政権がMPLAを承認し、共産主義に対する防波堤としてのモブツの役割が終了すると、欧米諸国のコンゴへの関心は急激に失われていった。

同時に、コンゴの経済は破綻への道を進み続けていた。1980年代末から年間インフレ率は100％に近づき、鉱山事業をはじめとする国の主要な生産活動が低迷を続けた。1993年にはインフレ率が8,823％になり、通貨を300分の1に切り下げたが効果は得られなかった。1991年と1993年には給与への不満を契機として政府軍兵士の暴動が発生し、フランスとベルギーの軍事介入で鎮圧する事態が発生した。経済破綻への国民の不満は高まり、モブツ政権はもはや政府軍さえも統制できない状態に陥っていたのである[150]。

ルワンダ系住民の冷遇

モブツ政権の弱体化は、ルワンダ系住民に二重の影響をおよぼした。第1に、モブツによる厚遇が受けられなくなったこと、第2に、1980年代に始まる民主化運動の中でルワンダ系住民が「外国人」として排除されていったことである。1970年代後半以降の、南北キヴでのルワンダ系住民の状況を見ていこう。

利権分配によるパトロン・クライアント関係によって政治権力を維持してきたモブツにとって、経済危機、債務危機と構造調整策の受け入れは権力の危機を意味した。政策の転換を迫られたモブツは、地域やエスニシティを越えた水平的統合による中央集権を断念し、これまでとは逆に地方の伝統的権威に政治的・軍事的特権を与えることで垂直的ネットワークを形成する方針をとった。その政策の一環として、1977年にバニャルワンダのビセンギマナが大統領府長官の座を去ると、1981年には1972年の市民権法が撤回されて、1960年の市民権に戻すことが決められた。撤回後の定義では、1908年までにザイール共和国の領土で確立された部族に属する祖先がいる／いた人だけに市民権が限定された[151]。

ただし、この撤回をもってモブツがルワンダ系住民を差別したとはいえない。市民権が否定された後にも1990年代に入るまで、暴力的な衝突が起きていないのは、モブツとルワンダ系住民とのつながりがまだ存在したためであった。

こうした中央政治の影響が、南キヴにはどのように波及したかを地域の視点から考察しよう。東部反乱で政府軍に協力して以降、軍に入隊する若者がいたこともあり、1970年代には南キヴのバニャムレンゲの政治的発言力は増加していた。そして、1977年の国民議会選挙においては、ウヴィラ県の代表としてバニャムレンゲのギサロ（Frederic Muhoza Gisaro）が選ばれた。国会議員となったギサロは、議会を通じて南キヴのバニャムレンゲの地位を向上すべく、2つのことを行った。第1に、バニャムレンゲのチーフダムを設定すべく働きかけを行った。東部反乱を経て隣接集団と対立したバニャムレンゲにとって、他集団への経済的依存を軽減するには独自のチーフダムを持つことが必要であった。第2に、バニャムレンゲの若者が教育の機会を得られるよう、半遊牧の生活を定住に変えるように説得した。この時期には、南キヴで活動する国際NGOと協力してのキャンペーンも行われた[152]。

しかし、バニャムレンゲが政治的影響力を拡大することで隣接集団との軋轢は増した。フレロ、ベンベ、ヴィラといった隣接集団との間で議論が起こり、結局ビジョンボ（Bijombo）というサブチーフダムをつくることは認められたものの、そのチーフにはバニャムレンゲではなくヴィラのムワミがつくことになった。1980年にギサロが死去すると、バニャムレンゲの地位は再び低下することになる。隣接集団はバニャムレンゲがギサロの後継者を選出することに反対し、バニャムレンゲをコンゴの国民と認められるかに疑問を呈したのである[153]。

1981年に1972年の市民権法が撤回されたのは、こうした状況のときであった。本来、「1908年までにザイール共和国の領土で確立された部族に属する祖先がいる／いた人」に限定された新しい市民権の定義においても、バニャムレンゲは市民権が認められるはずである。政府は市民権の認定を教会を通して行い、1908年以前から祖先が居住していることを認められれば、市民権が保証されるはずであった。バニャムレンゲも90％以上がプロテスタントであり、教会を通じて出自の保証を求めた。しかし、地元の隣接集団は、バニャムレンゲはコンゴ人とは認められないと訴えた。フレロは、植民地期にバニャムレンゲが移住してきてフレロのムワミから牧草地を与えられ、その後1924年にイトンブウェに移住したと主張した。そして、バニャムレンゲの土地は本来フレロの所有地であること、当時は「バニャムレンゲ」という共同体がなかったこと、彼らがイトンブウェに移住したのは1908年より後であり、したがって市民権は認められないと主張した[154]。前述のように、地元の口頭伝承では、バニャムレンゲは植民地以前からイトンブェに居住していると伝わっている。フレロの主張は、明らかにバニャムレンゲの排除をねらったものであった。

1985年には県議会選挙が行われたが、市民権問題に決着がついていないバニャムレンゲに対して隣接集団は、投票は認めるが立候補は認めない、という妥協案を提示した。これに対してバニャムレンゲは、投票箱を破壊するという行為で抗議を行い、南北キヴの両方で、県議会選挙は実施されなかった[155]。

ここにおいて、3つの大きな変化が指摘できる。第1に、これまで「原住民」「非原住民」という対立軸のなかった南キヴにその対立軸が生じたこと、第2に、市民権をめぐる議論が地域と中央政治の両方で展開されたことである。

地域で解決できない問題を中央政治へ持ち込んだのは、当初はバニャルワンダであったが、1980年代にはじまる民主化の中で市民権問題が取り沙汰されるようになると、ルワンダ系住民の市民権は地域レベルでも中央レベルでも保護されなくなっていった。

そして第3に、市民権をめぐる問題によって、南北キヴのルワンダ系住民の間に、地域やツチ・フツの違いを越えた連帯の可能性が生まれたことである。本来、ルワンダ系住民は移住の経緯も生活形態も異なる人々であったが、政治的排除に直面して連帯する可能性が生まれた。ただし、ルワンダ系住民としての連帯が生じた期間は短く、ほどなくして地域を越えたツチ・フツそれぞれの連帯へと変化していった。

2.3.5　土地をめぐる紛争の始まり

1990年代に入って、ルワンダ系住民と隣接のエスニック集団との対立は武力衝突に発展した。それは、植民地期から続く土地をめぐる対立の結果でもあり、モブツ政権期に政治化された市民権問題や、1980年代に始まる民主化プロセスがもたらした結果でもあった。これまで北キヴと南キヴではルワンダ系住民はそれぞれ独自の生活を営んできたが、1980年代には地域を越えた連帯と対立が発生し、重層的な紛争構造が形成されていく。

南北キヴ：地域を越えた連帯と対立

1981年の市民権法の改定を機に生じたルワンダ系住民の連帯を象徴するのが、ウモジャ（Umoja）とよばれる組織の結成であった。ウモジャは、キヴ州議会の議長によってツチとフツの2人の若者が任命され、ゴマ（Goma）、ルツル、マシシの市民権を認められないルワンダ系住民をツチ・フツの区別なく組織化したものであった。

しかしウモジャは、1988年にはツチとフツの組織に分かれた。ルワンダでのツチ・フツ対立が先鋭化し、コンゴ東部にもその影響がおよび始めたためであった。ルツルとマシシのフツはヴィロンガ農業協同組合（MAGRIVI）を組織した。この組織は同じフツであるルワンダのハビャリマナ政権から財政支援を、コンゴのモブツからは政治支援を受けた。モブツは、MAGRIVIを通じて「原住」のフツを特定することにより、市民権を保証しようとしたのである。一方、ツチはルツル地域開発協議会（SIDER）を組織した。SIDERは後にコンゴ全土のツチを組織した人民民主連合（ADP）に吸収される[156]。

これまでは南北キヴでそれぞれ独自の生活を営んでいたルワンダ系住民が、地域を越えてツチ・フツのラインに沿った連帯を始めたのである。ただし、1980年代までは組織内にも多様な方向性があり、ツチとフツの二極対立という構図にはなっていなかった。

ツチ・フツの境界線がさらに明確化されていくのは、1990年代に入ってからである。1990年にウガンダからツチ武装勢力のルワンダ愛国戦線（RPF）がルワンダへ侵攻し、フツのハビャリマナ政権とツチのRPFの間で内戦が始まると、コンゴ東部のツチ難民の中からも、国境を越えてRPFへ参加する若者が出るようになった。このことが、コンゴ東部でのルワンダ系住民に対する隣接集団の不信感を生み、やはり彼らのアイデンティティはルワンダ本国にあるのではないかという疑惑を強めた。その一方でフツのルワンダ系住民はこうしたツチ難民と自分たちの違いを主張するようになり、ツチとフツの差異が強調されるようになった。

選挙の実施とマシシ紛争

南北キヴに広がるエスニック対立が武力衝突へといたる引き金を引いたのは、1993年の地方選挙とマシシでの土地問題の2つであった。前述のように、内外からの圧力によって民主化を余儀なくされたモブツは、複数政党制への移行を宣言して国民主権会議（CNS）を開催し、1993年には地方選挙を実施して州知事を地元から選出した。この状況に際して、国民議会と州議会という2つのレベルに自集団の代表を送るべく、北キヴでも政党の結成が進んだ。そして、こうした政治運動にも、エスニック対立が持ち込まれた。フツのMAGRIVIはマシシとルツルのフツに結束をよびかけた。当時のマシシにおいてはフツが人口の75%を占めており、選挙で勝利する可能性があった。

一方、フンデ、テンボ、ツチ、ニャンガ（Nyanga）、ナンデ（Nande）といった隣接集団は危機感を抱き、反フツの同盟を結成した。特にツチやフンデは、選挙に乗り気ではなかった。ツチのバニャルワンダはモブツ政権の前期に土地の分配で利益を得ており、フンデは伝統的なチーフとして権力を保持してきたが、選挙で敗北すればその権力を失う可能性がある。さらに強くフツと対抗したのがキヴ地域の多数派であるナンデであった。彼らは「フツの国籍には疑問がある」と掲げて選挙に臨んだ。

結果として、1993年の地方選挙ではナンデのンボホ（Kalumbo Mboho）が州知事に選出され、州都であるゴマの市長も、マシシやルツルの県の行政官もナンデとなった。ルワンダ系住民は地方自治体の有力ポストから外され、北キヴの行政はナンデ、フンデなどが独占した[157]。ンボホはルワンダ系住民の市民権を公式に否定するとともに、「ルワンダ系を殲滅せよ」と政府軍によびかけ、同年７月に更迭されることになったが、ここにも対立の先鋭化がうかがえる[158]。

政治における対立が先鋭化していく中で、1993年にマシシで武力衝突が発生した。始まりは、フツ内の富裕層と貧困層の対立の問題であった。マシシにおいて、裕福なフツ（とツチ）の不在地主が、貧しいフツ（とフンデ）の土地を接収する動きがあり、土地を奪われた1,000人の貧しいフツ農民は、隣接するニャンガの居住地域であるワリカレ（Walikali）に流入し、自分たちの独自の指導者を選出する権利を主張した。しかし、ニャンガはそうした慣習的な権利は「原住民」に限られるのだと退けた。そのため、1,000人のフツ農民は再びマシシに戻り、同様の権利の主張を行った。フツ農民の行動は裕福なフツ（とツチ）の不在地主によって土地を奪われたことを機に始まったものである。ところが、政治的権利を掲げるこの主張を裕福なフツが利用し始めた。今度はフンデに対するルワンダ系住民の権利主張に問題がすりかえられ、フンデとフツの間の大規模な衝突に発展したのである。結局、モブツ政権が政府軍と民兵を派遣して仲裁に入ったことで収束したが、この衝突で1,000～2,000人が殺害され、20万人が居住地を追われた[159]。

隣国ルワンダで1990年にツチの武装勢力RPFの侵攻による内戦が始まっ

ていたことも、ツチが多いコンゴ国内のルワンダ系住民に対する不信感を助長していた。1993年にブルンジでフツ系のンダダイエ（Melchior Ndadaye）大統領が暗殺されてツチ・フツ対立が激化し、ブルンジ難民が南キヴに流入したことへの警戒感も相まって、ルワンダ系住民をコンゴの政治から排除しようという傾向が強まっていった。

1994年にルワンダから大量のフツ難民が流入してくるのは、コンゴ東部がこうした不安定な状況に陥っている最中であった。すでに紛争の火種がくすぶっているところに、大きな起爆剤が持ち込まれることで、コンゴは全土を巻き込む紛争へと突入していく。

2.3.6　紛争の連鎖：ルワンダからコンゴへ

植民地期から形成されてきたルワンダ系住民と隣接集団との土地をめぐる軋轢、モブツ政権下で翻弄される市民権問題という紛争の火種を抱えたコンゴに、最後の起爆剤を置く役割を果たしたのは、1994年のルワンダ難民の流入であった。難民流入を機に軍事化されたコンゴ東部に対して、民主化の混乱期にあった政府は有効な対策をとれず、エスニック集団がそれぞれに自衛措置を講じる状況をつくり出していった。

ルワンダ難民の流入

1990年からRPFの侵攻によって内戦に陥っていたルワンダでは、1994年4月のハビャリマナ大統領の撃墜死をきっかけとして、フツ過激派がツチ住民とフツ穏健派80万人を虐殺する事件が起きた。その後、RPFが戦闘に勝利して政権を掌握すると、報復をおそれたフツ過激派と住民約200万人が周辺国に逃れた。コンゴ東部のキヴ湖周辺にもゴマからブカヴにかけての地域に122万人という大量の難民が流入し、UNHCRをはじめとする国際機関が対応に追われる混乱状態に陥った[160]。当時の国連難民高等弁務官であった緒方貞子によれば、ルワンダの国境から北キヴのゴマまで、「25kmにわたってびっしりと並んだ人間の川」ができ、次々と設営される難民キャンプはすぐに満員となり、衛生管理や水・食糧の供給などが問題となった[161]。

こうした難民保護の問題に加えて、ルワンダ難民の流入がコンゴ東部にもたらした問題として大きく2点が挙げられる。

ひとつは、ツチ・フツ対立の波及である。1980年代後半からコンゴ東部では、ルワンダ情勢の影響を受けてツチ・フツ間の反目が始まっていた。ただしそれは、土地をめぐる問題や選挙においてツチがフンデに協力するような、隣接集団との対立を軸とするものへの間接的な関与であり、ツチとフツが相手集団を直接的に攻撃するような対立ではなかった。しかし、1994年に流入したルワンダ難民の大部分はツチに対する憎悪を抱くフツである。彼らはコンゴ東部でくらしているルワンダ系住民のツチも憎むべきツチであると敵視し、ツチ・フツ対立をコンゴ東部に持ち込んだ[162]。

もうひとつは、コンゴ東部の軍事化である。難民の中にはルワンダで虐殺を主導したフツ過激派民兵のインテラハムウェ（Interahamwe）や旧ルワンダ政府軍兵士（ex-FAR）が推定で2万人前後混在していた[163]。そのため難民キャンプがフツ武装勢力の拠点になるという問題が発生した。そして、軍事化の問題はさらにいくつかの問題に分かれる。

第1に、フツ難民に対する武装勢力の支配と組織化である。難民キャンプに紛れ込んだ兵士は、難民向け物資の内部調整や治安管理においてさながら行政機構のような組織をつくり、難民を管理した。彼らは難民から寄付金を徴収し、いつかルワンダ本国の政権を奪回するための軍事資金として準備した。1994年の8～9月には、UNHCRの支援で約20万人の難民がルワンダに帰還したものの、帰還を希望した難民が武装勢力に殺害されるなど、暴力と威嚇で武装勢力に難民が支配される状況となり、次第に帰還者は減少した[164]。

第2に、地元住民との衝突である。難民キャンプを拠点とする武装勢力は、キャンプ外でも地元住民の土地や家畜を奪うなどの暴力行為を行った。現地の状況を調査していたNGO Human Rights Watchによれば、1994年9～11月の2か月だけでも地元住民250人が犠牲となり、32,500人が居住地を追われた[165]。そのため、フンデ、テンボ、ナンデなどキヴ地域のほぼすべてのエスニック集団が独自の民兵を組織して自衛を始めた。

第3に、フツ武装勢力による地元のフツ青年の動員である。動員する手段として利用されたのが、1988 年にルツルとマシシのフツが結成したMAGRIVI であった。MAGRIVI を通じて武装勢力は、ルワンダのツチ政権はいずれ、キヴをも占領しようとするだろうという考えを広め、住民の不安感を煽った[166]。

第 4 に、こうした軍事化の中で苦境に立たされたのがコンゴ東部でくらしているルワンダ系住民のツチであった。フツ武装勢力がコンゴ東部において最大の標的としたのは、地元のツチであった。その一方で、コンゴ東部の混乱によってルワンダへの反発を強めた地元のエスニック集団は、もはやツチもフツもひとまとめにしてルワンダ系住民が得た土地、不動産の権利を無効とし、彼らを公職から追放することを 1995 年 4 月に議会で決議した[167]。これによって、すべてのルワンダ系住民はコンゴ人としての市民権を剥奪されることになった。ツチ住民は、フツ武装勢力から標的にされる一方で、地元のコンゴ社会からも排斥の対象とされたのである。

本来、こうした問題を解決するのは難民受入国であるコンゴ政府の責任である。1995 年 1 月にコンゴ政府は UNHCR と協定を結び、コンゴ政府が 1,500 人の軍事・警察要員を派遣し状況の改善に尽力することに合意した[168]。しかし、民主化への移行期にあって混乱していたコンゴ政府は、十分な治安維持措置をとることができなかった。

ルワンダ難民問題に対するコンゴ政府の対応

ルワンダ難民が流入してきた 1994 年のコンゴは、民主化プロセスが軌道に乗り始めた時期であった。民主化はモブツ大統領にとっては自身の独裁政権の終焉を意味する。冷戦の終結によって欧米諸国からの援助も受けにくくなっていたモブツは、ルワンダ難民を受け入れることで国内と地域の力関係の駆け引きの道具に利用しようと考えていた。そのため、モブツは難民の受け入れと帰還・定住に協力することを表明した。

反対に、ケンゴ首相が率いる共和国高等評議会・暫定議会（HCR-PT）は、難民キャンプの軍事化がコンゴ東部での治安悪化を引き起こしていることを懸念し、UNHCR に対して難民の早期帰還を求めた。ケンゴ首相は、ルワンダ政府が国内の安全を確保しないことが難民帰還の障害になっている、ルワンダ政府は難民を帰還させずにコンゴ領土を攻撃しようと準備しているなどと非難した[169]。

混乱するコンゴ政府の対応は、ルワンダ難民とコンゴ国内のルワンダ系住民、地元のエスニック集団、そして隣国ルワンダ政府との間にも対立を生んだ。政府が有効な措置をとれずにいる中で、地元のエスニック集団やフツ、ツチはそれぞれに自衛を唱えて民兵組織を結成し、後の紛争主体を形成していくことになる。このときに結成された民兵組織は、後の紛争資源問題にもつながっていくため、順番に見ていきたい。

地元住民による民兵組織の結成

ルワンダ難民の流入に対する政府の対応が混乱する中で、地元住民は大きく２つの影響を受けた。ひとつは、地域の混乱による生活の悪化である。短期間に 100 万人の難民が押し寄せたことで、ゴマからブカヴ、ウヴィラまでの地域に、無数の難民キャンプが設営され、町にも周辺の村にも人があふれていた。難民の流入は感染症、物価上昇、生産低下、治安の悪化といった問題も同時にもたらした。生活に困窮した人々は軍事組織に動員されやすくなることを考慮すると、生活環境の悪化は、紛争主体の形成にとって重要な要素である。

もうひとつは、前述の ex-FAR やインテラハムウェなどのフツ武装勢力による襲撃である。難民キャンプを拠点として活動するフツ武装勢力は、キャンプ外でも地元住民の土地や家畜を奪うなどの暴力行為を行った。これに対抗するため、地元住民は独自の民兵組織を形成して自衛した。

主な民兵組織は４つ形成された。フンデとテンボを主要構成員とし、北キヴのワリカレとマシシを拠点とする Mai Mai、ナンデを主要構成員として北部のルベロ（Lubero）とベニ（Beni）を拠点とする Bangilima、同じくナンデを主要構成員としてウガンダとコンゴの国境地域を拠点とする Kasingien、そして、ニャンガを主要構成員とし、南のカレ（Kale）から北のワリカレまで広がる Katuko である[170]。

なお、コンゴ東部の民兵の歴史は1960年代にさかのぼる。1964年の東部反乱でゲリラを指導したムレレはカリスマ的なゲリラ指導者であり、予言的、超自然的能力を持つとみなされていた。反乱軍は戦闘で「ムレレ・マイ！ムレレ・マイ！」(「ムレレの水」の意) と叫ぶことで、不死身の力を身につけると信じた。1994年以降にもこのシンボルが復活し、民兵組織はしばしばMai Maiと総称されるようになった[171]。

こうした民兵組織は、ツチもフツもまとめて「ルワンダ人」を敵とみなした。1981年の市民権法の改定は、植民地以前から居住しているルワンダ系住民には市民権を認めることを前提として「誰がコンゴ人か」を議論したが、1994年に始まる混乱の中で、もはやすべてのルワンダ系住民が「外国人」と見なされ、排斥の対象となった。

この時期にコンゴ東部で発生した暴力行為についてはHuman Rights WatchなどのNGOやUNHCRが詳しい報告をしているが、そこからは、地元住民がフツ武装勢力の暴力の被害者になると同時に、Mai MaiやBangilimaがバニャムレンゲに対する暴力の加害者となっていることがうかがえる[172]。

フツ民兵組織の結成

一方、北キヴのルツルやマシシでは、フツ武装勢力がMAGRIVIを通じて地元のフツの若者を動員した。すでに1993年のマシシでの土地紛争から地元で排斥の対象となっていた若者にとって、MAGRIVIは避難所を提供していた。フツ武装勢力は地元から動員した若者や難民キャンプ内で徴募したフツ難民の若者に、難民キャンプ周辺で軍事訓練を行い、ルワンダ本国への反抗を行った。また、周辺のエスニック集団が民兵組織を形成している状況を受けて、地元のフツ住民も独自の民兵組織「兵士団」(Les Combattants) を結成し、インテラハムウェと連携した[173]。

フツ住民が紛争主体となっていく過程で注目すべきは、1990年代初頭からの連続性である。民主化プロセスの中で政治的に排除され、隣接集団との軋轢をかかえていたフツ住民は、土地や市民権の問題を政治的手段によって解決する道をふさがれ、不満を抱えていた。しかし、1993年のマシシの土地紛争で彼らが犠牲者となったことからもうかがえるように、フツ住民だけではこうした状況に対抗できなかった。武力闘争で権利を勝ち取るには、それなりの武力が必要である。隣接集団のみならず、コンゴ政府までもが彼らを冷遇している間、フツ住民が武力闘争に勝利する見込みはなかった。しかし、フツ武装勢力の流入によって立場は転換した。フツ武装勢力によって武器と訓練を提供され、フツ難民を政治的に利用しようとするモブツの政策によってコンゴ政府軍の支援さえ得た。これまでに募ってきたフツ住民の不満が、フツ武装勢力にもモブツ政権にも利用されやすい状況をつくっていたのである。

ツチ民兵組織の結成とルワンダとのつながり

他方で、ルワンダ難民の流入によって最も苦境に立たされたのはツチ住民であった。彼らは地元の隣接集団との対立に加えてフツ武装勢力から「殲滅」の対象とされ、さらにはコンゴ政府がフツ難民を支援したことで、あらゆる方向からの攻撃にさらされる存在となった。Human Rights Watch の報告によれば、1996年の初頭にはインテラハムウェ、Mai Mai、Bangilima の襲撃によって数千人のツチが殺害された。コンゴ政府軍も虐殺行為に加担し、ツチの村を襲撃して家屋に火をつけたり、縛り上げた住民をトラックごと川に沈めるなど、ルワンダ・ジェノサイドを彷彿とさせる虐殺行為がコンゴ東部で繰り広げられた[174]。

苦境に立たされたツチ住民の行動は２つに分かれた。コンゴから逃れる人々と、コンゴに残る人々である。

1996年初頭には、18,000人以上が北キヴからルワンダとウガンダに逃れた[175]。しかし、こうしたツチ難民の扱いは諸国にとって難しい問題であった。ルワンダ政府は当初、彼らはコンゴ国民なのであるから、自国民として保護するようにコンゴ政府に求めた。しかしコンゴ政府はルワンダ系住民の市民権を否定している。結局、ルワンダ政府が彼らをコンゴ国民と認定した上で国際的な保護を要請し、国境のルワンダ側に設置された難民キャンプで

UNHCRが援助する形式がとられた[176]。コンゴのルワンダ系住民の、ルワンダからもコンゴからも国民として認められない立場の難しさが表れていた。

一方、南キヴのウヴィラやイトンブェに居住するツチ住民は、19世紀からコンゴでくらしてきた人々の子孫である。コンゴ政府から市民権を否定されても、彼らにとって故郷はコンゴしかない。こうした苦境に立たされても、多くのツチ住民はコンゴに住み続けた。

そしてツチも民兵組織を結成した。ツチの組織としては1988年に結成されたSIDERが存在したが、そこに他の民兵組織が加わり、1996年11月にADPに統合された[177]。さらに、ツチの中には、いったんルワンダへ逃れて新ルワンダ政府軍（RPA）の軍事訓練を受け、コンゴ東部に戻ってきて武力闘争を行う若者も出てきた。

こうして、地元集団、フツ、ツチ、それぞれが民兵組織を結成し、1996年9月の紛争勃発につながっていくことになる。この対立が、2度のコンゴ紛争のみならず、2003年以降のコンゴ東部紛争にまで続いていく紛争構造の基礎となる。

2.3.7　コンゴ紛争の発生

コンゴ東部においては、1993年からエスニック集団間の衝突が始まり、1994年のルワンダ難民の流入後には地元集団、フツ、ツチがそれぞれに民兵組織を結成し、フツ武装勢力とコンゴ政府を巻き込んでの暴力行為や武力衝突が頻発していた。犠牲者の数も1,000人を優に超えている。それが、「コンゴ紛争」に発展するのは、1996年9月である。それまでの武力衝突は、コンゴ東部を舞台とし、住民を攻撃対象とする民兵組織、武装勢力間の暴力の応酬であった。しかし1996年9月には、紛争が地域を越えてコンゴ政府に向かい、さらには国を越えて周辺諸国を巻き込む「アフリカ大戦」へと拡大していった。

難民をめぐる諸国の駆け引き

コンゴ東部で住民間の暴力の応酬が行われているとき、国レベルでは、

UNHCR、国連開発計画（UNDP）、国連ルワンダ支援団（UNAMIR）などの国連機関や、コンゴ、ルワンダ、ウガンダなどの当事国政府、アメリカ、フランスなどの援助国政府の間で、難民の保護と帰還をめぐる交渉が行われていた。本来、難民キャンプや地域の治安維持は受入国であるコンゴ政府の責任である。しかし、民主化への移行期にあって混乱していたコンゴ政府には、治安を維持する能力はなかった。一方、難民の帰還にはルワンダ政府による国内の治安回復が不可欠だが、ルワンダのRPF政権はジェノサイドの犠牲者となったツチの政権であり、帰還したフツ難民への迫害を行った[178]。

難民の帰還が進まない中でコンゴ東部の治安状態が悪化していくと、ルワンダ政府とコンゴ政府の関係も悪化していった。ルワンダ政府は、コンゴ政府がフツ武装勢力と組んでRPF政権の転覆をもくろみ、兵士を訓練して武器を供与していると非難した[179]。この時期、ルワンダ政府に対しては国連の武器禁輸措置がとられる一方、コンゴには武器が流入しており、政府高官や政府軍とつながりのある企業を通してフツ武装勢力の手に渡っていると指摘されていた。フツ武装勢力がコンゴ東部に軍事訓練キャンプを設営することをコンゴ政府が黙認しているとも指摘されていた[180]。また、混乱するコンゴ東部がウガンダやアンゴラの反政府武装勢力の活動拠点にもなっていると指摘され、周辺国政府にとって自国の安全保障上の問題にもなっていた[181]。

当時、ルワンダは国連安保理の非常任理事国であったため、その立場を戦略的に利用して国際社会の支持を集めようとした。コンゴ政府の行動を非難する政策は功を奏し、1995年8月にはルワンダに対する武器禁輸措置を制限条件付で解除されることが決まった。このことが、コンゴ政府の強い反発を招く。

モブツ大統領が難民を受け入れて政治的駆け引きに利用しようともくろむ一方で、ケンゴ首相率いる議会はコンゴ東部の治安悪化を懸念し、ルワンダの武器禁輸措置が解除されたことを機に難民の強制的帰還を決定した。決定から数日のうちに難民約12,000人がコンゴ政府軍によってルワンダに強制送還された。こうした混乱の中で、暴力の応酬がついに紛争へと展開することになったのである。

拡大する紛争主体

1996年9月、どのような経緯で第一次コンゴ紛争が始まったのか、その詳細を正確に把握することは難しい。少なくともいえることは、第1に、ウヴィラの町において地元住民およびコンゴ政府軍兵士と武装したバニャムレンゲとの衝突があったことである。

当時の国連難民高等弁務官であった緒方貞子によれば、UNHCRの事務所に190人のバニャムレンゲが保護を求めて駆け込み、UNHCRは彼らをザイール保安隊の基地に移送した。フツ難民はこの措置に激怒し、基地周辺で投石行為におよんだ。さらにウヴィラで状況が悪化すると、武装したバニャムレンゲの集団が市を囲む丘に立てこもり、政府軍がこれらの集団に対して攻撃を開始し、同地域を「軍事地帯」であると宣言した[182]。

一方、人権団体の報告は異なっている。9月9日にウヴィラの町で地元住民が「外国人」の国外退去を求めてデモを行い、彼らの家と財産を破壊した。これに政府軍兵士による破壊行為が続き、バニャムレンゲの殺害や逮捕が行われた[183]。

第2に、9月下旬にはルワンダとブルンジの国境からコンゴに向けて、ルワンダ軍の後方支援を受けたバニャムレンゲの武装集団2部隊が侵攻し、ウヴィラの難民キャンプに攻撃を加えた。これが、戦闘の開始につながったということである。

バニャムレンゲの各部隊は約900人を擁し、迫撃砲と重機関銃を装備していた。ルワンダ軍はこれらの2部隊が越境して侵攻する際に援護砲撃を行い、コンゴ政府軍の陣地に向けて直接、発砲した[184]。10月7日にはUNHCR執行委員会で両国の代表が激しい非難の応酬を行う一方、南キヴでは、地元の代議士がすべてのバニャムレンゲは週末までに退去すべきと公言し、住民間の対立も極限に達していた。

そして1996年10月18日から20日にかけて、ウヴィラの難民キャンプにバニャムレンゲが攻撃を開始した。彼らの目的は、難民をルワンダに追い返すことと、住民を迫害しているコンゴ政府軍を駆逐することであった。

こうしてバニャムレンゲの武装勢力がルワンダの支援を受けて闘争を開始

すると、フンデ、ニャンガ、ナンデなどの民兵組織も結集し始めた。この流れに、コンゴ動乱期から反政府闘争を行ってきた反政府武装勢力が合流し、10月25日、コンゴ・ザイール解放民主連合（AFDL）の結成を宣言した。AFDLは、次の4つの組織が協定を結んで結成された連合体である。バニャムレンゲのADP、コンゴ動乱期から反政府闘争を続ける人民革命党（PRP）、1977～78年にシャバ危機を起こした旧カタンガ憲兵隊の流れをくむ民主主義抵抗国民会議（CNRD）、そしてザイール解放革命運動（MRLZ）である[185]。AFDLの議長にはコンゴ動乱期から反政府闘争を行ってきたL.カビラが就任したが、L.カビラはルワンダ系ではない[186]。難民問題を核とする紛争に、従来からの反政府武装勢力が便乗したのである。AFDLはルワンダ軍の支援を受けて迫撃砲や重機関銃で武装し、その兵力は1万人を擁していた。

AFDLの闘争は2つある。ひとつは、難民キャンプの攻撃である。支援するルワンダ軍は、難民キャンプを拠点としてルワンダ本国への反攻を行うフツ武装勢力の駆逐を目的としており、そのためにAFDLを利用した。AFDLは難民キャンプを次々と攻撃して難民を追い出し、ルワンダへ強制的に追い立てていった。10月にはウヴィラにあった12の難民キャンプから約22万人の難民が逃れ、11月にはゴマの難民キャンプも攻撃された[187]。

もうひとつは、モブツ政権の打倒である。反政府勢力を結集するのみならず、ルワンダ、ウガンダ、ブルンジ、アンゴラといった周辺諸国の支援を受けたAFDLは、東部の主要鉱山と都市を制圧して西進した。混乱したコンゴ東部が周辺国の反政府武装勢力の拠点となっているにもかかわらず状況を放置しているモブツ政権に対して、周辺国政府は不満を抱いており、AFDLを支援したのである[188]。コンゴ政府軍はAFDLに対抗できず、翌年3月にはモブツがモロッコに亡命し、5月にはAFDLが首都キンシャサを陥落させて、32年にわたって続いたモブツ政権に終止符を打った。1997年5月17日、L.カビラが大統領に就任することで第一次コンゴ紛争は終結することになった。

注目すべきは、紛争の様相が発生時と終結時で大きく変化していることである。もともとの紛争要因は、コンゴ東部でのエスニック集団間の軋轢と、

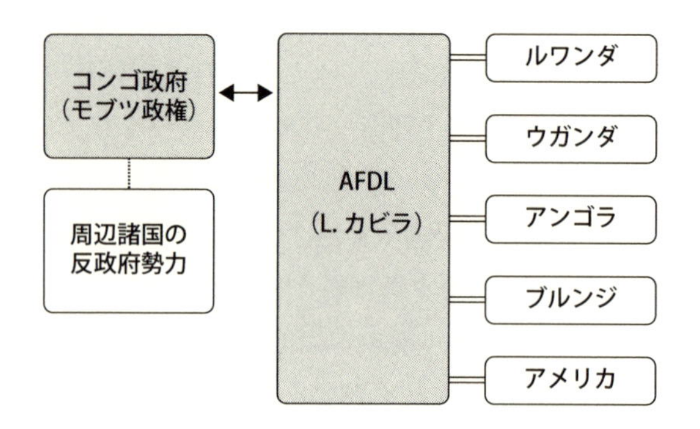

図 2-4　第一次コンゴ紛争の構図

出典：筆者作成

ルワンダ難民をめぐる混乱にあり、地元集団、ツチ、フツの民兵組織はそれぞれ自衛を掲げていたはずである。彼らがはたしてモブツ政権の打倒までを意図していたかには大いに疑問がある。かねてからモブツ政権の打倒をねらっていた反政府勢力が、コンゴ東部の混乱を利用して紛争を起こし、長年の目的を果たしたというのが、第一次紛争の実態であったといえるであろう。

AFDL はコンゴ東部から戦闘を開始して首都キンシャサへ向かったが、戦闘地域が西へ向かうにつれてエスニック集団の民兵組織の役割は減じている[189]。

ツチ武装勢力に武器と軍事訓練を提供したルワンダ軍、フツの若者を動員して軍事訓練を行ったフツ武装勢力も同様である。土地への権利と市民権をめぐって対立していた地元住民とルワンダ系住民は、その不満を L. カビラ、ルワンダ軍、フツ武装勢力に利用され、武器と訓練を与えられて紛争主体へとなっていったのである。

まとめ

コンゴ紛争の中心的な紛争主体となったのは、コンゴ東部にくらすルワンダ系住民であった。彼らはルワンダ王国期から独立期にかけて、複数の集団に分かれ、異なる経緯でルワンダから移住してきた。そして、植民地期までは、南キヴ、北キヴの高地や都市でそれぞれ異なるエスニック集団としてくらしていた。

彼らの存在が問題となるのは、独立期以降の市民権をめぐる議論においてであった。モブツ政権はルワンダ系住民を利用しようとして厚遇し、ルワンダ系住民の側も土地への権利や市民権を確保するために政治を利用した。それが隣接集団の不満を生み、やがて土地をめぐる武力衝突へと発展した。そこに、1994年のルワンダ難民流入問題が起きたのである。100万人もの難民流入によってコンゴ東部は混乱し、民主化への移行期であったコンゴ政府は有効な対策をとれなかった。難民キャンプに紛れ込んだフツ武装勢力によって地元のツチや他のエスニック集団の住民が攻撃の対象とされ、それぞれが自衛のための民兵組織を結成した。そして1996年9月に第一次コンゴ紛争が勃発すると、コンゴ東部の民兵組織のみならず、従来から反政府闘争を行っていた武装勢力までもが合流し、モブツ政権を打倒する紛争に発展した。

つまり、コンゴ紛争は、土地と市民権をめぐるエスニック集団間の対立とモブツによる政治利用という内生的要因に加えて、ベルギーの植民地政策や、共産主義の防波堤としてモブツの独裁政治を支援した欧米諸国の外交政策、そして資源の国際価格の低迷や冷戦終結による民主化の波及といった外生的要因が作用して発生したものであった。

小　括

本章の第1節では、コンゴを歴史的に考察する分析視点として、ウォーラーステインの世界システム論における「組み込み」の概念を整理し、第2節では、欧米を中心とする世界経済の構造の中にコンゴが組み込まれていく過程を、植民地以前にまでさかのぼって考察した。第3節では、コンゴ東部のルワンダ系住民が土地と市民権をめぐる対立の中で紛争主体となっていく過程を植民地期にさかのぼって考察し、コンゴにおける紛争の本質をとらえた。

コンゴの紛争資源問題は、1996年に始まる2度のコンゴ紛争中に生じたものであるが、その根は深い。コンゴの世界経済への組み込みは16世紀に始まり、奴隷、象牙、ゴム、パーム油、鉱物と対象を変えながら、コンゴの資源は欧米諸国に利用され、コンゴには資源依存型経済が形成されてきた。現在注目されている紛争資源問題では、先進国の消費者が使う電子・電気機器がコンゴ東部における人権侵害と結びついていることが問題視されているが、同じような構図は500年も前から起きていた。ヨーロッパ人が飲む紅茶の砂糖、日本人が愛用する象牙の印章、世界中に普及した自転車や自動車のタイヤなど、様々な製品がコンゴでの奴隷貿易や「赤いゴム」の搾取とつながってきた。

ただし、コンゴでの苛酷な搾取が現地民の手で行われていた事実も無視することはできない。ヨーロッパとの交易は、伝統社会では最下層に位置する人々に社会的地位を獲得する機会を与え、コンゴの現地社会にも搾取に加担する構造をつくり出した。資源獲得を第一義とするコンゴの資源依存型経済は、ヨーロッパとの交易や植民地化という外生的要因と、現地民による伝統的な社会構造の変革という内生的要因の相互作用によって形成されたものであった。

そして、こうした外生的要因と内生的要因の相互作用は、コンゴ紛争の要因となる土地と市民権をめぐるエスニック対立にも見られる。コンゴは200以上のエスニック集団がくらすマルチエスニック社会であり、一見するとエスニック対立は内生的要因であると思われる。しかし、ルワンダ系住民をめぐる問題をたどると、ベルギーの植民地政策や、共産主義の防波堤としてモブツの独裁政治を支援した欧米諸国の外交政策、そして資源の国際価格の低迷や冷戦終結による民主化の波及といった外生的要因も作用していることがわかる。

特に土地をめぐる対立が激しかった北キヴのマシシでは、ベルギーの植民地政府が原住のエスニック集団であるフンデの土地を接収してプランテーションを建設し、そこで隣国ルワンダからの移住労働者を働かせたことが問題の起点となった。さらに、1959年のルワンダにおける社会革命でコンゴに流入したツチ難民がモブツ政権下で厚遇され、市場を通じて土地を入手したり、市民権を得たことも他のエスニック集団との軋轢につながった。そして、資源の国際価格の低迷や冷戦の終結による民主化の波によってモブツ政権の基盤が揺らぐと、地方選挙の実施が南北キヴにおけるエスニック集団間の軋轢を激化させたのである。最終的には、1994年のルワンダ・ジェノサイド後のルワンダ難民の大量流入が引き金となって、第一次コンゴ紛争は発生した。

つまり、コンゴの紛争問題は、世界経済の構造の中で外部からもたらされた影響と、現地の文脈とが絶えず相互作用を起こしながら、要因を形成してきたのである。紛争の中で資源収奪が始まり、それが国際問題に発展していったとしても、紛争の根は土地と市民権をめぐるエスニック対立にあり、紛争資源問題さえ解決すれば問題がすべて解決するわけではないことを指摘しておきたい。

注

1　Wallerstein, Immanuel [2004], *World-Systems Analysis: An Introduction*, Duke University Press（山下範久訳［2006］,『入門・世界システム分析』藤原書店）邦訳15頁。

2　Wallerstein [2004], 邦訳102頁。

3　Wallerstein, Immanuel [2011a], *The Modern World-System: The Second Era of Great Expansion of the Capitalist World-Economy, 1730-1840s* (New Edition), University of California（川北稔訳［2013］,『近代世界システムⅢ―「資本主義的世界経済」の再拡大1730s-1840s』名古屋大学出版会）邦訳156-160頁。

4　Wallerstein [2011a], 邦訳168頁。

5　杉村和彦［1997］,「ザイール川流域」宮本正興，松田素二編『新書アフリカ史』第3章，64-78頁。

6　Nelson, Samuel Henry [1994], *Colonialism in The Congo Basin, 1880-1940*, Ohio University Press, pp.14-26.

7　松園万亀雄［1984］,「コンゴ王国の政治社会組織」『ヨーロッパと大西洋』（大航海時代叢書II-1）岩波書店，560-561頁。

8　16世紀のコンゴ王国の様子を描いた貴重な資料として、1578～83年にコンゴ王国に滞在したポルトガルの貿易商人ドゥアルテ・ロペス（Duarte Lopez）の見聞とその他の地誌をもとにして、ヴェネツィア人のフィリッポ・ピガフェッタ（Filippo Pigafetta）が作製した「コンゴ王国記」がある。Pigafetta, Filippo [1591], *Relatione del Reame di Congo et delle circonuicine contrade*, Roma, Appresso Bartolomeo Grassi（ピガフェッタ著，河島英昭訳，松園万亀雄注［1984］,「コンゴ王国記」『ヨーロッパと大西洋』（大航海時代叢書II-1）岩波書店).

9　渡辺公三［2009］,「バントゥ・アフリカ」川田順造編『新版世界各国史10　アフリカ史』山川出版社，289頁。

10　杉村［1997］，72-76頁。松園［1984］，560-562頁。

11　杉村［1997］，78頁。

12　渡辺［2009］，296-297頁。

13　渡辺［2009］，298-300頁。

14　Reader, John [1999], *Africa: A Biography of the Continent*, Vintage books, a division of Random House, New York, p.344. Hochschild, Adam [1999], *King Leopold's Ghost: A Story of Greed, Terror and Heroism in Colonial Africa*, Macmillan, London, pp.7-9. 渡辺［2009］，285-286頁。

15　Pigafetta [1591], 邦訳446-451頁。ただし、数年後に棄教している。

16　Hochschild [1999], pp.11-12. Reader [1999], p.373. Pigafetta [1591], 邦訳471頁。

17　Wallerstein, Immanuel [1974], *The Modern World-System: Capitalist Agriculture and the Origins of the European World-Economy in the Sixteenth Century*, Academic Press（ウォーラーステイン著，川北稔訳［2006］,『近代世界システムI—農業資本主義と「ヨーロッパ世界経済」の成立』岩波書店）邦訳41-52頁。

18　Wallerstein [2004], 邦訳46-47頁。

19　Reader [1999], p.374.

20　Hochschild [1999], p.10.

21　Hochschild [1999], p.11. Pigafetta [1591], 邦訳386頁。

22　Hochschild [1999], pp.11-15. Reader [1999], pp.374-375.

23　Hochschild [1999], p.13より引用（筆者訳）。

24　*Belgian Congo Vol.II*, Information and Public Relations Office for the Belgian Congo and Ruanda Urundi, Brussels, 1960, p.24.

25　Hochschild [1999], pp.11-15.

26　Ibid.

27　*Belgian Congo Vol.II*, p.27.

28　渡辺［2009］，287-288頁。コンゴ王国の混乱ぶりは、1583年に当地を離れたロペスの見聞録にも表れている。Pigafetta [1591], 邦訳469-491頁。

29　*Belgian Congo Vol.II*, p.24.

30　Hochschild [1999], pp.16-18.

31　Nelson [1994], pp.49-51.

32　*Belgian Congo Vol.II*, pp.29-31.

33　Nelson [1994], pp.46-48.

34　Nelson [1994], p.58.

35　松田素二［1997］,「ヨーロッパの来襲」宮本正興，松田素二編『新書アフリカ史』第10章，282-284頁。

36　宮本正興［1997］，「大西洋交渉史」宮本正興，松田素二編『新書アフリカ史』第９章，249-275 頁。

37　Hochschild [1999], pp.89-90. Nelson [1994], p.51.

38　Hochschild [1999], pp.26-32, 42. Reader [1999], pp.528-530. *Belgian Congo Vol.II*, p.29.

39　Hochschild [1999], pp.42-43, 47-49.

40　Reader [1999], pp.526-528.

41　Hochschild [1999], pp.42-46. Reader [1999], pp.530-533.

42　Hochschild [1999], pp.57-74. Reader [1999], pp.533-536.

43　Hochschild [1999], pp.71-72.

44　Hochschild [1999], pp.70-71. Reader [1999], pp.536-538.

45　Hochschild [1999], p70. Reader [1999], p.537.

46　Reader [1999], p.538.

47　Reader [1999], p.539.

48　Hochschild [1999], pp.75-81. Reader [1999], pp.539-540.

49　Reader [1999], pp.540-541.

50　Hochschild [1999], pp.84-87. Reader [1999], pp.541-543.

51　Ibid.

52　Hochschild [1999], pp.91-92.

53　Hochschild [1999], p.94. Morel, Edmund D. [1919], *Red Rubber: The Story of the Rubber Slave Trade Which Flourished on the Congo for Twenty Years, 1890-1910*, New and revised edition, Manchester, National Labour Press, p.26.

54　Hochschild [1999], pp.63-64. Nelson [1994], p.48.

55　Gann, L.H., and Peter Duignan [1979], *The Rulers of Belgian Africa 1884-1914*, Princeton University Press, p.118.

56　Nelson [1994], pp.64-70.

57　Hochschild [1999], pp.158-159. Nzongola-Ntalaja, Georges [2002], *The Congo from Leopold to Kabila: A people's History*, Zed Books, p.21. Reader [1999], p.544.

58　Frank, Zephyr, and Aldo Musacchio [2008], "The International Natural Rubber Market, 1870-1930", EH.Net Encyclopedia, edited by Robert Whaples. <http://eh.net/encyclopedia/the-international-natural-rubber-market-1870-1930/>

59　Nelson [1994], p.86.

60　Morel [1919], pp.23-36.

61　Morel [1919], pp.23-26. Nelson [1994], p.92.

62　Nelson [1994], pp.86-89.

63　Morel [1919].

64　Morel [1919], pp.23-36.

65　Hochschild [1999], pp.163-164.

66　Hochschild [1999], pp.162-163.

67 Hochschild [1999], pp.164-166. Morel [1919], pp.23-36.
68 Hochschild [1999], pp.164-165.
69 Nelson [1994], p.100.
70 Nelson [1994], pp.102-103.
71 Reader [1999], p.547.
72 Nzongola [2002], pp.20-23.
73 Nelson [1994], pp.105-106
74 Nelson [1994], pp.104-108.
75 Hochschild [1999], pp.177-181,185-291.
76 "Texte de la Charte Coloniale" <http://www.congoforum.be/upldocs/Cherte%20 coloniale%20 de%201908.pdf>
77 Nelson [1994], p.116.
78 Nelson [1994], pp.117-119.
79 Nelson [1994], p.121.
80 Nelson [1994], pp.120-124.
81 Frank and Musacchio [2008].
82 Nelson [1994], p.124.
83 Nelson [1994], p.125.
84 Vellut, Jean-Luc [1983], "Mining in the Belgian Congo", in Birmingham, David, and Phyllis M. Martin eds., *History of Central Africa Vol. 2*, Longman, New York, pp.126-127.
85 Vellut [1983], pp.127-128.
86 Vellut [1983], pp.128-130.
87 Vellut [1983], pp.138-140.
88 Vellut [1983], pp.135-138.
89 Vellut [1983], p.136.
90 Nelson [1994], pp.158-162.
91 Nelson [1994], pp.167-173.
92 Nelson [1994], pp.162-165.
93 Nelson [1994], p.164.
94 Nelson [1994], pp.173-193.
95 コンゴ東部のルワンダ系住民が紛争主体となっていく過程については、Mamdani, Mahmood [2001], *When victims become killers*, Princeton University Press. が詳しい。また、土地をめぐる暴力紛争に注目した研究として、Putzel, James [2009], "Land Policies and Violent Conflict: Towards Addressing the Root Causes", Crisis State Research Center, 2009, pp.1-19. がある。
96 ルワンダ・ジェノサイド後にコンゴ東部に流入した難民の状況については、緒方貞子［2006］,『紛争と難民—緒方貞子の回想』集英社，203-320 頁が詳しい。
97 参照：武内進一［1997b］,「「部族対立」がはじまるとき」『アフリカレポート

No.24』アジア経済研究所，2-7 頁。武内進一［2002]，「内戦の越境、レイシズムの拡散―ルワンダ、コンゴの紛争とツチ」加納弘勝，小倉充夫編『国際社会⑦　変貌する「第三世界」と国際社会』東京大学出版会，81-108 頁。

98　Turner, Tomas [2007], *The Congo wars: conflict, myth & reality*, Zed Books, New York, p.78.

99　Mamdani [2001], pp.248-249. Turner [2007], pp.78-79.

100　Turner [2007], p.79 より引用。参照：武内進一［2001a]，「ルワンダからコンゴ民主共和国へ―広域化する内戦」総合研究開発機構，横田洋三共編『アフリカの国内紛争と予防外交』国際書院，274-287 頁。

101　武内［2001a]。 Turner [2007], p.79.

102　Mamdani [2001], p.238.

103　武内［2001a]。

104　同上。

105　Depelchin, Jacques [1974], *From Pre-Capitalism to Imperialism: A History of Social and Economic Formations in Eastern Zaire (Uvira Zone, c.1800-1965)*, Ph.D dissertation in History, Stanford University.

106　Depelchin [1974], pp.63-83.

107　ターナーは、バニャムレンゲは徴税や国勢調査に抵抗したために非協力的な集団として政府から差別待遇を受け、「バニャムレンゲはコンゴ人ではない」というレッテルを貼られていたと否定的に評価している（Turner [2007], pp.80-82)。一方、マムダニは、バニャムレンゲは南キヴにおいて「原住民」と同じコンゴ人として、地域のエスニック集団と同じように扱われていたと肯定的に評価している（Mamdani [2001], p.248)。

108　Mamdani [2001], p.248.

109　ルワンダの社会革命については、以下の文献が詳しい。武内進一［2009]，『現代アフリカの紛争と国家―ポストコロニアル家産制国家とルワンダ・ジェノサイド』明石書店。鶴田綾［2008]，「ルワンダにおける民族対立の国際的構造」『一橋法学』第7巻第3号，119-156 頁。

110　武内［2001a]。

111　Mamdani [2001], pp.248-249.

112　参照：小田英郎［1986]，『アフリカ現代史Ⅲ』山川出版社，137-157 頁。Hoskyns, Catherine [1965], *The Congo Since Independence: January 1960-December 1961*, Oxford University Press（土屋哲訳［1966]，『コンゴ独立史』みすず書房).

113　武内［2001a]。Vlassenroot, Koen [2002], “Citizenship, Identity Formation & Conflict, in South Kivu: The Case of the Banyamulenge”, *Review of African Political Economy*, 29(93/94), p.503.

114　武内［2001a]。Vlassenroot [2002], pp.503-504.

115　同上。

116　武内［1997b]，2-7 頁。武内［2002]，93-105 頁。Turner [2007], pp.108-114.

117 マシシでのプランテーション経営と土地をめぐる問題については、ブチャリンウェが詳細な調査研究を行っている。Bucyalimwe, Mararo [1990], *Land conflicts in Masisi, eastern Zaire: the impact and aftermath of Belgian colonial policy (1920-1989)*, Ph.D dissertation of History, Indiana University.

118 Mamdani [2001], p. 240.

119 政策開始当初、ルワンダのムワミはツチを移住させたため、1937 年までの移住者の 72%はツチであった。しかし、ヨーロッパ人入植者に農業労働者を提供するという政策の目的と矛盾したため、やがてフツが多数を占めるようになった。Turner [2007], p.113.

120 Bucyalimwe [1990], p.150-155.

121 Mamdani [2001], p.241.

122 Bucyalimwe [1990], p.53.

123 武内［2002］, 96 頁。

124 Turner [2007], p.114.

125 Mamdani [2001], pp.241-242.

126 Putzel, James [2009], pp.5-7.

127 Turner [2007], p.114.

128 Ibid.

129 Gachuruzi, Shally B. [2000], "The Role of Zaire in the Rwandese Conflict", Adelman and Suhrke eds., *The Path of a Genocide*, New Brunswick: Transaction Publishers, p.53.

130 Bucyalimwe [1990], pp.234-240.

131 Mamdani [2001], pp.242-243.

132 武内進一［2009］, 49-78 頁。

133 小田［1986］, 148-152 頁。

134 参照：小田［1986］, 137-157 頁。井上信一［2007］,『モブツ・セセ・セコ物語』新風社。

135 小田［1986］, 174-180 頁。

136 小田［1986］, 180-186 頁。

137 武内［2002］, 97 頁。

138 武内［2002］, 96-98 頁。Gachuruzi [2000], p.54.

139 Turner [2007], p.87. Putzel, J., Lindemann, S., and Schouten, C. [2008], "Drivers of change in the Democratic Republic of Congo: The rise and decline of the state and challenges for reconstruction", Crisis State Research Center, Working Paper No.26, pp.33-34.

140 1991 年の調査によれば、マシシの耕作可能地の 58%を所有する 512 世帯のうち 502 世帯がルワンダ系住民であった。Mamdani [2001], pp.243-244.

141 Bucyalimwe [1990], pp.234-240.

142 Putzel [2008], pp.22-23, p.31.

143　1970～72年の輸出のうち62%を銅が占め、1973～74年には銅価格が161～198%急騰したことを背景に、借款コミットメントを前年比345%に激増させた。ところが、翌1975年には銅価格が50%暴落したことから、コンゴは多額の債務負担を抱えることになった。また、こうした借款の多くが商業借款であり、国の調整・管理が欠如したままに厳しい条件で行われことも影響している。大林稔［1986b］,「ザイールにおける債務累積」『アフリカレポート』No.2, アジア経済研究所, 19-24頁。

144　モブツ政権はベルギー時代のUnion Minièreを国営化して国営鉱山会社のジェカミン（Le Génerale des et des Mines: Gécamines）を創設したが、1980年代には技術的にも財政的にも破綻状態に追い込まれ、銅、コバルト、亜鉛、金の生産量はいずれも1980年代以降に激減した。霜鳥洋［2003］,「コンゴ民主共和国、新鉱業法を施行—中央アフリカ・カッパーベルトの再生に向け—」『金属資源レポート』Vol.33, No.3（通巻338号）, JOGMEC。

145　1968～1985年のコンゴの国家投資予算において農業分野は平均5.1%に過ぎなかった。大林稔［1986a］,「ザイールの国家投資計画における部門間資金配分の諸特徴」『アフリカレポート』No.3, アジア経済研究所, 17-19頁。

146　例えば分離志向の強いシャバ州（カタンガ）の生命線を抑える意図で建設されたインガ・ダムとインガ・シャバ送電線は1970～76年の借款の総額の4分の1を占めるが、1986年の時点でダムの稼働率は10%未満であった。大林［1986a］, 21頁。

147　小田英郎［1999］,「国際関係の中のアフリカ」『国際情勢ベーシックシリーズ④アフリカ』自由国民社, 303-328頁。

148　井上［2007］, 331-357頁。

149　井上［2007］, 358-376頁。武内進一［1992］,「引き続くザイールの政治的混乱暴動の後で」『アフリカレポート』No.14, アジア経済研究所, 10-13頁。

150　井上［2007］, 377-395頁。

151　武内［2002］, 97-98頁。Gachuruzi [2000], p.54.

152　コンゴの教育において重要な役割を果たしているのは教会である。南キヴにも教会によって運営される学校が存在したが、その多くは隣接集団の地域に存在したため、バニャムレンゲには教育の機会が提供されていなかった。Vlassenroot [2002], pp.505-507.

153　Turner [2007], p.87.

154　Mamdani [2001], pp.244-245. Turner [2007], p.87. Vlassenroot [2002], pp.505-507.

155　Ibid.

156　Mamdani [2001], pp.251-252.

157　Turner [2007], pp.118-124. Mamdani [2001], pp.252-253. 武内［2002］, 97-99頁。

158　武内［1997b］, 4-6頁。

159　Mamdani [2001], pp.252-253. なお、Human Rights Watchはこの紛争の犠牲者は7,000人、居住地を追われた人は20万人にのぼると報告している。Human Rights Watch [1994], *World Report 1994-Zaire.*

160 UNHCRの推計では北キヴに85万人、南キヴに37万人が流入した。国連事務総長報告 S/1994/1308, para.6.

161 緒方［2006］，203-320頁。

162 Turner [2007], pp.123-125. 武内［2002］，99-101頁。

163 国連事務総長報告 S/1994/1308, para.10.

164 国連事務総長報告 S/1994/1308, para.12. 緒方［2006］，232-243頁。

165 Human Rights Watch [1995], *World Report 1995-Zaire.*

166 Turner [2007], pp.123-125.

167 武内［2002］，100頁。

168 国連事務総長報告 S/1995/304, para.3

169 緒方［2006］，232-256頁。

170 Mamdani [2001], p.258.

171 Mamdani [2001], p.257. ムレレのシンボルについては、武内［2001］参照。

172 Human Rights Watch [1997], *Attacked by all Side: Civilians and the War in Eastern Zaire,* pp.5-6.

173 Mamdani [2001], pp.257-258.

174 Human Rights Watch [1997], pp.5-17.

175 Human Rights Watch [1997], p.6.

176 緒方［2006］，256-275頁。

177 Mamdani [2001], p.258.

178 国連事務総長報告 S/1995/304, para.10. 緒方［2006］, 223-232, 244-248頁。

179 国連安保理議長宛ルワンダ発書簡 S/1996/84など

180 Human Rights Watch [1995], *Rearming with Impunity: International Support for the Perpetrators of the Rwandan Genocide, 1995.*

181 ウガンダの反政府武装勢力である「神の抵抗軍（Lord's Resistance Army: LRA）」「民主同盟軍（Allied Democratic Force: ADF）」「ナイル西岸戦線（West Nile Bank Front: WNBF）」、アンゴラの反政府武装勢力である「アンゴラ全面独立国民同盟（União Nacional para a Independência Total de Angola: UNITA）」が挙げられる。Dunn, Kevin C. [2002], "A Survival Guide to Kinshasa: Lessons of the Father, Passed Down to the Son", in Clark, John F. (ed)., *The African Stakes of the Congo War,* Palgrave, p.57.

182 緒方［2006］, 257-258頁。

183 Tuner [2007], pp.89-90. Human Rights Watch [1997], pp.7-8.

184 緒方［2006］, 257-258頁。

185 武内進一［1997a],「コンゴ（ザイール）新政権の展望―権力構造と国際関係」『アフリカレポート』No.25，アジア経済研究所，2-7頁。

186 L. カビラは1939年にカタンガ北部でルバの父とルンダの母の間に生まれ、コンゴ動乱においてはルムンバ派として戦闘に参加した。1967年に南キヴでPRPを結成し、モブツ政権期には東アフリカでの貿易に従事しながら、後のウガンダ大統領となるムセヴェニ（Yoweri Museveni）と親交を深めた。Dunn [2002], pp.54-55.

187　緒方［2006］，261-266 頁。Human Rights Watch の報告によれば、AFDL は難民キャンプを破壊して難民たちがルワンダ（東）に向かって移動するように強制し、西へ移動したり水や食糧を求めて他の地域へ移動するのを見つけると銃撃した。Human Rights Watch [1997], pp.10-15. こうした強制帰還によってルワンダには 200 万人が帰還することになった。また、ルワンダへ帰還せずに森に逃げ込むなどして東部に残留した難民も多く、こうした難民の捜索と保護は大きな問題となった。緒方［2006］，272-276 頁。

188　ウガンダ政府は、コンゴ東部がウガンダの反政府武装勢力の軍事拠点になっていることを国連に訴えていた。国連安保理議長宛ウガンダ発書簡 S/2001/378 および S/2001/402.

189　武内［1997a］，3 頁。

第3章　コンゴにおける紛争資源問題

第2章で見てきたように、第一次コンゴ紛争は土地と市民権をめぐるエスニック対立を軸に、ルワンダ難民の流入を起爆剤として起きたものであり、資源は紛争の発生要因ではなかった。しかし、1996年から2度のコンゴ紛争が始まると、コンゴ東部の資源産出地域を実効支配した武装勢力や周辺国軍によって、大規模な資源の略奪や違法採掘・取引が始まり、その利益が紛争資金として利用されるようになる。そして、2003年にコンゴ紛争が「終結」してもなお、東部では紛争状態が継続し（コンゴ東部紛争とよぶ）、紛争中に形成された違法な資源ビジネスのネットワークが、地元のエスニック対立とも結びついて継続するようになる。

本章では、2度のコンゴ紛争中に始まる紛争資源問題の実態を明らかにし、コンゴ東部に形成された紛争構造と、その紛争構造の中での資源の役割をとらえる。さらに、国際社会の対応を分析することで、コンゴの紛争資源問題が世界経済の構造に深く組み込まれた問題であることを示す。

第1節では、分析視点として資源と紛争が結びつく諸メカニズムを提示する。第2節では、第一次コンゴ紛争において紛争資源の利用が始まった経緯と、なぜ国連による資源禁輸措置が行われなかったのかを明らかにする。第3節では、紛争「終結」後のコンゴ東部における紛争状況と資源の利用状況を明らかにし、コンゴ東部紛争の構造の中での紛争資源問題の位置づけを示す。

第1節　分析視点：資源と紛争の結びつき

紛争資源とは、当該資源の採掘・加工・取引・管理・徴税などから得られる利益が、紛争の発生・継続の動機あるいは手段として利用されている資源をさす。

紛争資源の利用は古くから存在する。石油、ダイヤモンド、金、レアメタルなどの鉱物資源から、木材、コーヒー、タバコ、茶などの農産物、麻薬や土地の権利にいたるまで、様々な資源が世界各地で紛争の発生あるいは継続に結びついてきた[1]。特に冷戦終結以降は、大国からの援助を受けられなくなった代わりに資源を資金源とする紛争主体や、豊富な資源を利用して新たな紛争を起こす武装勢力が登場し、紛争の発生・継続における紛争資源の役割は重要さを増した。1990年以降に発生あるいは継続していた紛争だけでも、17件が挙げられる（**表3-1**）[2]。例えばコンゴ紛争と同時期に起きていたアンゴラ紛争とシエラレオネ紛争ではダイヤモンドが紛争資源として利用され、国連によってダイヤモンドを対象産品とする禁輸措置が実施された。近年ではアフガニスタンでの麻薬取引が深刻な問題として続いている。

資源と紛争の関わりをめぐる議論

ただし、資源の存在が必ずしも紛争を誘発するわけではない。例えば、コンゴと同じ銅産出国であるザンビアや、シエラレオネと同じダイヤモンド産出国であるボツワナでは、紛争は起きていない。また、資源が関わる紛争であっても、必ずしも資源の獲得を主な要因として紛争が発生しているわけではない。他の要因による対立が、資源の利用によって紛争へと発展したり、紛争継続の過程で資源が資金として利用され始める紛争もある。そのため、紛争に関わりやすいのはどのような資源なのか、資源と紛争の関わりにはどのようなメカニズムが働いているか、研究者の間で議論が行われている。

争点として第1に、資源の存在と紛争発生リスクとの間に関わりがあることについてはいずれの研究者も同意するが、どの資源が関わりやすいのかという点においては諸説がある。1960年から1999年の紛争を分析したコリアーとヘフラー（Anke Hoeffler）は、国家の一次産品への依存は紛争発生リスクを高めると主張している[3]。一方、1945年から1999年の紛争を分析したフィアロン（James D. Fearon）とレイティン（David D. Latin）は、石油輸出

表 3-1　資源と関わる主な紛争

国	期間	資源
アフガニスタン	1978-	宝石、麻薬
アンゴラ	1975-2002	石油、ダイヤモンド
カンボジア	1978-97	木材、宝石
コロンビア	1984-	石油、金、コカ
コンゴ共和国	1997	石油
コンゴ民主共和国	1996-97 1998-2003	銅、タンタル、ダイヤモンド、金、コバルト、農産物、木材、象牙
	2003-	スズ、タングステン、タンタル、金
インドネシア（アチェ）	1975-	天然ガス
インドネシア（西パプア）	1969-	銅、金
コートジボワール	2002-05	ココア、木材、ダイヤモンド
リベリア	1989-96 2000-03	木材、ダイヤモンド、鉄、パーム油、ココア、コーヒー、マリファナ、ゴム、金
モロッコ	1975-	リン酸肥料、石油
ミャンマー	1949-	木材、スズ、宝石
パプアニューギニア	1998-	銅、金
ペルー	1980-95	コカ
シエラレオネ	1991-2002	ダイヤモンド
スーダン	1983-	石油

出典：Ross [2003] および Le Billon [2008] より筆者作成

への依存は紛争発生リスクを高めるが、一次産品一般には紛争発生リスクとの重要な連関はないと主張している[4]。さらに、フィアロンらのデータを再検証したハンフリー（Macartan Humphreys）は、石油産出は紛争発生リスクを高めるが、ダイヤモンド産出は紛争発生に影響せず、紛争継続に影響を与えると主張している[5]。

なぜ、同じ時期の紛争を対象としながら、異なる結論が提示されるのか。一連の議論を比較分析したロス（Michael Ross）は、「一次産品」「紛争」という対象の幅が広すぎて、研究者によって利用するデータが異なるために不一致が起きていると指摘している。その上で、多くの研究者が合意している点として３点を挙げている。第１に、石油が紛争発生（特に分離主義紛争）のリスクを高めること、第２に、宝石用原石や麻薬などの略奪可能な資源は紛争発生よりも紛争継続に影響すること、第３に、合法的な農産物と紛争との明確な連関は見られないことである[6]。ただしロスは、資源は唯一の紛争要因ではなく、貧困、民族、宗教、不安定な政府といった問題の組み合わせで紛争が発生すると指摘している[7]。

第２の争点は、資源が紛争に結びつくメカニズムについてである。既存研究では大きく３つのメカニズムが提示され、いずれが主要なメカニズムとして機能しているかが議論されている。政治指導者や武装勢力による利益追求(greed)、地域住民の不満（grievance)、紛争を可能にする手段（feasibility）の３つである。利益追求と不満は紛争の動機につながるものとしてまとめ、これらのメカニズムで提示された要点を、紛争の段階（発生／継続）と関わり方（動機／手段）に分けて整理すると、**表 3-2** のようになる。

これらのメカニズムのどれが、資源が紛争の発生・継続に関わる方法を説明するのに最も適切であるか、既存研究では様々な検証が行われている。例えば、個々のメカニズムを計量分析したハンフリーは、不平等に対する住民の不満（A-3）と国家の脆弱化（B-1）は紛争発生リスクを高めるが、武装勢力や外部者の利益追求（A-1 と A-2）は紛争発生リスクを高めないと結論づけている[8]。

また、フィアロンは、武装勢力が資源にアクセスできる場合には紛争が長期化する傾向があると指摘しているのに対して[9]、ハンフリーは、資源が関わる紛争はそうではない紛争よりも短期間で終結する傾向があり、資源は紛争を長引かせる要因にはなっていないと指摘する。スーダン、アンゴラ、コロンビアのように紛争が長引いている場合、長期化の要因は資源以外の問題にあるというのである[10]。ハンフリーの分析が正しければ、表 3-2 の C と D の諸メカニズムは否定される。ただしハンフリーは、資源の性質によってどのメカニズムが機能するかが異なるという留保をつけている。

これらのメカニズムの一般的な妥当性を検証することは本書の範疇を超える。ここでは、資源が紛争に関わる方法としてこうしたメカニズムが機能し

表 3-2　資源と紛争が結びつく諸メカニズム

	紛争発生	紛争継続
動機	A-1. 武装勢力の利益追求 (greedy rebels mechanism) ・国家から独立した資源輸出からの資金調達を求める ・資源収入が、国家を占領する価値を高め、クーデタの動機となる ・特定地域への資源集中により分離主義運動の動機となる A-2. 外部者の利益追求 (greedy outsiders mechanism) 外国や協力者などの第三者が、紛争の発生によってもたらされる資源からの利益を求める A-3. 不平等への不満 (grievance mechanism) ・資源収入を活かす開発過程での一時的な不平等への不満が生じる ・資源の国際価格の変動に対して脆弱になる ・資源開発にともなう強制移住や土地の権利喪失が反乱の引き金となる ・資源分配は他の富よりも不平等ととらえられやすい	C-1. 軍事バランス (military balances mechanism) 紛争状態が資源収奪を可能にするため、勝敗をつけない膠着状態を維持する動機となる C-2. 援助の獲得 (possibility of pork mechanism) 和平後に得られると見込まれるレントをめぐって派閥対立が起きる C-3. 紛争主体による和平の妨害 (domestic conflict premium mechanism) 紛争状態のほうが利益が大きいと見込んだ場合や、戦争が生計手段となっている場合、紛争主体は和平プロセスを妨害しようとする C-4. 外部者による和平の妨害 (international conflict premium mechanism) 周辺国などが紛争状態のほうが利益があると見込んだ場合、和平プロセスに消極的になる
手段	B-1. 国家の脆弱化 (weak state mechanism) ※税政に基づかない政治システムでは ・市民が政府の行動を監視せず、政府を支持しない ・統治機構が発展せず、福祉の欠如が正統性を損なう →その結果としてクーデタを起こしやすくする B-2. 国内の断片化 (sparse network mechanism) インフラの不備による国内ネットワークの欠如が地域ごとの断片化をもたらす B-3. 武装勢力の資金確保 (feasibility mechanism) 資源および利権の取引によって資金を確保する	D-1. 資金確保 (feasibility mechanism) 資源収入によって、戦闘を継続する資金を確保できるならば、紛争主体は戦闘を継続する D-2. 収奪による組織構造の形成 (fragmented organizational structures mechanism) 資源収奪によって、紛争主体内に組織構造が形成され、和平のコストを高める D-3. 国内の断片化 (sparse network mechnism) インフラの不備による国内ネットワークの欠如が地域ごとの断片化をもたらす

※表中の番号は便宜上つけたもの

出典：Humphreys [2005] および Oberreuter and Kranenpohl [2008] より筆者作成

ている可能性があることを指摘し、コンゴの紛争資源問題を考察する上での分析視点として活かしたい。

第2章で考察したように、コンゴ紛争の発生要因は土地と市民権をめぐるエスニック対立であり、紛争発生の動機には資源は関わっていない。確かに、植民地期から続く資源依存型経済は、コンゴを資源の国際価格の変動に対して脆弱な国家にした。1970年代からの債務危機は、銅の国際価格の低迷によるものであり、モブツ政権の基盤を揺るがす一因となった。資源輸出を最優先にして農業生産や地方開発を軽視し、豊かな資源に恵まれた国であるにもかかわらず経済成長が実現できなかったという点において、コンゴは典型的な「資源の呪い」にかかった国といえる。しかし、モブツ政権の揺らぎは、冷戦終結による大国からの支援の減少や、旧東側諸国からの民主化の波及といった外生的要因と相まってもたらされたものである。資源の存在は、紛争を起こしやすくする構造的要因のひとつになったとはいえても、紛争の動機として資源が作用していたとはいい難い。

ただし、次節以降で考察していくように、資源は紛争発生と同時に紛争と関わりを持つようになり、2003年の紛争「終結」後も紛争資源問題が残るほど大きな存在感を持つようになる。コンゴの豊富な資源は、紛争発生の手段、あるいは紛争継続の動機・手段として作用していた可能性が高い。表3-2に提示した諸メカニズムを分析視点として活かしながら、コンゴ紛争およびコンゴ東部紛争における資源の役割を考察する。

コンゴの紛争資源問題の特徴

資源が紛争に関わる数多くの事例の中でも、コンゴの紛争資源問題に特徴的なのは、利用される資源と紛争主体の数が多いことである。

特に第二次コンゴ紛争中（1998～2003年）にはタンタル、ニオブ、パイロクロア、スズ、木材、金、ダイヤモンドなどの幅広い資源が紛争資金源として利用され、2003年以降のコンゴ東部紛争においてもスズ、タングステン、タンタル、金の4鉱物（まとめて3TGとよぶ）が紛争資源として利用されている[11]。コンゴ東部で活動する武装勢力は、2013年時点で40集団を数え、主要な武装勢力は3TGを紛争資源として利用している。

コンゴ紛争と同時期に資源が紛争に利用されたアンゴラ紛争やシエラレオネ紛争では、紛争資源はダイヤモンドに集中していた。紛争主体も概ね、政府対反政府武装勢力という二極対立でとらえることができた。しかしコンゴでは、紛争資源と紛争主体の数が多く、複雑な紛争構造が形成されている。

そして、資源と紛争主体の数の多さは、紛争資源問題の解決に向けた国際社会の介入に困難をもたらしている。アンゴラやシエラレオネの事例において国連は、武装勢力の資源利用を断つ方策として、紛争資源を対象とする禁輸措置を実施した。武装勢力の資金源となっていたダイヤモンド原石の輸出を一時的に停止し、その後、政府による原産地認証を受けたダイヤモンド原石のみに輸出を限定した。しかしコンゴでは、紛争資源を対象とする禁輸措置は実施されていない[12]。その一方で国連は、コンゴにおける資源の略奪や違法採掘・取引を「違法収奪（iligal exploitation）」とよび、その実態を調査・報告する専門家パネル（国連DRC資源収奪専門家パネル）を設置した。専門家パネルは、第二次紛争中の2001年から2003年までの間に6回、その後、2004年には専門家グループに改組して2014年までに15回の報告書を公表している。

資源が関わる紛争においては、こうした報告書の公表が持つ特別な役割が期待されている。アンゴラ紛争が深刻化していた1999年にアンゴラ制裁委員会の委員長に就任したファウラー（Robert Fowler）は、2000年3月に公表した報告書（通称「ファウラー報告」）で、ダイヤモンド禁輸に違反する政府、企業、個人名を名指しで示し、取引の方法や金額などの詳細な情報を提示した[13]。積極的に情報を公開することで、名指しされた政府や企業からの反論も含めて議論が起こり、制裁違反を監視する目が厳しくなることをねらったのである。「naming and shaming strategy」とよばれるこの「告発」は、欧米のダイヤモンド業界と関係国政府の迅速な対応をもたらし、反政府武装勢力（UNITA）の資金源を枯渇させてアンゴラ紛争の終結に貢献したと評価されている[14]。

コンゴ紛争における専門家パネルの報告書も、「naming and shaming

strategy」の援用と考えられる。ただし、コンゴの場合には制裁が実施されていない。報告書において制裁の実施が勧告されても、2003年の紛争「終結」まで、制裁は実施されなかった。

なぜコンゴでは紛争資源を対象とする禁輸措置が実施されなかったのか、そして、それにもかかわらずなぜ紛争は「終結」し、紛争資源問題は未解決のままに残されたのか。コンゴの紛争資源問題に対する国際社会の対応には、コンゴの紛争資源問題が世界経済の構造に深く組み込まれた問題であることが如実に表れている。

第2節　紛争資源問題の始まり

第一次コンゴ紛争は、土地と市民権をめぐるエスニック対立を軸に、ルワンダ難民の流入を起爆剤として発生したものであり、紛争の発生要因には資源は関わっていなかった。しかし、1996年から2003年まで続く2度の紛争の中で、コンゴ東部の豊富な資源が紛争資金源として利用されるようになる。本節では、紛争の展開に沿いながら、紛争資源問題の始まりを明らかにし、なぜ紛争資源問題を解決しようとする国際社会の取り組みが紛争中には実現しなかったのかを追究する。

3.2.1　二度のコンゴ紛争

1996年に始まる第一次コンゴ紛争（1996～97年）では、1965年から続いたモブツ政権が打倒され、1997年にはL. カビラを大統領とする新政権が成立した。しかし、1998年には、新政権の打倒を目指す第二次コンゴ紛争（1998～2003年）が始まる。第二次紛争はルワンダ、ウガンダ、ブルンジ、ジンバブエ、ナミビア、アンゴラなど周辺国の軍事介入を受けて、アフリカ大戦とよばれるまでに拡大した。その後、暗殺されたL. カビラの後を継いだ息子のJ. カビラ大統領のもとで、2002年12月に包括和平合意が成立して2003年にコンゴ紛争は「終結」する。しかし実際には、その後も複数の武装勢力による武力衝突や住民への暴力が継続し、紛争状態は続いている。

表 3-3　コンゴ紛争の略年表（1996 ～ 2003 年）

年月	出来事
1996 年 10 月	**第一次紛争の発生**　AFDL 結成
1997 年 5 月	モブツ政権の終了　L. カビラが新政権を樹立
1998 年 8 月	**第二次紛争の発生**　RCD 結成（8 月）MLC 結成（11 月）
1999 年 6 月	コンゴ政府がルワンダ、ウガンダ、ブルンジの派兵と資源収奪を国連に訴える
7 月	ルサカ停戦協定の締結（紛争当事 6 か国） RCD（8 月）と MLC（9 月）も合意
11 月	国連 PKO（MONUC）設立
2000 年 9 月	国連 DRC 資源収奪専門家パネルの設置
2001 年 1 月	L. カビラ大統領暗殺　J. カビラ大統領就任 国連専門家パネルが中間報告を発表
10 月	「国民対話」の開催（RCD、MLC、野党、市民社会機構などの代表）
2002 年 2 月	「国民対話」の再開
7 月	プレトリア協定の締結（コンゴ政府－ルワンダ政府）
9 月	ルアンダ協定の締結（コンゴ政府－ウガンダ政府）
10 月	周辺国軍の撤退終了 国連専門家パネルが最終報告書を発表
12 月	「国民対話」の再開 プレトリア協定の締結（コンゴ政府－国内勢力）
2003 年	**紛争終結**

出典：筆者作成

紛争主体

コンゴ紛争における紛争主体は数が多く、離合集散をくり返すために複雑である。ここでは、本節で注目する 3 つの中心的な武装勢力を提示しておく。

第 1 に、第一次紛争においてモブツ政権を倒した武装勢力は、L. カビラを議長とするコンゴ・ザイール解放民主連合（AFDL）である（2.3.7 で詳述）。1997 年以降は政権を握り、第二次紛争では反政府武装勢力と戦う立場に転換する。

第 2 に、第二次紛争における中心的な反政府武装勢力のひとつは、民主コンゴ連合（RCD）である。1998年8月にL.カビラ政権の打倒を掲げて結成され、コンゴ東部を中心に活動する。1999年にルワンダの支援を受けるRCD-Gomaとウガンダの支援を受けるRCD-Kisangani（後にRCD-Mouvement de Libération: RCD-MLと改称）、およびRCD-Nationalに分裂する。

第3に、第二次紛争におけるもうひとつの中心的な反政府武装勢力は、ベンバ（Jean-Pierre Bemba Gombo）を指導者とするコンゴ解放運動（MLC）である。RCDと同様に、1998年8月にL.カビラ政権の打倒を掲げて結成され、ウガンダの支援を受けてコンゴ東部を中心に活動する。

これらの武装勢力に共通する特徴は、いずれもコンゴ東部を拠点とし、隣国のルワンダとウガンダから強い支援を受けていることである。

第一次コンゴ紛争（1996～1997年）

第一次紛争の発生経緯については第2章第3節で詳述したため、ここでは資源収奪に関わっていく部分に焦点を当てて、簡潔にまとめる。

第一次紛争の契機となったのは、隣国ルワンダからの難民流入問題であった。1994年にコンゴ東部に大量に流入したルワンダ難民の中には、ルワンダでジェノサイドを主導したフツ過激派民兵のインテラハムウェや旧ルワンダ政府軍兵士（ex-FAR）が数多く混在しており、難民キャンプはこうしたフツ武装勢力の拠点となった[15]。

この問題にコンゴ政府が有効な対策をとれなかったことから、地元のエスニック集団や、ツチ、フツがそれぞれ民兵組織を結成し、暴力行為が頻発するようになった。コンゴ東部の混乱はルワンダ政府とコンゴ政府の軋轢にもつながり、1996年10月、ルワンダ軍の後方支援を受けたツチ武装勢力がコンゴ東部の難民キャンプへ攻撃を開始した。この動きを受けて、コンゴ動乱期から活動してきた反政府武装勢力が合流してAFDLを結成し、ルワンダ、ウガンダ、ブルンジ、アンゴラなど周辺諸国からの支援を受けて、1997年5月にモブツ政権を打倒した。

紛争資源問題につながっていく点として指摘しておきたいのは、第1に、コンゴ紛争には発生当初から隣国ルワンダが強く関与していたことである。

ルワンダの強い関与は、第一次紛争以降、2016年現在にいたるまで続いている。第2に、周辺国を含む国際社会がモブツ政権を擁護しなかったことである。冷戦の終結によって、アンゴラMPLA政権の共産主義に対する防波堤というモブツの役割が終わっていたことや、コンゴ東部の軍事化を放置して周辺国に安全保障上の脅威を与えたことも、モブツが擁護されなかった理由である。

そして第3に、AFDLのL. カビラが欧米諸国の企業から支援を受けていたことである。モブツ政権下では国営企業が資源開発を独占しており、外国企業は自由に参入できなかった。一方、反政府闘争の停滞期に貿易活動に従事していたL. カビラは、ビジネスの人脈を活かして欧米企業と接触し、アメリカのAmerican Mineral Fields（AMF）やカナダのTenke Mining Corporationと、政権を奪取した際には採掘権を認めるという契約を交わしていた[16]。

コンゴ紛争の発生要因はルワンダ系住民をめぐるエスニック対立にあり、資源が直接的な動機になっていたわけではない。しかし、外国企業がAFDLに紛争資金を提供した理由は、資源の採掘権にあった。資源は紛争発生当初から武装勢力によって資金確保に利用され、紛争を可能にする手段として機能したのである。また、3.2.2で後述するように、第一次紛争中にコンゴ東部に展開したルワンダ軍とウガンダ軍は、現地で資源収奪を始めることになる。コンゴの事例では、資源の存在が紛争の発生を招いたのではなく、紛争の発生が資源収奪を招いたといえよう。

第二次コンゴ紛争の発生（1998年）

1997年5月17日、AFDLの議長であったL. カビラが大統領に就任し、国名を「コンゴ民主共和国」に改めて新政府を発足させた。しかし、わずか1年でコンゴは再び紛争に突入する。第二次紛争は、L. カビラが新政権からルワンダとウガンダの影響力を排除しようとしたことから発生した。

新政権を樹立したL. カビラはほどなくして、外国の「傀儡政権」であるとの批判を国内から受けるようになる。新政権および軍の主要ポストにはルワンダ系（バニャムレンゲやバニャマシシなど）が多く、L. カビラは他に有力な支持基盤を持たなかった。ルワンダとウガンダは、コンゴ東部に残存する武装勢力の一掃を求めてL. カビラへの圧力を強めたが、その一方で、L. カビラは国内から「コンゴを外国に売った」と批判されることを嫌った。1998年に入るとL. カビラは、ルワンダ系の側近や軍将校を政権から排除してカタンガなどの出身者に代え、ルワンダ、ウガンダとの軍事協力を終了した[17]。そして、1998年7月末、L. カビラがルワンダ系将校に本国への帰還を命じたことを機に、8月2日、東部のゴマにおいてルワンダ系兵士を中心とするコンゴ軍が蜂起を起こし、第二次紛争が始まった。

反乱軍は、ルワンダ軍の支援を受ける民主コンゴ連合（RCD）とウガンダ軍の支援を受けるコンゴ解放運動（MLC）をそれぞれ結成し、L. カビラ政権の打倒を目指して首都キンシャサに向かった。一方、L. カビラ政権にはルワンダとウガンダに対抗できる軍事力はなかった。もともとL. カビラのAFDLは寄せ集めの武装勢力であり、両国の強い軍事支援によってモブツ政権を打倒したのである。窮地に陥ったL. カビラは、8月18日に開催された南部アフリカ開発共同体（SADC）の国防大臣会議で窮状を訴え、支援を求めた。南アフリカの反対によってSADCとしての軍の派遣は却下されたが、アンゴラ、ジンバブエ、ナミビアが独自に支援軍を派遣した。さらに、スーダン、チャド、中央アフリカもL. カビラ政権を支援し、コンゴ紛争はアフリカ大戦とよばれる国際紛争へと拡大した[18]。

第二次紛争の発生動機は、ルワンダ、ウガンダとの連携問題とコンゴ東部の安全保障問題にあり、資源が動機になっていたわけではない。しかし、第一次紛争の際と同様に、L. カビラは外国の支援を確保するために資源を利用した。L. カビラはジンバブエに軍の派遣を求める見返りとして、木材の伐採やダイヤモンド採掘企業の権利を譲渡する契約を結んだ（この事実は、2001年になってからNGO Global Witnessの報告書で「告発」される[19]）。

ただし、ジンバブエが介入した主要な動機が資源の利益であったと考えるのは行き過ぎであろう。1990年代の国連とアフリカ統一機構（Organization of African Unity：OAU）は、アフリカの地域紛争をアフリカ内部の集団的努力

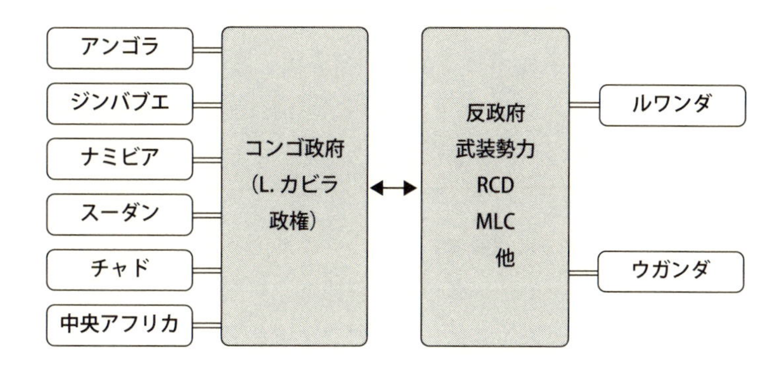

図 3-1　第二次コンゴ紛争の構図

出典：筆者作成

によって予防・管理・解決するシステムの必要性を訴えていた。SADCにも政治・防衛・安全保障機構（Directorate of Organ on Police, Defense and Security）が設けられ、1998年にはジンバブエの首都ハラレ（Harare）でSADC地域平和維持訓練センターの建設が始まっている[20]。地域大国を自負するジンバブエのムガベ（Robert Gabriel Mugabe）大統領が地域の集団安全保障への積極性を示した、という側面もあったことを指摘しておきたい。第二次紛争の和平プロセスでは、南アフリカのムベキ（Thabo Mvuyelwa Mbeki）大統領やザンビアのチルバ（Frederick Chiluba）大統領、ボツワナのマシレ（Katumile Masire）大統領が仲介者として活躍しており、地域自身での問題解決への尽力は第二次コンゴ紛争の特徴のひとつである。

一方、RCDとMLCへの支援を理由にコンゴ東部に展開したルワンダ軍とウガンダ軍は、大規模な資源収奪を行った（3.2.2で詳述）。第一次紛争でコンゴ東部に駐留したウガンダ軍の高官が、資源ビジネスの利益に目をつけて軍事介入を提案したという報告もある[21]。両軍の介入の動機のひとつに資源の利益があった可能性はある。ただしこちらも、資源収奪を主要な介入動機ととらえるのは行き過ぎであろう。コンゴ東部の武装勢力の一掃にL. カビラ政権が消極的な姿勢を示したことが、ルワンダとウガンダにとって重要な安全保障上の脅威になったことは事実である。

第一次紛争と同様に、L. カビラは外国の支援を得るための手段として資源を利用し、ルワンダ、ウガンダ、ジンバブエは自国や地域の安全保障という観点に加えて、資源の利益を動機のひとつとして紛争に介入した。

和平交渉の始まり（1998 ～ 2000 年）

1998 年 8 月、RCD とルワンダの軍が首都キンシャサに迫り、あと数日で陥落すると見られていたところに、ジンバブエ軍とアンゴラ軍が到着すると、L. カビラ政権側が形勢を逆転した。首都および西部では政権側が優勢に立ち、一方、東部はルワンダ軍とウガンダ軍に支援された武装勢力が占領した状態で、戦線は膠着した[22]。これを受けて SADC の和平派であったザンビアのチルバ大統領が仲介に乗り出した。この時期の国連安保理は、議長声明や決議によって停戦と周辺国軍の撤退を要求するという、「意思表示」での介入にとどまり、OAU や SADC による解決への取り組みを後押ししていた[23]。

最初の停戦協定は紛争発生から 1 年で成立した。紛争に介入した周辺国はいずれも国連に加盟する国家であり、国際機関や先進国政府からの経済援助を受ける被援助国でもある。地域機構の仲介と国連の非難決議には効果があった。1999 年 7 月にコンゴ、ルワンダ、ウガンダ、ジンバブエ、アンゴラ、ナミビアの 6 か国の間でルサカ停戦協定が結ばれた[24]。

ルサカ協定では、すべてのエスニック集団が市民として法の下に平等に保護されること、周辺国とは不介入原則を守ること、コンゴ国内での国民対話を開催することなどが合意され、周辺国軍の撤退の方法と、コンゴの国家再建の方針が示された。8 月と 9 月には MLC と RCD もルサカ協定に合意した[25]。

国連は、停戦が成立したことを受けて 11 月に国連 PKO である国連コンゴ民主共和国ミッション（MONUC）を派遣し、停戦監視を開始した[26]。

しかし、和平は合意されてもなかなか履行されなかった。その理由として 3 点が挙げられる。

第 1 に、紛争主体の多さである。複数の武装勢力や周辺国軍が、国内各地で散発的に衝突を起こし、混乱に陥っていた。例えば、1999年12月には中部でコンゴ、ジンバブエ、ナミビアの700名の兵士が武装勢力に包囲される事態が起こり[27]、2000年2月には西部で政府軍とMLCが衝突し、東部でも地元の武装勢力がルワンダ軍および反政府武装勢力と衝突した。3月には南部のカサイ州でRCD-Gomaとルワンダ軍が交通の要所を攻撃し、資源産出地域であるカサイとカタンガからコンゴ政府への供給を断絶しようとした[28]。つまり、広い国土のあちらこちらで、複数の武装勢力が衝突している状態であり、介入した周辺国軍もMONUCもこうした衝突を止めることができずにいた。

第2に、周辺国の軍が自国の安全保障を懸念して撤退できなかったことである。コンゴ国内では周辺国の反政府武装勢力が活動を継続していた。ルワンダは、インテラハムウェやex-FARがルサカ協定に合意して武装解除することを求めていたが[29]、これらの武装勢力は、2000年9月にルワンダ解放民主軍（FDLR）を結成してむしろ反抗を強める。ウガンダは国連に対して、スーダンの支援を受ける4つの反政府武装勢力が、コンゴ国内で資金調達や軍事訓練を行い、ウガンダ本国への攻撃をくり返していると訴えている[30]。さらにルワンダとウガンダは、コンゴへの影響力の維持をめぐって対峙していた。両国の駐留軍は2000年5月にキサンガニで武力衝突を起こした。ほどなく停戦し、キサンガニを非武装化する共同声明を発表するが[31]、互いに相手国が撤退するまでは自国から先には撤退できないという対峙が生じていたことがうかがえる。

第3に、コンゴの場合は、武装勢力に紛争解決の意志がないだけではなく、L. カビラ大統領も和平に消極的であった。国民対話の仲介者としてはボツワナのマシレ前大統領が選ばれ、武装勢力も合意した。しかし、L. カビラはマシレの中立性に疑念を示した。そして、L. カビラ自身が武装勢力の指導者と面会することを拒む一方で、各勢力と調整するためにマシレが国内を自由に移動することも認めないなど、妨害とも取れる姿勢を示した[32]。L. カビラは、第一次紛争中にルワンダ難民を大量虐殺した疑惑を国連から追及されており、そのために和平の履行を妨害したのではないかと考えられている[33]。

こうした問題に解決の兆しが表れて周辺国軍の撤退と国民対話が始まるのは、2001年1月に2つの出来事が起きてからである。ひとつは、1月16日にL. カビラが側近によって暗殺され、翌日に息子のJ. カビラが後任の大統領の座に就いたこと、もうひとつは、暗殺事件とちょうど同じ日に、国連の専門家パネルがコンゴの資源収奪に関する中間報告を発表し、紛争当事者たちによる資源収奪を「告発」したことである。以下ではこの2つの出来事を詳しく見ていく。

3.2.2　コンゴ紛争における資源収奪

1999年6月、コンゴ政府はルワンダ、ウガンダ、ブルンジによる人権侵害と資源収奪の実態を国連に訴えた。コンゴ政府が作成した白書では、オリエンタル州、マニエマ州、北キヴ州、南キヴ州において、武装勢力や周辺国軍が金とダイヤモンドを違法に採掘し、持ち去っていると訴えられている[34]。

訴えを受けて国連は調査を開始し、2000年9月にはコンゴにおける資源収奪の実態を調査・報告するための専門家パネルを設置した[35]。専門家パネルは2001年1月に最初の中間報告を提出して以降、2003年まで6回にわたって資源収奪の実態を報告している[36]。本項では、2001年1月の中間報告（S/2001/49）と4月の報告（S/2001/357）を中心に、第二次紛争中のコンゴではどのような資源収奪が行われていたのか、紛争に関わる重要な点に絞って考察する。

資源収奪の実態（2001年）

はじめに、これらの報告書の特徴的な性質を指摘しておきたい。1月の中間報告では、どのような行為が「違法収奪（illegal exploitation）」にあたるのかを詳細に定義していることである。専門家パネルが調査の対象とするのは、安保理議長声明（S/PRST/2000/20）において、「コンゴの天然資源とその他の富の違法収奪に関わる行為」および「コンゴの天然資源とその他の富の違法収奪と紛争との関わり」と記されているだけで、何が「違法収奪」にあたるかは明記されていない。そのため、調査・報告の対象とする行為が「違法」であることを報告書内で明示しなければならなかった。

報告書は、「違法性（illegality）」の概念を4つの要素で定義している。①主権の侵害（コンゴ正統政府の同意なきあらゆる活動）、②既存の規制の侵害、③権力の不当行使（貿易独占、価格の一方的な決定、生産物の強制徴収、軍事占領）、④ソフト・ローを含む国際法への違反である。そして、この定義に則って資源の生産・採掘のみならず、資源に関する第一・二・三次産業への参入すべてを対象として「違法収奪」を非難している[37]。

この定義を踏まえた上で、報告書に描かれた資源収奪の実態の中から、収奪の始まり、収奪主体と方法、対象資源、資源と紛争の関わり方という4点に注目する。

第1に、コンゴで資源が紛争に利用されたのは、1996年の第一次紛争発生時に、AFDL議長であったL. カビラが、紛争資金を調達するために外国企業と契約を交わしたことが始まりであった。新政権成立後には、英語、ルワンダ語、スワヒリ語を話す多くの「新ビジネスマン」がコンゴ東部で事業を開始したと報告書は指摘している[38]。

さらに、第二次紛争中の2000年5月には、L. カビラ政権がコンゴの主要な国営鉱山開発会社であるMIBA（Société Minière de Bakwanga）のダイヤモンド・コンセッションをジンバブエの民間企業に譲渡する計画を有していることが明るみに出た。この民間企業にはジンバブエの政治家、軍人、政商が関与しており、第二次紛争でジンバブエがL. カビラを支援した際の戦費の支払いにあたると考えられた。事前の発覚による市場の反発で計画は中止となったものの、計画の存在は国際社会に衝撃を与えた[39]。

4月の報告（S/2001/357）では、「特殊ケース：ジンバブエ」として、国営鉱山会社Gecaminesなどコンゴの組織からジンバブエ軍兵士への賞与が払われていることや、ジンバブエの企業がコンゴでの採掘権を得ていることを指摘し、「支援への動機付け（incentives for assistance）」があったと分析している[40]。つまり、資源収奪問題の始まりに現政権が関わっていたのである。

第2に、資源収奪に関わる主体としては、武装勢力のみならず、周辺国政府が派遣した軍（以下、駐留軍）も直接的に関わっている。報告書では、主にルワンダ、ウガンダ、ブルンジの名前が挙がっている。関わる主体のレベルは、個々の兵士の個人的な利益を目的とする略奪行為から、軍司令官によって統率された組織的な収奪行為、私企業や政府高官が関わるビジネス行為まで、多岐にわたる[41]。

収奪方法は時期によって異なる。第二次紛争開始当初は、農場、貯蔵施設、銀行、工場から、生産物、現金、設備を略奪する方法がとられた。武装勢力や駐留軍は、新たに都市を占領すると銀行を襲撃して金庫の中身を持ち去った。軍用トラックに山積みされたマホガニーや農産物が国境を越えて運ばれる様子も目撃されている。

最初の12か月で在庫を略奪し尽くすと、採掘・生産・収奪を継続するための「ビジネス」が形成された。典型的な方法は、地元のコンゴ住民に木材の伐採や資源の採掘を行うライセンスを取得させ、私企業（ただし、周辺国の政府高官や親族の関与が指摘されている）が資源を買い取り、軍の保護のもとで国境を越えて運び出す方法である。第二次紛争以前の貿易では陸路の利用が大半で密輸には湖が使われたが、第二次紛争以降は空路が大半になった。コンゴ東部のゴマやキサンガニから、ウガンダの首都カンパラ（Kampala）、ルワンダの首都キガリ（Kigali）に飛ぶ航空機は、行きは農産物や鉱物、帰りは武器や製品を運んでいると指摘されている[42]。

同時期に紛争ダイヤモンド問題が取り沙汰されていたアンゴラやシエラレオネでも、資源産出地域から密輸されたダイヤモンド原石が武器と交換される実態は報告されていた。しかし両事例においては、紛争資源の採掘を管理するのは国内の武装勢力であった。アンゴラでは、武装勢力UNITAの支配下で操業する企業が採掘を行い、シエラレオネでは、地元住民や周辺国から徴集した労働者を使って、武装勢力自身が採掘に従事していた。そうして採掘されたダイヤモンド原石が、ブローカーを通じて周辺の支援国に運ばれ、武器と交換されていたのである。周辺国軍が国内で直接的に採掘（あるいは略奪）に従事するのは、コンゴの特殊な点である。これが、コンゴにおける紛争資源問題が「違法取引（illegal trade）」のみならず「違法収奪（illegal exploitation)」とよばれる所以である。

第3に、収奪の対象となる資源は3つのカテゴリーに分けられる。①鉱物資源（タンタル、ダイヤモンド、金、スズなど)、②農産物・森林資源・野生動物（木材、コーヒー、タバコ、茶、象牙、ゴリラ、オカピ、家畜など)、③金融商品（主に税）である。また、土地の分配や、銀行や工場などの資産も収奪の対象となっている[43]。

こうした対象資源の種類の多さもコンゴの資源収奪問題を複雑にしている大きな要因のひとつである。シエラレオネにおいても武装勢力がコーヒーや他の資源を取引して利益を得ていたが、紛争資金の大部分はダイヤモンド原石に集中していた。そのため、紛争に関わる産品の輸出を禁止する禁輸措置は、ダイヤモンド原石に対象を限定して実施された。一方のコンゴでは、資源の種類が多く、どの資源の取引を禁止すれば紛争継続手段を枯渇させられるのかが明白ではなかった。また、資源の産出に関わる地元住民が多いため、国連の禁輸措置によって取引が停止されれば、生活状況が悪化して人道被害が発生することが予想された。4月の報告では鉱物資源を対象とする制裁の実施が勧告されているが、はたして鉱物資源の取引禁止だけで紛争資金が枯渇させられるかは疑問があった。

第4に、資源収奪と紛争の関わり方については2点を指摘したい。ひとつは、武装勢力と周辺国政府の関わりである。RCDはルワンダから（分裂後は、RCD-Gomaはルワンダ、RCD-Kisangani／RCD-MLはウガンダから)、MLCはウガンダから支援を受けていた。両国政府は関係を否定しているが、専門家パネル報告では、RCD-MLの占領地域で伐採された地域特有の木材がウガンダの首都カンパラの市場で取引されていたり、ルワンダ政府が関わる銀行がRCD-Gomaへの融資を行っていることを指摘している[44]。コンゴの武装勢力が豊富な資金を確保できる背景には、彼らが収奪した資源を買い取ったり、市場にアクセスできるように支援している外部者の存在があった。このつながりを報告書は詳細に提示し、関係する企業や個人の資産を凍結する金融制裁を実施することを勧告している。つまり資源は、武装勢力の資金確保手段として機能しているのみならず、武装勢力を支援する外部者にも利益をもたらしていたのである。

もうひとつは、軍を派遣している周辺国にとっても、資源収奪が紛争資金源になっていたことである。ルワンダとウガンダは、国際社会から多額の援助を受ける被援助国である。二国間援助のみならず、国際通貨基金（IMF）からの融資も受けているため、両国の財政収支は監視を受けている。そしてドナー国は、援助金が軍事費に使用されることを回避したがる。ウガンダの場合、ドナー国との契約で軍事支出はGDPの2%以内に制約されている。ルワンダの場合は、国境での安全保障問題を抱えているために制約が緩いが、2001年時点ではGDPの3.4%に抑えられていた。しかし専門家パネル報告の計算によれば、コンゴに展開している両国の駐留軍にかかる費用は、両国が支出できる軍事費を超過している。報告書は両国が資源収奪によって得た資金を詳細に計算し、その収入が軍の展開にあてられていると分析している[45]。

以上のような資源収奪の実態を考慮すると、コンゴにおける資源収奪は、資源の種類、関与する主体、収奪の方法が非常に幅広く、経済活動の深いレベルに浸透していることがわかる。こうした実態のため、コンゴで紛争資源を対象とする経済制裁を実施する場合には、コンゴとの資源の取引のみならず、収奪に関与している周辺国や広範な企業との取引も規制しなければならなかった。専門家パネル報告では、資源収奪に関与する企業や武装勢力を対象とする金融制裁の実施に加えて、「ブルンジ、ルワンダ、ウガンダとの、タンタル、ニオブ、パイロクロア、スズ、木材、金、ダイヤモンドの輸出入を一時的に禁止」するよう勧告している[46]。次に詳述する理由によって制裁は実現しなかったが、この勧告には、ここまで制裁対象を広げなければ、資源収奪を停止できない実態が表れている。これほど広範になると、制裁にともなう人道被害を最小限に抑える観点から見ても、この勧告どおりの制裁がはたして実施できたかどうかには疑問がある。

制裁が実施されなかった理由（2001年）

上述のように資源収奪問題が詳細に「告発」されたにもかかわらず、2003

年の紛争「終結」まで、コンゴでは経済制裁が実施されなかった。さらに、紛争資源を対象とする禁輸措置は、2016年現在にいたるまで実施されていない。その理由として3点が挙げられる。

第1に、収奪の幅広さが問題であった。1990年代に旧ユーゴやイラクでの包括的制裁が深刻な人道被害をもたらしたことへの反省から、国連の制裁は対象主体や対象産品を限定して実施するターゲット制裁に移行している[47]。アンゴラとシエラレオネにおけるダイヤモンド禁輸はその典型例である。しかし、コンゴにおける資源収奪の対象産品は鉱物から木材、農産物にわたり、対象主体も複数の武装勢力から周辺国政府まで幅広く、経済活動の深いレベルに浸透している。違法収奪と合法取引の区別がつけにくく、勧告どおりに7種類もの資源を対象とする禁輸を実施すれば、資源取引で生計を営む地元住民に深刻な影響をおよぼすことが懸念された。

第2に、大国の利害が存在した。コンゴで国連ミッション紛争予防部門の責任者を務めたグリニョン（François Grignon）は、資源収奪問題に対するアメリカとイギリスの消極姿勢を指摘している。グリニョンが専門家パネルのメンバーに行ったインタビューによれば、報告書の草稿ではアメリカの企業や役人も糾弾されていた。紛争発生当初、ルワンダの首都キガリのアメリカ大使館の経済部門がタンタル採掘事業に携わっていたのである。しかし、この糾弾にはアメリカ政府が不快感を示し、アメリカの利害に関する部分はすべて削除された[48]。

2001年4月の報告（S/2001/357）では、周辺国との資源取引禁止（資源禁輸）、武装勢力の資産凍結、関係する企業と個人の資産凍結、武装勢力への武器禁輸、周辺国との軍事協力の停止、という5つの制裁を安保理が「すぐに実施するべき（should immediately declare）」、「決定するべき（should decide）」、「強く勧奨するべき（should strongly urge）」であると勧告しているが[49]、こうした強い勧告が行われるのはこの報告書だけである。11月に提出された次の報告（S/2001/1072）では、「コンゴにおける収奪とアフリカ大湖地域の発展を考慮して実施のタイミングを検討する（may consider）」、「監視メカニズムの設置が必要である」と述べるにとどまり、つまり制裁実施のモラトリアムを提案している[50]。

グリニョンは、制裁勧告が取り下げられた理由として、イギリスの援助方針を指摘している。イギリスは、ルワンダとウガンダを保護する立場をとり、両国を攻撃するような結論はすべて拒否していたという[51]。

1994年にルワンダ・ジェノサイドを看過した負い目を持つ欧米諸国は、ルワンダを「開発の優等生」にしようと大規模な開発援助を行っている。ルワンダやウガンダに制裁を実施することで政治的・経済的に不安定化させたくないという大国の利害が、コンゴの資源収奪問題に対する国連内でのジレンマを生んでいた。

第3に、この時期にアンゴラとシエラレオネで大きな潮流となっていた紛争ダイヤモンド問題が、コンゴの資源収奪問題を「告発」する上では、阻害要因になっていた。NGOによる紛争資源問題の「告発」を主導していたGlobal Witnessは、2000年5月に報告書「Branching out」を発表してL.カビラ政権とジンバブエのダイヤモンド採掘権をめぐる癒着を「告発」して以降、コンゴにおける紛争ダイヤモンド問題を訴え続けていた[52]。しかし、コンゴでは主なダイヤモンド産出地域は政府の統治地域にあるため、武装勢力や駐留軍による資源収奪にとっては中心的な問題ではない。コンゴの紛争資源問題を「告発」して紛争解決に導くためには、タンタルやスズなどコンゴ東部の資源に注目する必要があった。それにもかかわらず、紛争ダイヤモンド問題に集中するNGOの注目はなかなか他の資源におよばなかった。2002年にようやく、ベルギーのNGOであるInternational Peace Information Service（IPIS）が、ヨーロッパのNGO 32団体との連名でコンゴの紛争タンタルと企業のつながりを告発する報告書を公表した[53]。Global Witnessがコンゴの多様な資源と紛争の関わりを「告発」する報告書を発表するのは、2004年のことである[54]。ひとつの大きな潮流の裏で、他の問題が注目されにくくなるという状況が生じていた。

紛争「終結」後の2003年には残存する武装勢力を対象主体とする制裁として、武器禁輸、資産凍結、渡航禁止が実施されるが、資源を対象とする禁輸措置は実施されていない。

「告発」への反応（2001年）

それでも、専門家パネル報告で「告発」された当事者たちがどのような反応を示したのかを見ると、資源収奪の「告発」がコンゴ紛争の解決に向けて一定の効果をもたらしたことがうかがえる。

ルワンダ、ウガンダ、ブルンジの反応は顕著であった。2001年4月に上述の専門家パネル報告が提出されると、ルワンダ、ウガンダ、ブルンジはすぐに国連安保理議長宛の書簡を提出し、抗議を行った[55]。抗議の大部分は、報告書の情報源が信用できないこと、記述内容が事実と異なることを批判する内容であるが、注目すべき点が3つある。

第1に、報告書が示した「違法性」の定義に異論を提示していることである。アフリカ大湖地域には伝統的な貿易の形態があること、世界貿易機関（WTO）や東南部アフリカ市場共同体（COMESA）では自由貿易が認められていること、法秩序やインフラの整備されていないコンゴ東部の住民にとって、ルワンダやウガンダとの貿易は必要不可欠なものであることを主張し、報告書で指摘された取引は必ずしも「違法」ではないと主張している[56]。

コンゴの資源産出地域は首都から遠く離れた東部に集中し、産出された資源は紛争以前から、ルワンダ、ウガンダ、ザンビアなどの隣国を経由して輸出されてきた。そのため、どのような経済活動が、報告書で「違法」と定義された「既存の規制の侵害」にあたるかは明確ではない。もちろん、報告書の中には、どのような基準に照らしても「合法」とは考えられない収奪行為が多く含まれている。しかし、国内の経済ネットワークが断絶し、政府の統治がおよんでいないコンゴ東部において、どのような経済活動が違法あるいは合法であるかを判断することは困難である。ここに、何が取り締まるべき「違法収奪」であるかを明確に定義できない難しさが表れている。専門家パネルは第2フェーズ以降、合法か違法かの議論をやめ、「不正（illicit）」という概念を使うようになった[57]。

第2に、派兵の理由が自国の安全保障であると強調していることである。前述のように、コンゴ東部は周辺国の反政府武装勢力の軍事拠点となっていた。ウガンダの書簡は、こうした武装勢力に対するコンゴ政府の支援が脅威となっていることを主張している[58]。

第3に、報告書による制裁の勧告はルサカ協定に違反すると主張していることである。ルサカ協定においては、RCDやMLCを含むすべての集団が対等な立場で新しい政治体制をつくりあげるための対話に臨むことが決められている。制裁はこの取り決めをないがしろにするものであると主張しているのである[59]。

こうした主張によって甚だしい資源収奪が正当化されるものではない。また、ファウラーの「naming and shaming strategy」がねらったように、報告書への反論も含めて議論を喚起することが重要な意味を持つ。ルワンダ、ウガンダ、ブルンジは、自国の資源収奪への関与を否定すると同時に、関与した兵士がいれば厳しく処罰すると宣言した。そして、自国にはルサカ協定を遵守する意志があることを強調したのである。この点で、報告書の「告発」には、ルワンダ、ウガンダ、ブルンジをルサカ協定の遵守の方向に向かわせる効果があったと評価できる。5月にはウガンダが、コンゴ東部の10地域から軍を撤退させることを表明した[60]。ただし、この意志表明が実現するには1年以上がかかる。

なお、報告書の「告発」はコンゴ国内勢力間の国民対話においても重要な役割を果たしたが、その点は後述する。

3.2.3　紛争解決への動き

話を2001年1月に起きたもうひとつの出来事に戻そう。紛争解決への強い推進力になったもうひとつの出来事は、2001年1月のJ. カビラ大統領の就任であった。

L. カビラが暗殺されたことによって後任の大統領に就任した息子のJ. カビラは、ルサカ協定の履行を積極的に進めた。J. カビラが和平を推進した理由は明らかになっていないが、戦闘による勝利でも選挙でもなく大統領に就任したJ. カビラが政権基盤を固めるためには、和平を実現し、国内外からの支持を確保する必要があったのではないかと考えられる[61]。

国民対話（2001 ～ 2002 年）

就任直後の 1 月 26 日の声明で J. カビラは、ルサカ協定の履行を進める意志を表明した。そして、国民対話のために仲介者であるボツワナのマシレ前大統領と協力することを宣言し、ルワンダ、ウガンダ、ブルンジに撤退を要求した。さらに、フランス、アメリカを訪問してドナー国からの支援を求めた[62]。一方、J. カビラの動きに対抗するように、2 月 20 日にはルワンダとウガンダがそれぞれ、ルサカ協定を遵守して撤退する意志があることを表明した[63]。国連はこれに応える形で 2 月 22 日に決議 1341 を採択し、ルワンダとウガンダの意志表明を歓迎しながら、軍を撤退させるよう要求した[64]。

3.2.1 の「和平交渉の始まり」において、ルサカ協定がなかなか履行されない理由は、①紛争主体の多さ、②周辺国の安全保障、③ L. カビラ政権の消極姿勢であると指摘した。まずは J. カビラが新大統領に就任したことで 3 点目が解消されたのである。それをきっかけに、武装勢力間での合意を形成しようとする国民対話が動き出すことになる。

資源収奪に関する専門家パネル報告書もまた、国民対話を進める一助となった。資源収奪問題が明るみに出たことで、ルサカ協定では触れられていなかった経済問題について国内勢力が議論し、合意することの必要性を認識させたのである。5 月 4 日には主要 4 勢力が国民対話の基本原則に合意した。その中では、資源の利益をコンゴ国民全体の生活水準向上のために利用することなど、資源に関する取り決めがなされていた[65]。

2001 年 10 月、初の国民対話がエチオピアの首都アジス・アベバ（Addis Ababa）で始まった。参加したのは、コンゴ政府、MLC、RCD-Goma、RCD-ML に加えて、他の政治政党、市民社会の代表など約 80 名であった。この会合は、実質的な討議にまで踏み込めずに中断するものの、国内勢力が信頼を醸成する機会になった[66]。

11 月に専門家パネルが次の報告を提出したことも効果的であった。11 月の報告は、第二次紛争発生時の L. カビラ政権とジンバブエの共謀が「告発」されるなど再び物議を醸す内容であった[67]。しかし、こうした「告発」は、国内勢力間の対立を煽るよりもむしろ、これからつくりあげる新政府において重要なポストを獲得するために、いかに自分たちが資源収奪から手を引いたかをアピールするために利用された[68]。

一度は中断した国民対話は、2002年2月に南アフリカのサン・シティ（Sun City）において、ムベキ大統領の主導によって再開された。中心的な議題は、紛争中に交わされた契約の合法性、収奪された資産の返還などの経済問題と、政治・軍事部門での権力分有であった。45日間におよぶ議論の末、合意案が作成されながらも、あと一歩のところで包括的合意に達せず、国民対話は再び中断された。政府とMLCの間では、権力分有に関する部分的な合意が成立したが、RCD-Gomaとは合意できなかった[69]。

2度目の中断の後、和平プロセスは危機に直面する。5月にキサンガニでRCD-Gomaが暴動を起こしたのである。RCD-Gomaはラジオ局を占拠して「侵略者ルワンダ」に対して決起するようよびかけ、MONUCのラジオにはコンゴ政府への援軍を求めるよう中継することを要求した。さらに、ルワンダ系住民や警察官を殺害し、略奪を行った。RCD-Gomaは本来、ルワンダの支援を受ける武装勢力である。支援国ルワンダに反旗を翻したとも見えるこの行動は、国民対話で合意できなかったことへの不満と、内部分裂が原因と見られている[70]。異なる利害を持つ複数の勢力が合意するには、さらなる努力が必要であった。

周辺国軍の撤退～包括的和平合意へ（2002年）

2002年4月に国民対話が中断すると、国連は特使を派遣してシャトル外交に乗り出した。特使はコンゴ政府のJ. カビラ、MLCのベンバ、RCD-Gomaや他の武装勢力、政治政党や市民社会の代表と順次議論を重ね、国民対話の仲介者であるボツワナのマシレ前大統領をはじめ、ガボン、ルワンダ、南アフリカ、ジンバブエの大統領およびアンゴラの外相を訪ねた。国民対話の再開と、周辺国軍の撤退を同時進行で進めようとする試みであった。

この試みは功を奏した。7月30日には、南アフリカのムベキ大統領の仲介により、ルワンダ政府とコンゴ政府の間で安全保障協定（プレトリア協定）が結ばれた[71]。ルワンダ軍が撤退する代わりに、コンゴ政府はすべてのex-

FARとインテラハムウェの武装解除を行うことを約束した。続いて9月6日にはウガンダ政府とコンゴ政府の間でも同様の協定（ルアンダ協定）が結ばれ、ウガンダの安全を保障する約束と引き換えに撤退することに同意した。これらの協定に基づいて、9月からルワンダ軍の撤退が始まり、10月にはジンバブエ、ウガンダなどの周辺国軍が順次撤退した[72]。

なぜ、自国の安全保障を強固に主張していた周辺諸国が急に同意し、撤退したのか。その理由として、3点が考えられる。

第1に、OAU、SADCなどの地域機構による地域安全保障の強化である。第二次コンゴ紛争には、発生当初からSADCが関わっており、周辺国との交渉や国民対話にもザンビアのチルバ大統領や、ボツワナのマシレ前大統領が尽力してきた。中でも、2002年2月から4月の国民対話以降、南アフリカのムベキ大統領が指導力を発揮し始めたことは、推進力になったと考えられる。コンゴ政府がいくら約束しても、コンゴ東部の反ルワンダ、反ウガンダ武装勢力の活動を抑えられるとは信用しにくい。しかし、2002年のプレトリア協定とルアンダ協定では、OAU議長としてのムベキと国連事務総長が「保証人」として協定に署名し、第三者による検証メカニズムが発足することになった[73]。

第2に、国連PKOであるMONUCが強化されたことである。1999年11月に設立されたMONUCは、2000年2月の安保理決議1291において5,537名まで要員を増やすと決定された[74]。それにもかかわらず、2001年4月時点で367名の要員しか派遣されていなかった。それが、和平交渉が進展し始めた2001年半ばから急激に増加した。2001年10月には2,408名、2002年6月には3,804名、周辺国軍が撤退した10月には4,258名へと増加している（**図3-2**）。2002年10月時点で撤退したウガンダ軍2,287名、ジンバブエ軍3,477名、ルワンダ軍23,760名に比較すれば少ないが、MONUCの存在が周辺国に安全保障への信頼を抱かせる効果はあったと考えられる[75]。

第3に、自国の経済事情により、撤退の必要性に迫られていたためである。経済事情のひとつは、国内経済の悪化である。特にジンバブエは、2001年のピーク時には16,000名の兵士を派遣し、月に3,000万ドルの軍事費をコ

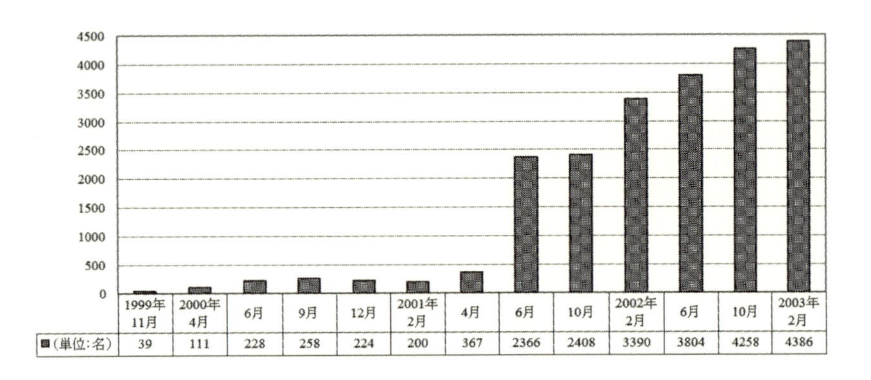

	1999年11月	2000年4月	6月	9月	12月	2001年2月	4月	6月	10月	2002年2月	6月	10月	2003年2月
■(単位:名)	39	111	228	258	224	200	367	2366	2408	3390	3804	4258	4386

図 3-2　MONUC 要員数

出典：MONUC HP より筆者作成

ンゴに注いでいたと推計されている[76]。この軍事費は当初、ダイヤモンドをはじめとするコンゴの資源採掘権を得ることで支払われるはずであった。しかし、資源収奪問題が「告発」されたことによって頓挫してしまったのである。ジンバブエは経済破綻に追い込まれ、撤退を望んでいた。

もうひとつの経済事情は、援助ドナーからの圧力である。ルワンダやウガンダは、資源収奪で莫大な利益を得ていたため、軍隊を派遣しても国内経済を圧迫することはなかった。しかし、両国は国際援助機関や先進国政府からの開発援助を受ける被援助国である。隣国に軍を駐留させている国に援助を出すことは、ドナー国内の市民から批判を受ける。2002 年 8 月に南アフリカで開催された南アフリカ諸国の会合にはアメリカも安保理議長国として参加しており[77]、世界銀行や IMF、主要ドナー国であるアメリカ、イギリス、フランスが援助をてこに撤退を迫ったことが、両国の撤退につながったと考えられる。

こうして周辺国軍が撤退に合意したことは、国内勢力間の対話を加速させた。ムベキ大統領の仲介によって 9 月にはコンゴ政府と RCD-Goma の間で、新政府の構成と権力分有に関する合意がなされた。これで、政府、MLC、RCD-Goma という主要勢力がそれぞれ合意したことになる。こうした下準備が整った状態で、12月にプレトリアで最後の国民対話が開催された。国民対話では、移行政権における省庁、議会、地方政府、軍のポストが、どの武装勢力、政治政党、市民社会によって分有されるかが詳細に決定され、2002年12月17日、包括和平合意であるプレトリア協定が成立した[78]。

周辺国軍の撤退とプレトリア協定の成立をもって、コンゴ紛争は「終結」したとみなされている。プレトリア協定に基づき、2003年には移行政権が発足し、2005年には憲法に関する国民投票、2006年には大統領選挙と議会選挙が行われた。この選挙ではJ. カビラが大統領に選出され、コンゴは国家再建の道を歩み始めた。

ただし、これでコンゴ全土に平和が実現したわけではない。中央政府を打倒しようとする紛争は終結したものの、土地と市民権をめぐる問題が解決したわけではなく、さらに資源をめぐる問題が加わって、コンゴ東部では残存する武装勢力による紛争状態が継続している。

まとめ

1996年に始まる2度のコンゴ紛争は、ルワンダ系住民と隣接集団との間の、土地と市民権をめぐる対立を要因として始まった紛争であり、資源は紛争発生の動機にはなっていなかった。しかし、紛争発生時にAFDLのL. カビラが外国の援助を得るために採掘権を利用したことと、武装勢力やルワンダ、ウガンダ、ブルンジの駐留軍が大規模な資源収奪に従事したことを契機として、コンゴ東部の豊富な資源は紛争資源として利用されるようになった。国連専門家パネルの報告によって収奪の実態は「告発」されたものの、収奪の幅広さや大国の利害によって有効な解決手段がとられなかった。そのため、紛争は2003年に「終結」するものの、紛争資源問題は現在まで継続することになった。

第1節で提示した、「資源と紛争が結びつくメカニズム」(表3-2)に照らして、コンゴ紛争の発生・継続の動機あるいは手段としての資源の関わり方を考察しよう。

第1に、紛争発生の動機に資源が関わっていたとはいい難い。第2章で詳述したように、紛争の発生要因は土地と市民権をめぐるエスニック対立である。確かに、ルワンダ、ウガンダ、ジンバブエなどの周辺国が紛争に介入した動機の一部に、資源採掘権の確保や資源ビジネスの利益はあった。しかし、自国の安全保障というより大きな介入動機が働いていたことに鑑みると、資源の存在が紛争発生要因における外部者の利益追求メカニズム（greedy outsider mechanism）として作用したとはいえない。

第2に、紛争発生の手段としては、第一次紛争の発生時にL.カビラが外国企業に採掘権を認める契約を交わしていたことから、武装勢力が紛争を開始するための資金確保に資源が利用される紛争手段メカニズム（feasibility mechanism）が作用していたといえる。

第3に、武装勢力が紛争を継続させる動機として資源が作用していたとはいい難い。第二次紛争において、国内勢力間での対話が進まなかった要因は、武装勢力よりもむしろL.カビラ政権の側にあったためである。ただし、紛争に介入したルワンダとウガンダが撤退を遅らせた要因のひとつとして、資源収奪からの利益があった。この点では、資源からの利益によって外部者が和平プロセスに消極的になるメカニズム（international conflict premium mechanism）が作用していたといえる。

第4に、紛争継続の手段としては、ルワンダやウガンダは資源収奪から紛争資金を確保し、国内の武装勢力は両国からの支援を受けていた。紛争を継続するための資金確保に資源が利用されるメカニズム（feasibility mechanism）と、資源収奪によって紛争主体内に組織構造が形成され、和平のコストが高まるメカニズム（fragmented organizational structures mechanism）が作用していた。

つまり、コンゴ紛争においては、資源は紛争発生の動機としては作用せず、紛争を可能にする手段として作用していた。しかし、紛争が継続する中で、資源から得られる豊富な資金が、紛争継続手段であると同時に動機にもつながっていった。特に外部者であるルワンダとウガンダが資源を利用する程度が強かった。

一方、資源収奪問題に対する「告発」が国際社会での議論を喚起し、紛争解決に向けて一定の役割を果たしたことを考慮すると、資源が関わる紛争は、同時に、資源問題に働きかけることで紛争解決への糸口をつかむことができる紛争でもあるといえる。

ただし、紛争資源問題の様相は、コンゴ紛争中と紛争「終結」後では変化する。武装勢力やルワンダ、ウガンダの駐留軍が始めた資源収奪が、コンゴ東部に収奪構造を形成し、両国軍の撤退後も現地社会に内部化していくことになる。かつての奴隷貿易や「赤いゴム」の搾取が、外部から持ち込まれながらもコンゴの現地社会に内部化していったように、紛争資源問題も内部化していくのである。

第３節　コンゴ東部における紛争資源問題

コンゴ東部における資源収奪は、２度のコンゴ紛争中に武装勢力や周辺国の駐留軍が始めたものであった。しかし、2003年にコンゴ紛争が「終結」して周辺国軍が撤退してもなお、紛争資源問題は継続している。コンゴ東部では複数の武装勢力による紛争状態が継続し、紛争中に形成された違法な資源ビジネス・ネットワークが、現地のエスニック対立とも結びついて機能し続けている。コンゴ紛争中に始まった資源収奪は、どのようにしてコンゴ東部の現地社会に内部化されていったのであろうか。

本節では、コンゴ東部紛争における紛争資源問題において、誰と誰が何をめぐって争い、資源はどう利用され、どのような被害が起きているのかを整理し、コンゴ東部に形成された紛争構造の中で資源がどのような役割を持っているのかをとらえる。

3.3.1　コンゴの鉱業概況

はじめに、２度の紛争が終結した後のコンゴにおける鉱業概況を整理しておきたい。2016年現在のコンゴの鉱業を規定するのは、2002年に世界銀行とIMFの支援によって制定された鉱業法と、それにともない2003年に制定された鉱業規則である。鉱業管轄官庁として鉱山省が設置され、政府機関として鉱業登録所が採掘権の管理を行っている。

国営の鉱業公社としては、Gecamines、MIBA、Sakima、Okimo、Sodimico、Kisenga Manganeseの6社が操業している（**表3-4**）。MIBAは80%が政府、20%がベルギーの民間資本であるが、他の5社は100%政府資本である。

民間企業としては、カザフスタンのENRC、中国のMMG Limited、イギリスのRio Tinto、スイスのGlencore Xstrataなど外国の企業が、政府との合弁事業によって以下10の鉱山での採掘を行っている（**表3-5**）[79]。なお、Twangiza（南キヴ州）を除く9鉱山はすべて南部のカタンガ州に位置する。

コンゴ国内には金属を消費する産業が存在しない。また、銅とコバルトについては国内に製錬所があるが、その他の金属の製錬所は存在しない。そのため、採掘された鉱産物はすべて輸出されている。

表3-5からも明らかなように、企業による鉱業採掘は、カタンガ州での銅とコバルトに集中している。これらの他に、29鉱山での探鉱プロジェクトも行われているが、銅、コバルト、金がほとんどである。後述するように、東部の3TG鉱山では、企業が採掘権を獲得しても操業せず、小規模の手掘り鉱（Artisanal and Small-Scale Mining：ASM）による採掘が行われている。

3.3.2 コンゴ東部の紛争構造

コンゴの紛争資源問題を理解するにはまず、東部で闘争を継続する武装勢力の関係性を理解しなければならない。コンゴ東部紛争は、単なる資源をめぐる紛争ではなく、政治対立やエスニック対立が重層的に入り組んだ紛争構造の中で、資源が紛争継続手段として利用され、場合によっては鉱物から得られる利益が紛争継続の動機と化しているのである。紛争全体の構造の中での紛争資源問題の位置づけを理解し、紛争鉱物取引規制の導入によって紛争のどの側面が解決される可能性があるのかを見ていきたい。

多くの紛争では、政府軍（国軍）と反政府軍が対立する構図が見られるが、コンゴの場合、40を超える武装勢力が地域やエスニック集団に沿って結成され、国軍に対抗する勢力もあれば、国軍とは協力関係を保ちながら他の武装勢力に対抗する武装勢力もある。本項では、国連による報告書を主な情報源として、2003年から2014年の間にコンゴ東部のイトゥリ（Ituri）、北キヴ、

表 3-4　国営鉱山会社の鉱種・地域の区分

企業名	中心地域	鉱種
Gecamines	カタンガ州	銅、コバルト、亜鉛、スズ、ウラン
MIBA	東西カサイ州	ダイヤモンド、クロム、ニッケル
Sakima	南北キヴ州	スズ、タンタル、タングステン、金
Okimo	北東部オリエンタル州	金、銀
Sodimico	カタンガ州	銅、コバルト
Kisenga Manganese	カタンガ州西部	マンガン

出典：JOGMEC『世界の鉱業の趨勢 2014　DR コンゴ』より筆者作成

表 3-5　民間企業による生産鉱山

鉱山名	権益所有企業（権益：%）	鉱種	生産量（千 t）
Dikulushi	Mawson West (90) Local Interest (10)	銅	4.5
		銀（oz）	42.8 万
Etoile	Shalina Resources (99.04) Shiraz Virji and Abbas Virji (0.96)	銅	147.1
		コバルト	1.1
Kamoto JV	Katanga Mining (75) コンゴ政府（Gecamines および Simco）(25)	銅	136.1
		コバルト	2.2
Kinsevere	MMG Limited (100)	銅	62.0
Kipoi	Tiger Resources (60) コンゴ政府（Gecamines）(40)	銅（SX-EW）	136.6
Mukondo Mountain	ENRC Africa Holdings (70) コンゴ政府（Gecamines）(30)	銅（SX-EW）	NA
		コバルト	NA
Ruashi-Etoile	Jinchuan Group (80) コンゴ政府（Gecamines）(20)	銅（SX-EW）	38
		コバルト	4.4
Tenke Fungurume	Freeport-McMoran Copper and Gold Inc (56) Lundin Mining Corp (24) コンゴ政府（Gecamines）(20)	銅（Klb）	454,000
		コバルト（Klb）	25,000
Twangiza	Banro (100)	金（oz）	82.5 万
Frontier	ENRC (95) コンゴ政府（Gecamines）(5)	銅	33.3
		コバルト	NA

出典：JOGMEC『世界の鉱業の趨勢 2014　DR コンゴ』より筆者作成

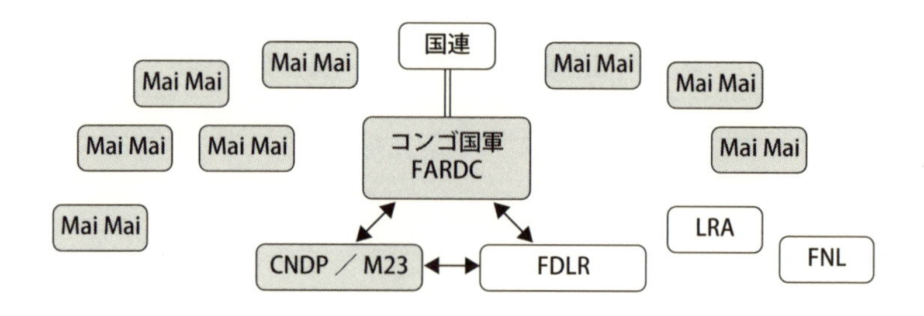

図 3-3　コンゴ東部紛争の構図

出典：筆者作成

南キヴ地域において武力衝突を起こした武装勢力を中心に、主な武装勢力の特徴と対立構造を押さえておきたい。

コンゴ東部に展開する主な軍および武装勢力は 4 つに分類できる。①正規軍として、コンゴ国軍（FARDC）および治安維持にあたる国連 PKO（MONUC ／ MONUSCO）、②コンゴの現政権（J. カビラ政権）に反対する反政府武装勢力（CNDP や M23 など）、③特定の地域やエスニック集団の自衛を目的とする武装勢力（Mai Mai）、④コンゴ東部を拠点としながら周辺国政府に反対する反政府武装勢力（FDLR や LRA など）である（**図 3-3**、**表 3-6**）。

通常、①の国軍を武装勢力に含める例はあまり見られないが、コンゴの場合は、地方に展開する FARDC の司令官や兵士が違法な資源採掘に従事したり、他の武装勢力に武器を横流ししたり、住民への人権侵害に加担する例が頻繁に見られる。地域によっては、住民にとって FARDC 兵士が他の武装勢力と同様の脅威となっている場合もある。後述するように、反政府武装勢力の鎮圧と同時に国軍改革も大きな課題である。

武装勢力の主な対立構造は、大きく 3 つに分けられる。

第 1 に、人民防衛国民会議（CNDP）や 3 月 23 日運動（M23）のように、反政府武装勢力がコンゴ政府に対抗する対立構造である。ただし、コンゴ東部紛争で武装勢力が目指しているのは地域支配や自衛にとどまり、政府の打倒までを目指す反政府武装勢力は見られない。

第2に、ルワンダ解放民主軍（FDLR）、ウガンダの神の抵抗軍（LRA）、ブルンジの国民解放軍（FNL）のように周辺国の反政府武装勢力がコンゴ東部に拠点を置き、本国政府の打倒を企図するとともに、コンゴ国内でも地元住民への人権侵害行為を行ったり、治安維持にあたるFARDCや国連部隊を攻撃したりする対立構造である。1994年のルワンダ難民流入以降、コンゴ東部に政府の統治がおよばなくなった混乱に乗じて、ルワンダ、ウガンダ、ブルンジなど周辺国の反政府武装勢力が活動拠点を置くようになり、コンゴ東部が周辺国の安全保障上の大きな問題となった。モブツ政権はこの混乱を国際社会からの支援を取り付けて政権を維持する手段として利用したが、J. カビラ政権は（少なくとも表面的には）掃討の意志を示している。FARDCは、これらの武装勢力を掃討するために周辺国軍や国連PKOと協力して掃討作戦を展開している。例えば、LRAに対しては、2008年12月に、ウガンダおよびスーダンとの合同作戦「Lightning Thunder」を展開した[80]。FDLRに対しては、2009年1月にルワンダとの合同作戦「Umoja Wetu（Our Unity）」[81]、2009年3～12月にはMONUCとの合同作戦「Kimia II」、2010年1月～2012年4月にはMONUSCOの支援を受けた「Amani Leo」を展開してFDLRの掃討をはかった[82]。ただし、FARDCの部隊がFDLRと連携しているという報告は頻繁に出されており、J. カビラ政権に本気でFDLRを掃討する意志があるのか、ルワンダ政府がくり返し疑念を訴えている。

第3に、最も複雑かつ広範な対立構造として、武装勢力同士の対立に他の武装勢力が協力し、同盟と離反をくり返すという構造がある。この対立構造は、フツ系のルワンダ反政府武装勢力であるFDLRと、ツチ系の武装勢力であるCNDP（2009年に解体）および後継のM23（2012年4月に結成）との対立を中心軸として顕著に見られる。

FDLRは、1994年のルワンダ・ジェノサイドの後、国境を越えてコンゴ東部に流入してきたフツ過激派民兵を中心に組織された、ルワンダの反政府武装勢力である。北キヴおよび南キヴに拠点を置き、ルワンダ政府の打倒を目指している。その一方でFDLRは、地元住民の土地や財産を奪ったり、住民を襲撃して殺害、強姦などの人権侵害行為を行っている。そのため、

表 3-6　コンゴ東部の主な軍および武装勢力

コンゴ国軍、国連 PKO		
FARDC		コンゴ民主共和国軍（Forces Armées de la République Démocratique du Congo）
MONUC ／ MONUSCO		1999 年～国連コンゴ民主共和国ミッション （United Nations Organization Mission in the Democratic Republic of the Congo: MONUC） 2010 年～国連コンゴ民主共和国安定化ミッション （United Nations Organization Stabilization Mission in the Democratic Republic of the Congo: MONUSCO）
反政府武装勢力		
イトゥリ	FNI ／ FRPI	国民主義・統合主義戦線（Front des Nationalists et Intégrationnistes） イトゥリ愛国抵抗軍（Forces de Résistance Patriotiques en Ituri）
	UPC	コンゴ愛国連合（Union des Patriotes Congolais） 2003 年に UPC-L と UPC-K に分裂
北キヴ	CNDP	人民防衛国民会議（Congrés National pour la Defense du Peuple） 2006 年にンクンダが結成。FDLR に対抗。2009 年に和平合意し、FARDC に統合。
	M23	3 月 23 日運動（Mouvement du 23 Mars） 元 CNDP 兵士が 2012 年 4 月に結成。FDLR に対抗。コンゴ政府に対して 2009 年 3 月 23 日の和平合意の履行を求める。 2013 年 12 月に和平合意。
地域の自衛集団（Mai Mai）		
反 FDLR	FDC	コンゴ防衛戦線（Front de Défense du Congo） 元 CNDP 兵士が 2012 年に結成。FDLR に対抗。FARDC の作戦を支援。
	NDC （Mai Mai Sheka）	ンドゥマ・コンゴ防衛（Nduma Defence of Congo：通称 Mai Mai Sheka） FDLR に対抗。Raïa Mutomboki、M23 と同盟。2013 年 11 月までに降伏。
	Mai Mai Raïa Mutomboki	FDLR に対抗するネットワーク。FARDC とも衝突。2012 年 4 月に和平合意。 2013 年に再度反乱。2013 年 11 月に降伏。
	Mai Mai Nyatura	FDLR に対抗。
反 CNDP ／ M23	APCLS	コンゴの自由と独立のための愛国者同盟　（Alliance des Patriotes un Congo Libre et Souverain） PARECO の残党が結成。CNDP や M23 からフンデの土地を守る。
	FDIPC	コンゴ人民利益防衛軍（Forces de Défence des Intérêts du People Congolais） ルツルで FARDC と共同し、M23 を攻撃。

反 CNDP／M23	FPD (Mai Mai Shetani)	民主人民軍（Forces Populaires pour la Démocratie） 北キヴで M23 と対抗。フツに敵対。
	FRF	連邦共和軍（Forces Républicaines Fédéralistes） 第二次紛争中にバニャムレンゲが RCD に対抗して結成。
	PARECO	コンゴ愛国抵抗連合（Coalition des Patriotes Résistants Congolais） 2007 年に様々なエスニック（コンゴ系フツ、フンデ、ナンデ）の Mai Mai が集合して結成。FDLR と連携、CNDP と対抗。 2009 年に和平合意し、FARDC に統合。
その他	Mai Mai Cheka	NDC の一部。FARDC と衝突。
	Mai Mai Hilaire	2013 年 11 月までに降伏
	Mai Mai Morgan	FARDC 第 9 区と連携。
	Mai Mai Yakutumba	フィジのベンベの Mai Mai。2009 年に FARDC に統合。2013 年に FARDC と衝突。
	MPA	人民自主防衛運動（Mouvement Populaired' Autodéfense）フツの自衛
周辺国の反政府武装勢力		
ルワンダ	FDLR	ルワンダ解放民主軍（Forces Démocratiques de Libération du Rwanda） ルワンダ反政府武装勢力。2000 年結成。対 CNDP や対 M23 では FARDC と協力。 ワリカレでは APCLS、FDLR、Nyatura の同盟で NDC と対抗。
	FDLR-FOCA	FDLR の分派
	RUD-Urunana	民主統一連合（Ralliement pour l'unité et la Démocratie） 2004 年に FDLR から分派。PARECO と協力
ウガンダ	ADF／ NALU	民主同盟軍（Allied Democratic Forces） ウガンダ解放のための国民軍（National Army for the Liberation of Uganda） 反ウガンダ政府のイスラム武装勢力。
	LRA	神の抵抗軍（Lord's Resistance Army） ウガンダ反政府武装勢力
ブルンジ	FNL	国民解放軍（Forces Nationales de Liberation）

出典：国連文書より筆者作成 83

FDLRから地元住民を保護することを目的として、地域やエスニック集団ごとにMai Maiとよばれる自衛の武装勢力が結成されている。マシシとワリカレのMai Maiが連合したRaïa Mutombokiのように、FDLRに対抗するためのネットワークも形成されている。こうした反FDLR勢力の中で、最も大きな武装勢力が、ツチ系住民の保護を唱えるCNDPとM23である[84]。

CNDPは、2006年にンクンダ（Laurent Nkunda）が結成したツチ系の反政府武装勢力である。ンクンダはルツル出身のツチで、もとはマシシの高校教師であった。1990年にルワンダで内戦が始まり、1993年に北キヴでルワンダ系住民と地元のエスニック集団との衝突が激化すると、ンクンダはルワンダに渡り、RPFに参加して軍事司令官になった。その後、第一次コンゴ紛争ではL. カビラが率いるAFDLの側で戦闘に参加したものの、新政権を樹立したL. カビラがルワンダ系の兵士を冷遇するようになると、第二次コンゴ紛争ではL. カビラ政権の打倒を目指すRCDの幹部として戦闘に参加した。2003年の和平成立時にもンクンダは国軍への統合を拒否し、北キヴでの反政府闘争を継続した。その後いったんは停戦したものの、2006年の選挙を不満としてCNDPを組織した[85]。CNDPは4,000～7,000名の兵士を擁するコンゴ東部最大規模の武装勢力として、北キヴの広い範囲を支配した[86]。CNDPにはルワンダ政府からの支援が行われていたと指摘されている（ルワンダ政府は否定）。

2009年1月にンクンダが逮捕されたことを受けてCNDPは3月23日にコンゴ政府と和平合意し、兵士はFARDCに統合された。しかし和平合意が履行されていないことを不満として2012年4月にンタガンダ（Bosco Ntaganda）を中心とする元CNDP兵士が反乱を起こし、M23を結成した。2012年11月には、M23が東部の主要都市ゴマを制圧し、FARDCやMONUSCOを撤退させて大量の避難民を発生させた。国際社会の強い対応によって2013年12月にはコンゴ政府とM23の和平合意が成立したものの、今後の和平の実現は合意の履行にかかっている。

CNDPやM23はツチ系住民の保護を唱えていたが、彼らもまた、紛争資金の調達や地域支配のために地元住民に対する人権侵害を行っていた。そのため、CNDPやM23から住民を保護するためのMai Maiも結成され、コンゴ愛国抵抗連合（PARECO）のようにCNDPやM23に対抗するためのMai Maiの連合が結成されている。

つまり、コンゴ東部には、FDLRとCNDP／M23の対立を中心軸として、他の武装勢力が同盟したり対立したりする複雑な構造ができている。どの武装勢力も名目としては自衛を掲げていながら、自衛を超えて他の住民に対する人権侵害行為を行っており、紛争状況を悪化させる存在となっている。

さらに、FDLRとCNDP／M23の双方にFARDCとルワンダ政府が関与していることが疑われている。コンゴ政府はFARDCとFDLRの間の連携を否定しているものの[87]、FARDC兵士が個人的にFDLRに武器を売ったり、CNDPやM23の反乱を鎮圧しようとするFARDCの地方部隊がFDLRと共同作戦を行っていたことが頻繁に報告されている[88]。同様に、ルワンダ政府は否定しているものの、ルワンダ政府軍がCNDPやM23に武器供与や軍事訓練を提供していたという疑惑がある[89]。

こうした武装勢力の乱立と離合集散は、コンゴの紛争における大きな特徴である。コンゴはマルチエスニック社会であるために、エスニック集団に沿った自衛集団がつくられやすい。加えて、国軍のあり方にも問題がある。国土は広く、首都キンシャサは西端に位置し、東部のFARDC部隊にまで中央政府の統制がおよんでいない。中央政府の目が届かない地方において、FARDCの司令官が違法行為に関与したり、兵士が人権侵害行為や武器の横流しを行ったりしている。こうした行為がFARDCの信頼を低下させ、自衛を名目とした武装勢力の乱立を招いている。

また、紛争の終結時や、和平合意が成立した場合には、武装勢力が政治政党に転換したり、兵士がFARDCに統合されたりする。しかし、投降すれば許されるという恩赦の保証は、武装勢力が反乱を起こすコストを引き下げている。FARDCに統合された武装勢力は、軍内での地位の向上や給料の未払いを不満としてしばしば反乱を起こし、軍との交渉材料としたり、反乱が劣勢になれば再び投降してFARDCに統合されるという「回転ドア（the revolving-door mechanism）」状態を利用している[90]。

2009年3月23日にコンゴ政府とCNDPの間で和平合意が成立すると、RARECOをはじめとするMai Maiも闘争を停止してFARDCに統合された[91]。しかし、和平合意の履行が行き詰まると、2012年4月には元CNDP兵士がFARDCから離反し、M23を結成して反乱を起こした。続いて翌年にはRaïa MutombokiなどのMai MaiもFARDCから離反し、略奪、強制徴兵、違法徴税を再開した[92]。

再燃した紛争状態は2年近く続いたものの、国際社会の介入とFARDCの軍事的勝利によって、2013年12月にコンゴ政府とM23が和平を宣言し（ナイロビ宣言）[93]、他の武装勢力も2013年11月までに降伏を宣言した。ナイロビ宣言では、違法行為の停止や3月23日合意の履行が宣言され[94]、10年続いた紛争状態を終結に導く機会として期待されている。しかし、和平が続くかどうかは、第1に、国軍改革をはじめとするコンゴ政府の改革によって住民の信頼が醸成できるどうか、第2に、資源利用の断絶などによって武装勢力の反乱コストを高め、武力闘争よりも政治や司法を通じた問題解決を選択する方向に向けられるかにかかっている。

国連もこの2点に焦点を当て、MONUCやMONUSCOのマンデート（任務）として治安部門改革と民主制度および法の支配強化に力を入れている[95]。また、武装勢力の資金調達状況を調査する専門家グループを設置し、調査と報告を行っている[96]。次項では、国連専門家グループの調査報告書を情報源として、武装勢力の資金調達方法を見ていきたい。

3.3.3　武装勢力の資金調達方法

武装勢力はどこから資金を調達して紛争を継続しているのか。国連専門家グループの報告によれば、コンゴ東部の武装勢力が武器を入手したり、兵士を養うための資金源としている活動は主に5つある。①個人や団体からの支援、② FARDCからの給料の横領や武器の調達、③銀行、ホテル、企業などからの略奪、④地域の住民や経済活動への「課税」、⑤資源採掘や取引への関与である。

ここで指摘したいことは、資源利用の他にも、武装勢力の資金調達方法が存在すること、そして、資源利用ができなくなった場合に他の方法が強化される危険性を念頭に置いて対策をとらなければならないことである。本項では①〜④について概観し、次項以降で⑤の資源利用について詳しく見ていく。

①の個人や団体からの支援は外国とのネットワークを持つFDLRに顕著に見られる。ルワンダの反政府武装勢力であるFDLRは、1994年のルワンダ・ジェノサイド後にアフリカ、ヨーロッパ、北アメリカに移住した離散者（ディアスポラ）とのネットワークを持っている。2009年までに衛星電話を利用して25か国の支援者と頻繁な連絡を取り、11か国の支援者から資金を受け取った記録が残っている[97]。ただし、こうした支援金は本来はコンゴ東部のルワンダ難民への医療支援や山地に逃げ込んだ難民の捜索のための資金として送られているものである。

②のFARDCからの横領や武器の調達は、2012年4月に反乱を起こしたM23が準備金を調達した方法として知られている。前身のCNDPが2009年に政府と和平合意すると、ンタガンダやマケンガ（Sultani Makenga）などの司令官を含む約6,000名の元CNDP兵士が、FARDCに統合された。彼らは、2012年になって再度の反乱を計画すると、部隊の兵士に支払うためにFARDCから受け取った給料を横領し、紛争資金を調達した[98]。また、FARDCの拠点を襲撃して武器を入手する武装勢力もある。2009年12月には、バニャムレンゲの武装勢力である連邦共和軍（FRF）が、ミネンブウェ（Minembwe）のFARDC司令部を襲撃し、FRF掃討作戦の司令官を殺害すると同時に、機関銃、ロケット弾、弾薬などを略奪した[99]。略奪以外でも、FARDC兵士が武器を武装勢力に売ることもある。

③の略奪は、多くの武装勢力が散発的に用いる方法である。M23は、反乱に先立って東部の主要都市ゴマの銀行やホテルを襲撃し、少なくとも150万ドルを略奪した[100]。また、FRFは、2010年5月にTransAfrika鉱山会社を襲撃し、現金、武器、備品を略奪した[101]。フンデのMai MaiであるAPCLSは、ワリカレで略奪した携帯電話やスーツケース、衣料品などをムトンゴ（Mutongo）の市場において半額で売って利益を得ている[102]。

④の地域の住民や経済活動への「課税」は、地域支配を確立した武装勢力

が多用している方法である。各世帯や商店に課税するほか、道路に障害を設けて車両から通行税を取る方法が一般的である。例えば、マシシで反乱を起こした元CNDP兵士は、各世帯に週0.5ドル、商店に週2ドル、通行税として木材、木炭、食糧を運ぶトラックに50ドル、オートバイには週2ドルの税を課した[103]。また、CNDP時代にマシシを支配していたンタガンダの部隊が、木材、鉱物、車両への「課税」で得ていた収入は、月25万ドルに上っていた[104]。

くり返しになるが、強調しておきたいのは、次項以降で詳細に見ていく⑤の紛争資源の利用は最も主要な資金調達方法ではあるが、武装勢力は他の方法も併用しているという点である。武装勢力の資金源を絶つためには、紛争資源の利用を停止させることが必要条件ではあるが、十分条件ではない。したがって、OECDやアメリカ政府が2010年に導入した紛争鉱物取引規制は、武装勢力の資金調達を断つための重要な手段のひとつではあるが、すべてではない。鉱物利用を停止する一方で武装勢力の武装解除と社会復帰が進まなければ、略奪や課税といった他の方法を強化し、住民に対する暴力がむしろ激化する危険性もある。安易なFADRCへの統合が問題解決にならないことは前項でも見たとおりである。鉱物利用という大きな収入源を失った武装勢力が、他の収入手段の強化よりも武装解除と社会復帰の道を選ぶよう、補完的な措置を実施することが必要であろう。その点を踏まえた上で、次項以降ではコンゴ東部の鉱物採掘の実態と、紛争資源としての利用状況を見ていきたい。

3.3.4 コンゴ東部の鉱物採掘

第二次紛争においては多様な資源が紛争資金源として利用されたが、2003年以降のコンゴ東部紛争において武装勢力の主な資金源となっている資源は、スズ、タングステン、タンタル、金の4鉱物（3TG）に集中している。第二次紛争が終結して周辺国軍が撤退した後にも残った武装勢力は、FDLRなどごく一部を除いて、多くは数百人規模の小グループである。大規模な採掘設備を必要とする鉱物や、採掘、輸送に特別な技術を要する鉱物は利用しに

表3-7　主な武装勢力の資源利用（2003-2014年）

	スズ	タングステン	タンタル	金	銅	木材	木炭	象牙
FARDC	○	○	○	○	○	○	○	○
FDLR	○	○	○	○		○	○	
CNDP	○	○	○	○				
M23	○	○	○	○				
Mai Mai	○	○	○	○				○

出典：国連専門家グループの報告書より筆者作成

くい。その一方で、3TGの特徴は、シャベルやつるはし、ポンプなどの簡単な道具を用いた小規模の手掘り鉱（ASM）で採掘し、袋に詰めてトラックやオートバイで運ぶことができる簡便さにある。また、後述するように、コンゴの鉱業法（2002年制定）や鉱業規則（2003年制定）によれば、コンゴ東部のASMは多くが違法採掘にあたる。こうした3TGの採掘の実態が、武装勢力の介入をしやすくしている。

以下では、コンゴでの現地調査を踏まえて3TG採掘の実態を明らかにした既存研究[105]、国連専門家グループやNGOによる調査報告を情報源として、コンゴ東部におけるASMによる鉱物採掘の実態と武装勢力の介入方法を見ていく。

1965年から1997年まで続いたモブツ政権期には、コンゴの資源開発は国営企業によって独占されていた。特にカタンガで国営のGécaminesが採掘する銅は、1970年代前半には財政収入の70%を占めていた（ただし、設備の老朽化と国際的な銅価格の下落によって1970年代後半以降は低迷する）。東部の鉱業は国営のキヴ鉱業会社（Société Miniére et Industrielle de Kivu：SOMINKI）が独占していた。SOMINKIは、1996年までは近代的な鉱業設備を用いて金、ダイヤモンド、スズを採掘していた（2000年末にタンタル価格の高騰が起きるまで、タンタルはスズの副産物として採取される程度であった）。

1996年に第一次紛争が発生するとSOMINKIは操業を停止した。1997年にはL.カビラ政権の下で操業を再開するものの、翌1998年に始まる第二次紛争によって東部が周辺国軍に占領されると、完全に操業を停止した。そして、SOMINKIが操業を停止した鉱山にASM鉱夫が入り、違法採掘を始めた。特に2000年末にタンタルの国際価格が高騰すると[106]、大量の鉱夫がタンタルを採掘するために鉱山に押し寄せた[107]。紛争中にコンゴ東部の鉱業はほぼすべてASMに移行し、採掘された鉱物は周辺国軍のネットワークを通じてルワンダやウガンダに密輸された。

2003年に紛争が「終結」すると、世界銀行とIMFの指導の下でコンゴの鉱業は民営化され、鉱山の採掘権が再設定された。2002年の鉱業法と2003年の鉱業規則では、民間企業による大規模鉱業が優先され、ASMによる採掘は、大規模鉱業に適さない地域に「手掘り採掘地域（AEZ）」を設定して、政府に採掘権料を払った者が採掘できるように定められた[108]。

これらの法律では、コンゴ東部のほとんどの地域に企業の排他的な採掘権が設定されている。もしも法律の設定どおりに企業が機械化された大規模採掘を始めていた場合、ASMの鉱山労働者は採掘地域から締め出されることになっていたと予想される。植民地期に見られた企業と小規模商人の対立が、現在の鉱物採掘でも生じている。

しかし現実には、たとえ企業に採掘権が認められても、紛争状況が改善し、政府の統治が安定して企業の財産権が保証される状態になるまで、企業は採掘を開始しようとしない。そのため、企業が不在のままの鉱山でASM鉱夫が採掘を行ったり、土地の所有者や地域の権力者が勝手に採掘権を売ってASM鉱夫による採掘を認めたりする「違法採掘」が定着している[109]（コンゴの法律では鉱物資源はすべて国の所有物であり、土地の所有権を有する地主でも、本来は政府からの採掘権を得なければならない）。さらには、野生動物の保護区に指定されている国立公園においても、違法採掘が行われている。南北キヴにまたがる国立公園には100か所ほどの3TGの鉱坑があり、FDLRやMai Maiの支配下で8,000～15,000名の鉱夫が違法採掘に従事している。2つの世界遺産（Kahuzi Biéga National Parkとthe Okapi Wildlife Reserve）内でも採掘が行われている[110]。

こうして、コンゴ東部の資源採掘は大部分が違法なASMとなっている。そのため、合法な採掘権を持たないASM鉱夫は、採掘を続けるために、慣習法であれ、地域の権力者であれ、鉱坑へのアクセスを保証してくれる存在の影響下に入ることを求めている。コンゴ東部の ASM の実態を調査研究するギーネン（Sara Geenen）は、こうした鉱夫の行動を「フォーラム・ショッピング（forum-shopping）」になぞらえている[111]。自分の利益や目的を守るために最も有利になる法、慣習、協定を選択して従う行動である。政府が ASM 鉱夫の権利を認めてくれないのであれば、地域の権力に従う方法が彼らにとっては最も安全である。そして、コンゴ東部において最も信頼できる「地域の権力」は往々にして、エスニックのつながりを基礎に築かれている。ASM の実態を理解するために、3TG 鉱山における人のつながりを見ておきたい。

コンゴ東部の ASM の鉱山には役割別に階層化された組織が形成されている。鉱山チーフ（chef de colline）を頂点に、鉱夫から採掘料を集めるチーフ（chef de groupe）、キャンプを管理するチーフ（chef de camp）、治安維持を担当する司令官（commandant du camp）、設備や備品調達を担当するチーフ（chef de chantier）、採掘に従事する鉱夫（creuseur）などがいる[112]。

鉱坑では数人で一組の鉱夫が共同作業にあたる。坑道を掘って木の枠で固定しただけの鉱坑では、雨水や地下水によって坑道が倒壊したり水没する危険が常にともない、チームでの連携が不可欠である。また、採掘された鉱物は仲買人との間で取引されるが、鉱夫が鉱石の袋に別の石を混ぜたり、買い取り側が支払いをごまかしたりするだまし合いも横行している。鉱夫のチームが家族や友人のネットワークで集められていたり、鉱物取引が同じエスニック集団に属する相手との間で行われやすいのは、そうした相手が最も信頼がおけると見られているためである。

武装勢力が鉱山を支配する場合兵士が鉱夫として働く例もあるが、一般的には鉱夫は武装勢力のメンバーではなく、採掘した鉱物の一部を武装勢力に収めたり、採掘料を支払ったりしている。また鉱山のチーフが武装勢力の司令官であったり、治安維持司令官の役割を武装勢力が担っていたりする[113]。当該地区に配備された FARDC の部隊が鉱山チーフや治安維持司令官としてふるまうこともある。

そして、ASMの採掘、取引ネットワークがエスニックに沿っていることで、鉱夫が武装勢力の対立に巻き込まれやすい原因にもなっている。例えば、北キヴで多くの鉱山の土地所有権を持っているのは、モブツ政権期に土地の所有権を購入したルワンダ系のツチであるが、採掘に従事している鉱夫はフンデが多い。第2章で述べたように、フンデは、北キヴに多いルワンダ系のツチを「外国人」とみなし、彼らがモブツ政権期に多くの土地を取得したことに反感を持っている。同時に、1994年に流入してきて治安を悪化させたルワンダ系のフツとも対立している。そのため、フツ武装勢力が鉱山を襲撃してフンデの鉱夫を殺害したりすることがある[114]。

また、「地域の権力者」がエスニック集団の武装勢力であることもある。南キヴのタンタル鉱山では、ルワンダ系のツチとフツの他に、ハヴ、テンボ、シ、ナンデのメンバーが鉱山の土地を所有し、シやハヴの鉱夫が採掘に従事している[115]。武装勢力がエスニックに沿って結成されているように、ASMの鉱物採掘もエスニックに沿って行われている。

こうしてASMで採掘された鉱物は、ナイロンの袋に詰められ、運送人（porters）によって鉱山と契約を結んだ交渉人（négociants）のもとに運ばれるか、町の取引所でカウンター（comptoir）に売られる。これらの仲買人によって鉱物はゴマやキサンガニに運ばれ、輸出業者に渡される。そして、ルワンダやウガンダに運ばれ、外国の鉱物取引企業に購入されたり、アジアやヨーロッパの製錬／精錬所へと運ばれていく。外国の企業は、リスクが高いためにコンゴ国内での取引を嫌い、仲買人を通じて鉱物を購入する[116]。

鉱物は鉱夫から鉱山の管理者、運送人、仲買人、輸出業者の手を渡り、その度に現金のやり取りが行われる。取引の回数、現金のやり取りの回数が多いほど、武装勢力が「課税」する機会が増え、紛争資金源となる可能性が高まる。なお、こうした流通経路とは別に、ルワンダやウガンダに密輸され、当該国のタグをつけて輸出される鉱物もある。特にASMで採掘された金は9割が密輸されていると推定されている[117]。鉱物採掘がASMによって行われていることが、武装勢力の介入をしやすくしているのである。

3.3.5 紛争資源の利用方法

こうした鉱物の採掘、取引、輸送を基礎として、武装勢力が3TGから利益を得る方法は大きく分けて4つある。①鉱山や取引所を襲撃して略奪する方法、②鉱山を実効支配して採掘された鉱物から利益を徴収する方法、③鉱物の輸送や取引に課税する方法、④その他の鉱物ビジネスに従事する方法である[118]。

なお、武装勢力のみならずFARDCによる紛争資源利用も深刻な問題である。2009年のNGO Enough Projectの報告によれば、イトゥリや南北キヴでは複数の鉱山がFARDC部隊の支配下に置かれていた[119]。以下では、FARDCも含めて、武装勢力による紛争資源利用の状況を見ていく。

①の略奪は、第二次紛争の初期に多くとられた方法であるが、継続的な地域支配を目指す武装勢力や、地元住民とのつながりを持つMai Maiは採用しにくい。対抗する武装勢力が支配する鉱山や集積地を他の武装勢力が襲撃する際に行われる方法と考えられる。武装勢力やFARDCが鉱山を襲撃して鉱物を押収したり、鉱坑に兵士が入って直接、鉱物を採掘して持ち去ったり、鉱夫を捕虜にして鉱物の供出を要求するなどの方法がある[120]。

②の利益徴収は、資源産出地域を実効支配する武装勢力や、地元住民とのつながりを持つMai Mai、あるいは資源産出地域に配備されたFARDCの司令官によって行われている。兵士が鉱夫として採掘に従事することもあるが、多くの場合は、採掘は鉱夫に委ね、武装勢力は鉱山管理者から鉱物の一部を徴収したり、採掘料、警備料などの名目で料金を取ったりする方法がとられる。鉱山の運営や、労働者の生活管理、道具の調達などは管理者や労働者自身に委ね、武装勢力は利益だけを徴収する方法である。

例えば、イトゥリではFNI／FRPI等の武装勢力が金鉱を支配し[121]、北キヴではニャンガやテンボのMai Maiが支配している鉱山がある[122]。また、北キヴのスズの70%を産出するビシレ（Bisire）鉱山では、2009年に配備されたFARDC部隊の司令官によって、スズ採掘への税が課されていた。すべての鉱夫は鉱坑に入るたびに1 kgのスズ鉱石をFARDCに提供するように定められ、その他に、夜間の採掘には20ドル、週末の採掘には15ドルが課された[123]。

③の輸送や取引への課税は、3.3.3で述べた方法と同様に、道路に障害を設けて通過する車両に課税したり、町で取引をする仲買人に課税したりする方法である。例えば、ワリカレから南ホンボ（Hombo Sud）に通じる森林地帯を支配するMai Mai Kifuafuaは、ワリカレから運び出されるスズ50kgにつき4ドルを課税している[124]。

また、国境地帯では、武装勢力やFARDCに「税」を払うことで、輸送人が違法にタンガニーカ湖を渡ることができるようになり、鉱物の密輸が見逃されている。例えばコンゴ東部でASMによって産出される金は毎年1万kgを超えると推定されているが、公式な輸出は100 kgほどに過ぎない。86〜90％が密輸によって輸出され、391万〜418万ドルが消えている計算になる[125]。

④の鉱物ビジネスは、鉱物採掘、取引、輸送に必要な機械、設備、許可証をめぐるビジネスである。武装勢力やFARDCの兵士が、鉱石を粉砕する機械を貸し出して利益を得たり、軍の通行許可証を利用して、鉱山労働者に必要な食糧などの生活用品、採掘に必要なポンプや発電機などの設備を購入・販売したり、様々なビジネスを行っている。

こうした鉱物利用の実態からは、コンゴ東部において紛争資源問題がいかに幅広いビジネスになっているかがうかがえる。武装勢力は略奪行為のみならず、資源の採掘・加工・取引・管理・徴税の各プロセスから利益を引き出すビジネスを生み出している。また、武装勢力の暴力にさらされる住民たちがいる一方で、紛争状況を利用して採掘へのアクセスを保証されている鉱夫もいる。さらに、武装勢力のみならずFARDCによる違法な資源収奪も横行している。かつて奴隷貿易や「赤いゴム」の搾取が、コンゴの現地社会に内部化して搾取構造をつくり上げたように、第二次紛争中に周辺国軍が始めた紛争資源ビジネスも、コンゴの現地社会に内部化し、収奪の構造をつくり上げている。

3.3.6　紛争資源にまつわる住民の被害

ここまで、武装勢力による紛争資源利用を見てきたが、重要な問題は武装勢力が紛争資源を利用していること自体よりも、それによって住民に深刻な被害がおよんでいることである。鉱物資源がFARDCや武装勢力に利用されることでどのような問題が起きているのか、住民の被害を見ていきたい。

紛争資源にまつわる住民の被害には、戦闘の巻き添えでの被害、住民を対象とした暴力による被害、鉱物利用にともなう搾取という3点がある。

第1に、資金を確保した武装勢力が闘争を継続することによって、住民が戦闘の巻き添えになる。軍や武装勢力間の戦闘が発生した際に、最も大きな犠牲を強いられるのは一般の住民である。例えば、2012年11月にM23が東部の主要都市ゴマを制圧した際には、14万人が避難民となった[126]。2013年2～3月にFARDCとAPCLSの間で戦闘が発生した際にも、少なくとも90人が死亡、500世帯が焼かれ、10万人が避難民となった[127]。こうした戦闘の巻き添えとなって居住地を追われ、国内避難民としてくらしている住民の数は2014年時点で260万人に上る[128]。加えて周辺国にはコンゴからの難民41万人がいる。また、武装勢力の兵士として住民が強制的に徴兵される例も多く、子ども兵士も徴集されている。

第2に、武装勢力が他の武装勢力に対抗する手段や、住民を支配する手段として村を襲撃し、略奪、殺害、性的暴行などの暴力をふるう。第二次コンゴ紛争が和平合意にいたった直後の2003年2月にイトゥリで発生した武装勢力間の衝突では、ヘマとレンドゥのエスニック対立を軸に、双方の武装勢力が相手側のエスニック集団の住民を攻撃対象とし、約500人の住民が虐殺された[129]。

また、コミュニティの破壊や特定のエスニック集団への「懲罰」を目的として残虐な性的暴行が行われていることも深刻な問題である。例えば2009年には、毎月約1,100件の性的暴行が報告され、そのうち81％が紛争地域、特に南キヴと北キヴで発生している[130]。戦闘にともなう付随的な性的暴行に加えて、戦略としての大規模な性的暴行が行われている。村を襲撃する武装勢力は、家族や村人の前で女性（男性が含まれる場合もある）を集団強姦したり、性器をナイフや銃で傷つける方法をとる。被害に遭った女性は肉体的、精神的苦痛を負うのみならず、往々にして家族や村から排除される。武装勢力は、被害に遭った家族や村人の間に断絶が生まれることをねらっている。

2010年7月30日から8月2日までの間に、ワリカレの13の村で、Mai Mai Sheka、FDLR、FARDC離反兵が、少なくとも387名（女性355名、男性32名）に対する性的暴行を行った。国連専門家グループの調査によれば、この大規模な性的暴行は、Mai Mai Shekaへの注目を集めるために、指導者であるシェカ（Sheka Ntabo Ntaberi）の直接的な指示によって行われたものであった[131]。同様に、イトゥリでは、2012年11月1日から5日の間に、Mai Mai Morganが金採掘地域の村々を襲撃し、150名以上の女性に性的暴行を行い、50名以上を性的奴隷として連行した[132]。同じく2012年11月20日から30日の間には、FARDC兵士が少なくとも126名に性的暴行を行っており、国軍までもが加害者になっている。国軍は本来、住民を守る役割を担い、Mai Maiも本来は自衛集団であったはずである。それにもかかわらず、双方が住民を攻撃する存在になっているのが現状である。

第3に、戦闘行為としての暴力に加えて、鉱物採掘や取引にともなう搾取も、紛争資源問題が住民におよぼす被害の一部である。鉱山労働者は、普段から銃で脅されているわけではないが、設備が整わない危険な鉱坑での労働や、数十kgの鉱石を背負って長距離を歩くような過酷な労働に従事させられ、採掘料や通行税などの費用徴収に反抗しないように、しばしば暴力をふるわれる。短期間で生産量を上げたいときには周辺の村の住民が強制労働に借り出されることもある。他の武装勢力によって鉱山や周辺の村が襲撃される際に犠牲となるのも住民である。

まとめ

本節では、コンゴ東部における武装勢力の闘争と紛争資源利用の実態を見てきた。コンゴ紛争中に始まった資源収奪は、2003年に紛争が「終結」し、周辺国軍が撤退した後にも、現地の武装勢力による違法な資源ビジネスとして継続している。紛争中に企業が撤退した鉱山に地元のASM鉱夫が入り込んで採掘を行っていたことや、政府によって採掘権を保証されない鉱夫が地域の権力者に依存する構造も、紛争資源問題がコンゴ東部の現地社会に内部化していく過程を後押しした。

さらに、武装勢力のみならず国軍であるFARDCの地方司令官や兵士が違法採掘に従事したり、住民への人権侵害に関与したりしていることも大きな問題である。投降して国軍に統合されれば許されるという恩赦の保証が、武装勢力が反乱を起こすコストを引き下げ、「回転ドア」状態を引き起こしている。同時に、統合されたFARDC部隊として地方に派遣された元武装勢力が、資源採掘に従事して武力闘争の資金を蓄えている現状もある。資源管理のみならず国軍の統合の問題が、紛争資源問題にも大きな影響をおよぼしている。

小　括

本章では、第1節で分析視点として、資源と紛争が結びつくメカニズムを提示した後、第2節では1996年に始まる2度のコンゴ紛争、第3節では2003年の紛争「終結」後の東部紛争において資源が果たした役割を検討した。

第1節で提示したメカニズムに照らすと、1996年に始まるコンゴ紛争において資源は、主に紛争の発生・継続の手段として機能していた。紛争の要因は土地と市民権をめぐるエスニック対立である。紛争発生時にAFDLが資源の採掘権を約束して外国企業からの支援を得たことから、資源を武装勢力の資金確保手段として使う紛争手段メカニズム（feasibility mechanism）が機能していたとはいえるが、資源が紛争発生の動機になったとはいえない。

資源が紛争と結びつくのはむしろ、紛争が発生した後であった。特に、紛争中に資源産出地域を実効支配した武装勢力と周辺国軍が大規模な資源収奪を行ったことによって、資源が紛争主体の資金確保手段として利用されるメカニズムはより強まった。そして、こうした資金確保が、周辺国がなかなか撤退しない理由のひとつになっていたことから、外部者による和平の妨害メカニズム（international conflict premium mechanism）が機能していたといえるであろう。

ただし同時に、国連専門家パネルが行った資源収奪問題に対する「告発」が国際社会での議論を喚起し、紛争解決に向けて一定の役割を果たしたことに鑑みると、紛争に資源が関わっていたがために、資源問題に働きかけることで紛争解決への糸口をつかむことができたともいえる。つまり資源と紛争の関わりには、和平を求める外部者が資源問題に働きかけることで紛争解決を促進するメカニズムも存在するといえるであろう。

しかし、2003年以降のコンゴ東部紛争においては状況が異なる。本来は地元住民の自衛を掲げて結成された武装勢力が、資源採掘地域を実効支配するために住民に対する人権侵害を行ったり、本来は対立するはずの武装勢力が資源ビジネスのために協力したりするなど、動機と手段が混ざり合う状況が起きている。武装勢力は、紛争を継続するために資源を手段として利用しているのか、資源による利益を得るために紛争を継続しているのか、その判断をつけることが極めて困難になっている。動機と手段が融合して自己目的化し、紛争のために資源を確保し、資源を確保するために紛争を継続するという循環が生じていると考えられる。

さらにルワンダやウガンダのような外部者にとっても、ASMで採掘が行われ、外部者が直接には採掘に関与せずに武装勢力から鉱石を入手している状況では、紛争が継続することによって政府の課税を免れた安価な3TGが入手でき、紛争継続を放置する動機になる。武装勢力の数の多さと、ASMという資源採掘の特徴が、コンゴ東部の紛争状況を長期化させる傾向を生み出しているといえよう。

次章で詳述するように、採掘された3TGが欧米諸国の工業原料として利用されていることに鑑みれば、コンゴの紛争資源問題は外生的要因によって大きく影響されている。しかし同時に、政府の統治や合法的な鉱業管理がコンゴ東部にまで行き届かない現状、その間隙をついて行われるASMでの資源採掘、一方で継続する地元のエスニック対立、国軍の権力濫用といった内生的要因もまた、紛争資源問題を継続させる重要な要因となっている。

第2章からの考察を総括すると、コンゴの紛争資源問題とは、15世紀から続いてきた世界経済の構造の中での資源利用と、植民地期から続いてきた現地の文脈での紛争が結びつき、紛争中に外部者によって始められた資源収奪が、コンゴ国内の鉱業や統治の問題、地元のエスニック対立と結びついて現地社会に内部化した問題といえる。

注

1　参照 : Le Billon, Philippe [2003], "Getting It Done: Instruments of Enforcement", in Bannon, I. and P. Collier eds., *Natural Resources and Violent Conflict: Options and Actions*, The World Bank, p.216.

2　Ross, Michael L. [2003], "The Natural Resource Curse: How Wealth Can Make You Poor", in Bannon, I., and P. Collier eds., *Natural Resources and Violent Conflict: Options and Actions*, The World Bank, pp.17-42. Le Billon, Philippe [2008], "Diamond Wars? Conflict Diamonds and Geographies of Resource Wars", *Annals of the Association of American Geographers*, 98(2), pp.345-372.

3　Collier, Paul, and Anke Hoeffler [2004], "Greed and grievance in civil war", *Oxford Economic Papers* 56, 2004, pp.563-595. Collier, Paul, Anke Hoeffler, and Dominic Rohner [2009], "Beyond greed and grievance: feasibility and civil war", *Oxford Economic Papers* 61, pp.1-27.

4　Fearon, James D., and David D. Latin [2003], "Ethnicity, Insurgency, and Civil War", *American Political Science Review*, Vol.97, No.1, pp.75-90. Fearon, James D. [2004], "Why Do Some Civil Wars Last So Much Longer Than Others?", *Journal of Peace Research*, Vol.41, No.3, pp.275-301.

5　Humphreys, Macartan [2005], "Natural Resources, Conflict, and Conflict Resolution: Uncovering the Mechanisms", *The Journal of Conflict Resolution*, 49-4, pp.508-537.

6　Ross, Michael L. [2004], "What Do We Know About Natural Resources and Civil War?", *Journal of Peace Research*, Vol.41, No.3, pp.337-356.

7　Ross [2003].

8　Humphreys [2005]. ハンフリーは、これらすべてのメカニズムが適切であると認めてはいないが、本論文では彼の分析結果は参考にとどめる。ハンフリーが検証したメカニズムをアンゴラとコンゴに適用した研究として、Oberreuter, Heinrich, and Uwe Kranenpohl [2008], "Smart Sanctions against Failed States: Strengthening the State through UN Smart Sanctions in Sub-Saharan Africa", *Eine Diplomarbeit im Rahmen des Studienganges*, Wintersemester 2007/2008, pp.1-134. も参照。

9　Fearon [2004].

10　Humphreys [2005].

11　国連専門家グループ報告 S/2001/357, para.221-225.

12　アンゴラ、シエラレオネ、コンゴにおける国連の経済制裁については、華井和代［2010］,「現代アフリカにおける資源収奪と紛争解決―紛争資源を対象とするターゲット制裁は紛争解決をもたらしたか」東京大学大学院公共政策学教育部リサーチペーパーに詳述している。<http://www.pp.u-tokyo.ac.jp/courses/2010/documents/graspp2010-5150010-4.pdf>

13 国連専門家パネル報告 S/2000/203, Annex.

14 Cortright, Dvid, and George A. Lopez [2004], "Reforming Sanctions", in Malone ed. *The UN Security Council: From the Cold War to the 21st Century*, Lynne Rienner Publishers, pp.167-179.

15 緒方貞子［2006］,『紛争と難民　緒方貞子の回想』集英社，203-320 頁。

16 Dunn, Kevin C. [2002], "A Survival Guide to Kinshasa: Lessons of the Father, Passed Down to the Son", in Clark, John F. (ed)., *The African Stakes of the Congo War*, Palgrave, pp.59-60. 国連 DRC 資源収奪専門家パネル報告 S/2001/357 Annex, para.26.

17 Dunn [2002], pp.61-62.

18 吉國恒雄［1999］,「コンゴ危機　何が争われているのか―ジンバブエ軍事介入とSADC 外交の分裂」『アフリカレポート』No.28，アジア経済研究所，10-13 頁。

19 Global Witness [2002], *Branching Out: Zimbabwe's Resource Colonalism in Democratic Republic of Congo*, 2nd edition.（初版は 2001 年）

20 吉國［1999］，10-13 頁。

21 国連専門家パネル報告 S/2001/357 Annex, para.27.

22 吉國［1999］，11 頁。

23 国連安保理議長声明 S/PRST/1998/26. S/PRST/1998/36. 国連安保理決議 S/RES/1234(1999).

24 国連文書としては S/1999/815 Annex.

25 国連事務総長報告 S/1999/1116, para.3-4.

26 国連安保理決議 S/RES/1279(1999).

27 国連事務総長報告 S/2000/30, para.13.

28 国連事務総長報告 S/2000/330, para.30-39.

29 国連事務総長報告 S/2000/416, para.45.

30 ウガンダが訴えた反政府武装勢力は、民主同盟軍（ADF）、ナイル西岸戦線（WNBF）、ウガンダ国民救済戦線（Uganda National Rescue Front: UNRF II）、ウガンダの解放のための国民軍（National Army for the Liberation of Uganda: NALU）。国連安保理議長宛ウガンダ発書簡 S/2001/378, Annex.

31 国連安保理議長宛ルワンダ発書簡 S/2000/445, Annex.

32 国連事務総長報告 S/2000/330, para.54.

33 武内進一［2007］,「コンゴの平和構築と国際社会―成果と難題―」『アフリカレポート No.44』アジア経済研究所，3-9 頁。

34 国連安保理議長宛 DRC 発書簡 S/1999/733, Annex, para.89-110.

35 国連安保理議長声明 S/PRST/2000/20 で要請。9 月設立。

36 国連専門家パネル報告 S/2001/49. S/2001/357. S/2001/1072. S/2002/565. S/2002/1146

＋ Add.1. S/2003/1027.

37　国連専門家パネル報告 S/2001/357, para. 14-16.

38　国連専門家パネル報告 S/2001/357, para. 26-31.

39　武内進一［2001b]，「「紛争ダイヤモンド」問題の力学―グローバル・イシュー化と議論の欠落」『アフリカ研究』58 号，日本アフリカ学会，41-58 頁。

40　国連専門家パネル報告 S/2001/357, para.156-163.

41　国連専門家パネル報告 S/2001/357.

42　国連専門家パネル報告 S/2001/357, para.25-93.

43　国連専門家パネル報告 S/2001/357, para.13.

44　国連専門家パネル報告 S/2001/357, para.109-212.

45　同上。

46　国連専門家パネル S/2001/357, para.221-225.

47　参照：Wallensteen, Peter, and Carina Staibano eds. [2005], *International Sanctions: Between Words and Wars in the Global System*, Frank Cass.

48　Grignon, François [2006], "Economic Agendas in the Congolese Peace Process", Nest, M., F. Grignon, and E.N.F. Kisangani, *The Democratic Republic of Congo: Economic Dimensions of War and Peace*, Lynne Rienner Publishers, p.87, p.97.

49　国連専門家パネル報告 S/2001/357, para. 221-225.

50　国連専門家パネル報告 S/2001/1072, para.160.

51　Grignon [2006], pp.87-88.

52　Global Witness [2002].

53　IPIS[2002], *European companies and the coltan trade: supporting the war economy in the DRC.*

54　Global Witness [2004], *Same Old Story: A background study on natural resources in the Democrlatic Republic of Congo.*

55　国連安保理議長宛ルワンダ発書簡 S/2001/402. ブルンジ発書簡 S/2001/433. ウガンダ発書簡 S/2001/378. S/2001/458.

56　国連安保理議長宛ルワンダ発書簡 S/2001/402. 国連安保理議長宛ウガンダ発書簡 S/2001/378.

57　国連専門家パネル報告 S/2001/1072.

58　国連安保理議長宛ウガンダ発書簡 S/2001/378. 国連安保理議長宛ウガンダ発書簡 S/2001/402.

59　同上。

60　国連安保理議長宛ウガンダ発書簡 S/2001/461.

61　参照：Grignon [2006].

62　国連事務総長報告 S/2001/128, para.4-9.

63　国連安保理議長宛ルワンダ発書簡 S/2001/147. ウガンダ発書簡 S/2001/150.

64　国連安保理決議 S/RES/1341(2001).

65 国民対話については、Grignon [2006], pp.63-98. を参照。

66 Grignon [2006]. 国連事務総長報告 S/2002/169, para.12-17.

67 国連専門家パネル報告 S/2001/1072, para.76-82.

68 Grignon [2006].

69 Grignon [2006]. 国連事務総長報告 S/2002/621, para.3-4.

70 国連事務総長報告 S/2002/621, para.5-12.

71 国連文書としては S/2002/914 Annex 南アフリカ発書簡として公開されている。

72 国連事務総長報告 S/2002/1005. S/2002/1180.

73 国連事務総長報告 S/2002/1005

74 国連安保理決議 S/RES/1291(2000).

75 国連事務総長報告 S/2001/367. S/2001/970. S/2002/621. S/2002/1180.

76 Rupia, M.R. [2002], "A political and Military Review of Zimbabuwe's Involvment in the Second Congo War", in Clark, John, F. ed., *The African Stakes of the Congo War*, Palgrave, pp.93-105.

77 国連安保理議長宛アメリカ発書簡 S/2002/1322.

78 国連事務総長報告 S/2003/211.

79 JOGMEC [2014],『世界の鉱業趨勢 2014　DR コンゴ』。

80 国連事務総長報告 S/2009/160, para.19-21.

81 国連事務総長報告 S/2009/160, para.8-16.

82 国連安保理議長宛 DRC 発書簡 S/2013/424.

83 国連コンゴ資源収奪専門家パネル報告 S/2003/1027. 国連 SG 報告 S/2004/251. 国連専門家グループ報告 S/2007/40. S/2008/43. S/2008/772. S/2009/603. S/2010/596. S/2012/348. S/2012/843. S/2014/42.

84 国連専門家グループ報告 S/2012/843, para.94-103 や S/2014/42, para.89-100 など

85 "Who is Laurent Nkunda?", Radio France Internationale, 2008.11.14. <http://www1.rfi.fr/ anglais/actu/articles/107/article_2083.asp>

86 国連専門家グループ報告 S/2008/43, para.53.

87 国連安保理議長宛 DRC 発書簡 S/2013/424.

88 国連専門家グループ報告 S/2008/43, para.42. S/2008/772, para.40-45. S/2008/773, para.102-112,136-142. S/2009/603, para.22-55. S/2012/843, para.100-103 など

89 国連専門家グループ報告 /2008/773, para.61-68. S/2012/843, para.4-34 など。ウガンダも M23 への支援を指摘されている。S/2012-843, para.35-55.

90 Baaz, Maria Eriksson, and Judith Verweijen [2013], "The Volatility of a Half-Cooked Bouillabaisse: Rebel-Military Integration and Conflict Dynamics in the Eastern DRC", *African Affairs*, 112/449, pp.563-582.

91 国連事務総長報告 S/2009/160.

92 国連事務総長報告 S/2013/581, para.21-25.

93 国連事務総長報告 S/2013/773, para.2-13.

94　国連安保理議長宛 DRC 発書簡 S/2013/740（カンパラ宣言）.

95　MONUSCO の設立は国連安保理決議 S/RES/1925(2010). 2016 年現在のマンデートは S/RES/2053(2012) による。

96　国連専門家グループ報告 S/2007/40. S/2008/43. S/2008/772. S/2009/603. S/2010/596. S/2012/348. S/2012/843. S/2014/42.

97　国連専門家グループ報告 S/2009/603, para.90-123, Annex, para.24-27.

98　国連専門家グループ報告 S/2012/348, para.109.

99　国連専門家グループ報告 S/2010/596, para.67.

100　国連専門家グループ報告 S/2012/348, para.110.

101　国連専門家グループ報告 S/2010/596, para.68.

102　国連専門家グループ報告 S/2010/596, para.44-49.

103　国連専門家グループ報告 S/2012/348, para.111.

104　国連専門家グループ報告 S/2009/603, para.185.

105　金採掘については Geenen, Sara [2012], "'Who Seeks, Finds': How Artisanal Miners and Traders Benefit from Gold in the Eastern Democratic Republic of Congo", *European Journal of Development Research (2013)* 25, pp.197-212. タンタル採掘については Nest, Michael [2011], *Coltan*, Polity Press. が詳しい。

106　2000 年にタンタルの国際価格が 1 ポンド 30 ～ 40 ドル（9 月）から 300 ドル（12 月）にまで高騰した。当時は、日本でクリスマスに人気のゲーム機プレイステーション 2 が発売され、タンタルが不足したことが原因とされた。しかしネストは、タンタルの主要加工業者である Cabot and H.C. Starck が、1990 年代の電子機器の普及によってタンタルの需要が高まると予想して長期契約を締結したために起きた一時的な価格高騰であると分析している。2001 年 10 月までにはタンタルの国際価格は 1 ポンド 30 ～ 40 ドルに戻っている。Nest [2011], pp.12-15.

107　Nest [2011], pp.36-38.

108　Geenen [2012], p.199.

109　Nest [2011], pp.36-38. Geenen [2012], p.199.

110　Nest [2011], pp.45-48.

111　Geenen [2012], p.200.

112　Nest [2011], pp.38-41.

113　Ibid.

114　Nest [2011], pp.50-51.

115　Nest [2011], pp.51-52.

116　Nest [2011], pp.53-64.

117　国連専門家グループ報告 S/2014/42, Annex, para.64.

118　国連専門家グループは①徴税、②保護、③取引管理、④略奪に分類している。S/2010/596, para.178.

119　Prendergast, John, and Sasha Lezhnev[2009], *From Mine to Mobile Phone: The Conflict*

Minerals Supply Chain, Enough Project.

120 国連専門家グループ報告 S/2010/596, para.178.

121 国連専門家グループ報告 S/2014/42, para.165.

122 Nest [2011], pp.50-53.

123 国連専門家グループ報告 S/2010/596, para.190-191.

124 国連専門家グループ報告 S/2010/596, para.186.

125 国連専門家グループ報告 S/2014/42, Annex, para.64.

126 国連事務総長報告 S/2013/96, para.23.

127 国連専門家グループ報告 S/2013/433, para.126.

128 国連事務総長報告 S/2014/450, para.35.

129 国連事務総長報告 S/2003/566, para.9.

130 国連専門家グループ報告 S/2009/160, para.69.

131 国連専門家グループ報告 S/2010/596, para.41.

132 国連専門家グループ報告 S/2013/433, para.76,133.

第4章　消費地における紛争資源問題

前章までは、内生的要因と外生的要因の相互作用に重点を置いてコンゴ国内における紛争資源問題を考察してきた。本章からは、問題の発生地であるコンゴを離れて、コンゴの紛争資源問題と先進国の消費者の関係に視点を移す。また、コンゴの紛争資源問題に対しては、外部からの働きかけで解決に導こうとする国際社会の取り組みも行われている。本章では、コンゴの紛争資源問題を支えている世界経済の構造をとらえた上で、問題解決に向けた国際社会の取り組みが始まった経緯を明らかにし、コンゴの紛争資源問題と先進国の消費者とのつながりをとらえる。

第1節では、生産地と消費地とのつながりをとらえる分析視点をさらに詳しく提示する。第2節では、「問題とのつながり」という観点から、コンゴの鉱物が輸出、加工、製品化されて消費者のもとに届くまでの経路と、消費地での消費傾向が生産・流通経路をさかのぼってコンゴの紛争資源問題に与える影響を考察する。第3節では、「問題解決とのつながり」という観点から、紛争資源問題を解決しようとする国際社会の取り組みに焦点を当て、その中での消費者の役割をとらえる。

第1節　分析視点：生産地と消費地とのつながりをとらえる視点

1.2.1では、本書における仮説として、資源産出地域で起きている問題と先進国の消費者との間の3つのつながりを指摘した。第1に、先進国の消費者の消費行動が、問題を引き起こしている（あるいは継続させている）構造的要因を支えているという「問題とのつながり」、第2に、先進国の消費者には問題解決に貢献できる可能性があるという「問題解決とのつながり」、第3に、人間の尊厳を守るべきという「形而上的なつながり」である。

特に、「問題とのつながり」と「問題解決とのつながり」という形而下的なつながりは、生産地と消費地とをつなぐ2つの経路を通じて発生する。ひとつは、生産地で産出された資源が製品化されて消費地に届くまでの、「モノ」の生産・流通経路である。もうひとつは、消費地での消費傾向や消費者運動が生産・流通経路をさかのぼって生産地に影響を与えるという、「影響」の伝達経路である。

これらの経路の詳細を解明してコンゴの紛争資源問題と先進国の消費者とのつながりをとらえる上で理解しておくべきは、対象産品である3TGが持つ「見えにくさ」である。

序章で述べたように、農産物や手工芸品といった軽度な加工品の生産・流通に関してならば、生産者に不利な取引や貿易システムが、生産地での劣悪な労働環境や貧困を助長していることが調査、報告されている。そして、消費者がフェアトレード商品を購入することによって、生産価格が保証されたり、生産地の子どもたちが教育を受けられるようになったりするという効果も示されている[1]。

同様に、アパレル（既製衣料品）産業においては、生産・流通システムにおける厳しい価格競争が、途上国の委託工場における労働搾取を助長していることが調査、報告されている。そして、こうした問題が「搾取工場(sweatshop)」問題として先進国の市民団体やNGOによって取り上げられ、消費者が抗議活動に賛同することによって、企業が委託工場での労働条件改善に取り組む効果も示されている[2]。

一方、コンゴの紛争資源問題のように対象産品が鉱物資源や工業製品になると、生産・流通経路の解明も、「影響」の伝達の検証も、問題解決への取り組みも遅れている。社会的責任消費の対象産品として鉱物資源や工業製品が取り上げられる事例は極めて少ない。エシカル・ジュエリーとして宝石鉱物が取り上げられる程度である。

本来、社会的責任消費が消費行動を通じて公正な社会の形成を目指すならば、生産・流通の過程で社会問題をもたらしているすべての産品を対象とするべきであろう。もちろん、途上国を不利な交易条件のもとに固定させている一次産品輸出の多くが農産物であること、途上国においては農業人口が多いことを考慮すれば、農産物を対象とする取り組みからスタートすることは妥当であろう。しかし、鉱物や木材などの資源輸出に依存する途上国がしばしば最貧国となっている状況に鑑みれば、社会的責任消費の対象を農産物や軽度の加工品に限定し続けることは妥当とはいい難い。

それにもかかわらず、製造業において重要な位置を占めていながら、そして、生産・流通の過程で生じる社会問題がしばしば指摘されていながら、鉱物資源や工業製品が社会的責任消費の対象外となってきたのはなぜか。その原因として、鉱物資源や工業製品が持つ「見えにくさ」を指摘したい。鉱物資源や工業製品には、3つの「見えにくさ」がある。

第1に、「モノ」としての見えにくさがある。鉱物資源や工業製品は加工度が高いために、どの鉱物がどの製品に使われているのかが特定しにくい。ダイヤモンドのような宝石鉱物であればまだわかりやすいが、スズやタンタルのような原料鉱物となると、何に使われているのか消費者にはわからない（第2節で後述するように、スズは金属を溶接するはんだの原料、タンタルは電子機器に必要なコンデンサの原料などとして使われている）。

第2に、生産工程の見えにくさがある。鉱物の採掘地は、都市や農村とは離れた鉱山において、独特の採掘施設を備えて存在することが多く、一般市民はアクセスしにくい。農村や漁村を訪問するスタディ・ツアーやフィールド調査のようには、一般市民や国際協力NGOが鉱山を訪問するわけにはいかない。そのため、採掘地の情報は専門のジャーナリストや現地で活動する人権NGOなどが発信するものに限定され、鉱物がどのような方法で採掘され、流通しているのかが消費者の目に触れにくい。

第3に、鉱物資源や工業製品のサプライチェーンは長く複雑であり、関係主体が多くなるために、たとえ生産・流通に関わる社会問題が存在すると認知されても、責任の所在が特定しにくい。手工芸品や衣料品でさえ、生産方法や仕様が多様なためにフェアトレード認証が難しいといわれる中、工業製品はそれらを上回る複雑さを持っている。また、資源の採掘、精錬、製錬、部品製造、組み立てがいくつもの国をまたいで行われるため、世界中に広がるサプライチェーンの隅々に企業の責任を行き渡らせることが困難である。さらに、武装勢力による密輸や闇取引が関わると、企業自身でさえも、自社の資源調達経路に紛争資源が紛れ込んでいないかどうかを確認することは極めて困難になる。

これら3つの理由から、消費者がどのような行動をすれば生産地での問題を助長するのか、あるいは逆に問題解決に貢献できるのか、「影響」の伝達もまた見えにくくなっている。

他方で、鉱物資源や工業製品にまで社会的責任消費の対象を拡大すれば、生産・流通に追加費用が発生し、企業や消費者が担うコストが増大して経済活動に影響を与えることは容易に予想がつく。つまり、問題解決の経路は見えにくく、その一方で取り組みによって生じるコストの大きさは予想しやすい。そのため、鉱物資源や工業製品を対象とする消費者運動は起きにくく、たとえ起きても企業の行動変化に結びつきにくい状況が続いてきた。

紛争資源問題は、ガルトゥングが論じた「諸個人の協調した行動が総体として抑圧構造を支えているために、人間に間接的に危害を及ぼすことになる暴力」である「構造的暴力」や、ヤングが論じた「自分自身の目的を達成しようとする個人の諸行為が組み合わされることによって、他者の行為の条件に影響を与え、参加する行為者の誰もが意図しない結果を生む」、という「構造的不正義」の典型事例である。それにもかかわらず、人々の目に見えにくいがために、解決に向けた働きかけの対象にならず、放置されてきた。

さらに、シンガーの「救うことができるものは救うべきである」という論に照らすならば、鉱物資源や工業製品の生産・流通に関わる社会問題は、「救うことができる」のかどうかがわからず、その一方で消費者が払う「犠牲」が大きいために、「救うべき」対象になりにくかった。

第3章で詳述したように、コンゴ東部では2003年の紛争「終結」後も武装勢力が活動を継続し、直接と間接を含めて月に4万5,000人が犠牲となる状況が続いてきた[3]。それにもかかわらず国際社会の関心は低く、企業は紛争資源の取引を継続してきた。ホーキンス（Virgil Hawkins）はコンゴ東部の紛争状況を「人々の意識にとらえられない紛争＝ステルス戦争」とよんでいた[4]。

ところが近年、こうした状況に風穴を開ける取り組みが始まった。それが、第3節で詳述する、コンゴの紛争資源を対象とするOECDやアメリカの取引規制である。

アメリカで2010年7月に制定された金融改革法（ドッド・フランク法）1502条は、コンゴの紛争地域とその周辺国から輸出された3TGを使用する上場企業に対して、証券取引委員会（SEC）への報告（Form SD）提出とWEBにおける情報開示を義務づけた[5]。3TGが採掘地において武装勢力の資金源となっていることを問題視し、企業が自社の資源調達経路を透明化することで紛争に加担する資金の流れを断とうとする取り組みである。

OECDが2010年12月に発表したOECDガイダンスにおいても類似の義務が示され[6]、EUはこの義務を遵守するための法整備に動き始めている。

この取り組みを前にして本書で問いたいのは、「生産地と消費地とをつなぐ経路が明確ではないにもかかわらず、消費地での取り組みによって生産地での問題を解決しようとする試みが始まり、消費者の支持を受けて広まったのはなぜなのか」という疑問である。典型的な原料鉱物であり、3つの「見えにくさ」をあわせ持つ3TGを対象産品として、消費地での取り組みによって生産地での問題を解決しようとする社会的責任消費の動きが始まったのはなぜなのか。「見えにくさ」はどう克服されたのか。

特に本章では、2つの観点からこの問いに挑戦する。第1に、コンゴ紛争中は紛争資源の禁輸措置に反対した欧米政府が、2010年になって紛争鉱物取引規制の導入に踏み切ったのはなぜか、第2に、規制によって生じると予想される負担を先進国の消費者が受け入れ、企業に対応を求めるキャンペーンが広まったのはなぜか、という2点である。

「問題とのつながり」「問題解決とのつながり」「形而上的なつながり」という3つのつながりを軸にしながら、コンゴの紛争資源問題と先進国の消費者の関係をとらえ直し、紛争資源問題の解決に向けた取り組みが始まった経緯を明らかにする。

第2節　コンゴから消費地へ紛争資源の流れ

本節では、「問題とのつながり」という視点からコンゴの紛争資源問題と先進国の消費者とのつながりを検証する。まずは、コンゴから輸出された3TG鉱石が製品化されて消費地に届くまでの流通経路を追い、「モノ」を通じたつながりを検証する。続いて、先進国での電子機器の消費傾向が3TGの産出に与えた影響を検証することで、消費者が生産地に与える「影響」という側面からも、コンゴと先進国の消費者とのつながりを示す。

第3章では、コンゴ国内における3TG採掘の実態をとらえたが、採掘された3TG鉱石はその後、どのように世界市場に流通し、製品化され、消費者のもとに届いているのか。その流通経路をとらえることは、どのような世界経済の構造がコンゴの紛争資源問題を支えているのか、外生的要因をとらえることにつながる。

なお、本節で描く3TGの流通経路は、第3節で後述する紛争鉱物取引規制にともなう企業や業界団体、NGOおよび欧米諸国の研究機関の調査によって明らかになったものである。国際社会において紛争資源問題が注目されるようになった2000年代には、3TGの流通経路はほとんど不明であった。しかし、紛争鉱物取引規制の導入にともなって紛争鉱物調達調査が進み、流通経路が明らかになってきた。

これらの調査結果を含めて、国連専門家グループ、NGO Enough Project (Enough)、アメリカ地質調査機関（United States Geological Survey: USGS）、日本の石油天然ガス・金属鉱物資源機構（JOGMEC）などの報告書を情報源としながら、コンゴから消費地までの3TGの流通経路と、消費地での消費傾向が生産地におよぼす「影響」の伝達を検証する。

4.2.1　源流：コンゴからの鉱石輸出

まず、コンゴ東部の鉱山から買い取られた3TG鉱石は、仲買人を通じて集積都市の取引所に集められる。2009年のEnoughの調査によれば、東部の主要都市であるゴマとブカヴには100か所ほどの取引所がある。本来、取引所を設置するには500ドルの料金を支払って政府の許可証を得なければならないが、許可を得ている取引所は1割に過ぎない。9割は非合法な取引所である。2009年の時点でブカヴには17社、ゴマには24社の輸出企業があり、これらの輸出企業が取引所で鉱物を購入していた[7]。

輸出企業は、ゴマやブカヴで購入した鉱物をルワンダの首都キガリ、ウガンダの首都カンパラ、ブルンジの首都ブジュンブラ（Bujumbura）に運ぶ。そこからの輸送先はいくつかに分かれる。タンザニアのダルエスサラームの製錬所に直接送られたり、ケニアのモンバサ港から船で中東に運ばれたり、キガリ、カンパラ、ブジュンブラから空路で東アジアやヨーロッパに空輸されたりする[8]。

正規ルート以外で密輸された鉱石の場合は、キガリ、カンパラ、ブジュンブラで現地のタグを付けられ、「ルワンダ産」「ウガンダ産」「ブルンジ産」として輸出される。2007年にウガンダで公式に産出された金は600ドル相当に過ぎなかったにもかかわらず、7,400万ドル相当の金が輸出されている。同様に、ルワンダで産出されたスズは800万ドル相当であるにもかかわらず、3,000万ドル相当のスズが輸出されている。両国からの輸出品には、コンゴからの密輸品が多く含まれていると指摘されている[9]。

4.2.2　上流：鉱石から金属への加工

鉱山から採掘された鉱石は不純物が混ざった状態にある。まずは製錬所（smelter）で鉱石から金属をとり出し（製錬：smelt）、金の場合は純度を上げる（精錬：refine）作業が必要である。製錬・精錬を行う企業は鉱物によって異なる。

スズは大手10社の企業が80%の製錬を担っており、その多くは東アジアにある。タンタルはドイツ、アメリカ、中国、カザフスタンの大手4社が製錬を独占している。タングステンは中国、オーストラリア、ロシアに複数の企業がある。金の場合、長年、コンゴ産の金はドバイに運ばれていたが、近年、スイス、イタリア、ベルギーで精錬されるようになっている[10]。コンゴから運ばれた鉱物はこれらの会社で鉱石から金属へと加工される過程で他の産出地域から来た鉱石と混ぜられる。

ここで指摘しておきたい点が2点ある。

第1に、コンゴから輸出される3TGは、世界的な鉱物生産の中では大きな比重を占めるわけではないという点である。確かにコンゴは、銅、亜鉛、金、銀、コバルト、ニオブ、タンタル、タングステン、スズといった豊富な種類の鉱物資源を産出している。特にコバルトでは、2012年の世界の生産量の55%を占めている[11]。そのため、コンゴの鉱物は世界の鉱物生産にとって重要な位置を占めるが、3TGの生産量においてはさほど大きな比重を占めていない。USGSの統計によれば、2012年に世界で産出されたスズの88%は中国、インドネシア、ペルー、ボリビア、ブラジルが占め、コンゴとルワンダは合わせて4%である。同様に、2012年に世界で産出されたタングステンの87%を中国が占め、コンゴとルワンダは合わせて2%である。金は上位産出国にさえ入っていない[12]。

3TGの中で唯一、大きな比重を持つのはタンタルである。希少金属（レアメタル）であるタンタルは産出国が少なく、2012年には、モザンビーク、ブラジル、コンゴ、ルワンダ、エチオピアの5か国が世界の産出量の92%を占めている。そのうち24%がコンゴとルワンダである[13]。ただし、タンタルの生産は年による変動が激しい。2008年まではオーストラリアが世界の産出量の50～60%を占めており、ブラジルの20%と合わせて両国が80%を占めていた。コンゴとルワンダの比重が急増したのは、オーストラリアで世界最大規模のウォッジーナ（Wodgina）鉱山が2008年12月から採鉱を休止しためである[14]。

比重が大きくないという点は、紛争資源問題を考える上で重要である。コンゴ産の鉱石は世界で産出される鉱石のごく一部であるため、製錬所において他の産出地域から集まってくる鉱石に紛れてしまう可能性が高い。そうして追跡困難になることで、紛争資源の流通が可能になる。紛争鉱物取引規制を導入する際にも、原産地の特定を企業に義務付けた場合、全体の4%しか占めない鉱石の原産地を追跡する作業に大きなコストをかけるよりも、コンゴからの鉱石輸出を止める方が企業にとって都合が良くなり、事実上のボイコットに向かう可能性が高いという問題がある。

指摘しておきたい第2の点は、鉱石の加工はいくつもの国をまたいで行われ、極めて複雑な過程をたどる点である。産出国から輸出された鉱石は製錬所がある国に送られ、金属塊、合金塊、化合物などの「素材」に加工される。そしてそのまま当該国で製品化されるのみならず、素材として再び輸出されることも多い。素材をもとに製造された板、線、棒など、「材料」段階の製品が輸出されることもある（鉱物輸出統計では、こうした材料も「製品」とよばれるが、最終製品と区別するために本節では「材料」とよぶ）。

例えば日本は、タングステンを原料（鉱石、化合物）、素材（塊、粉、くず）、材料（板、線、棒）の形で、ポルトガル、カナダ、中国、ベトナム、ドイツなどから輸入している。その一方で、国内で加工したタングステンの素材と材料を、韓国、イタリア、フィリピン、インドネシア、中国、台湾などに再輸出している。コンゴから輸出されたタングステン鉱石が、精鉱、製錬、精錬され、素材、材料となるまでの間に、何度も国境を超えて企業から企業へと渡っていき、他の国のタングステンと混ざり、追跡困難になっていく。

4.2.3　中流：金属から製品へ

それでは、原料、素材、材料に加工された3TGは何に使用されるのか。JOGMECの『鉱物資源マテリアルフロー』を参考に見ていく。

3TGが使用される工業製品は実に幅広い（**表4-1**）。鉱物別に見ると、スズは融点が低いため溶接用のはんだとして利用されることが多い。世界のスズ需要のうち50～60%ははんだ向けであり、特に電気・電子部品向けのはんだが40～45%と最も多い。世界最大の需要国は中国（49%）であり、ヨーロッパ諸国が合わせて15%、南北アメリカが合わせて12%、日本が8%を消費している[15]。

タングステンは硬度が高くて耐熱性に優れるため、主に超硬工具や特殊鋼に使用される。日本のタングステンの国内需要では、超硬工具と特殊鋼が95%を占める。また、金属としては比較的大きな電気抵抗を持っているために、白熱電灯や電子管のフィラメント、電気化学用電極、高温炉ヒーターなどにも使われる。世界最大の需要国は中国（56%）であり、ヨーロッパ諸国が合わせて14%、南北アメリカが合わせて12%、そして日本が11%を消費している[16]。

タンタルは、タンタル・コンデンサ用の需要が約50%を占める。タンタル・コンデンサは、ノートパソコン、携帯電話、液晶テレビ、デジタルカメラなど、情報通信機器、デジタル家電、自動車部品に幅広く使用されている。また、耐熱・耐食性が強いために、航空機や発電機のガスタービン、医療器具などにも使われる[17]。タンタルの製錬所は中国、ドイツ、カザフスタン、タイ、アメリカに集中しているため、鉱石の輸入はこれらの国に集中し、製錬されたタンタル金属が世界各地に再輸出されている。日本にはタンタル製錬企業が少ないため、製錬されたタンタル金属（塊、粉）の形で輸入し、加工して

表4-1　3TGを使用した主な製品

鉱物	最終製品
スズ	主需要：はんだ（50～60%）、缶詰や飲料の缶（15～17%）、軸受合金（5%）、フロートガラス（2%） 用途：はんだ、缶、産業機器や産業設備の部品、電線、窓ガラス、自動車フロントガラス、フラットパネルディスプレイの電極、塩化ビニルや安定剤などの化成品
タングステン	主需要：超硬工具（75%）、特殊鋼（20%） 用途：切削工具、金型、産業用工具、石油化学・重油燃焼炉、産業設備排ガス処理用脱硝触媒、自動車装品、遮断器、携帯電話のバイブレーター、フィラメント（照明、ヒーター、液晶バックライト）、電気接点、放熱板、その他電子機器に使用される板・線・棒
タンタル	主需要：コンデンサ（50%） 用途：工業用…切削工具、ガスタービン（航空、発電）／電子機器の部品…コンピューターのハードディスク、音響フィルター（携帯電話、ステレオ、テレビ）、光学レンズ（メガネ、デジタルカメラ、携帯電話、X線フィルム）、インクジェットプリンター、コンデンサ（ノートパソコン、携帯電話、ビデオカメラ、スチールカメラ、DVDプレイヤー、平面テレビ、ゲーム機、充電器、電流変換器、油性プローブ）／自動車備品…エアバッグシステム、GPS、ABSシステム／医療機器…補聴器、ペースメーカー／医療器具…人工骨、人工股関節、縫合クリップ、血管用ステント／軍事機器…ミサイル部品
金	主需要：電気通信機器・機械部品（51%）、宝飾・美術工芸品（18%）、歯科・医療（8%） 用途：電気通信機部品・機械部品、歯科・医療、メッキ、宝飾品、美術品、メダル、私的保有

出典：USGS Report[2013]およびJOGMEC『鉱物資源マテリアルフロー2013』より筆者作成[18]

再輸出している。

金は、約50%が機械部品として使用され、宝飾品や美術工芸品（18%）、歯科・医療（8%）、メッキ（5%）が続く。

3TGをすべて合わせると、あらゆる産業機器や自動車、電子・電気機器に3TGが使われていることがわかる。後述する紛争鉱物取引規制が産業界全体に影響をおよぼすのはそのためである。

製品が多種多様であるために、3TGを使用した製品がつくられる過程も極めて多岐にわたる。工業製品は一般的に、素材→材料→部品→製品という過程を経て製品化され、流通・販売業者を通じて最終消費者のもとに届く。自動車や電子・電気機器の場合には、数百、数千の部品からできているために、それぞれの部品ごとに生産過程があり、無数の枝分かれ構造を持つサプライチェーンが出来上がっている[19]。

電子機器産業の業界団体であるElectronic Industry Citizenship Coalition（EICC）とGlobal e-Sustainability Initiative（GeSI）は、**図4-1**のような概念図でサプライチェーンをとらえている。世界中の鉱山から集まった鉱石は、製錬／精錬業者の段階で約500社のレベルに集約される。そこから再度、素材、

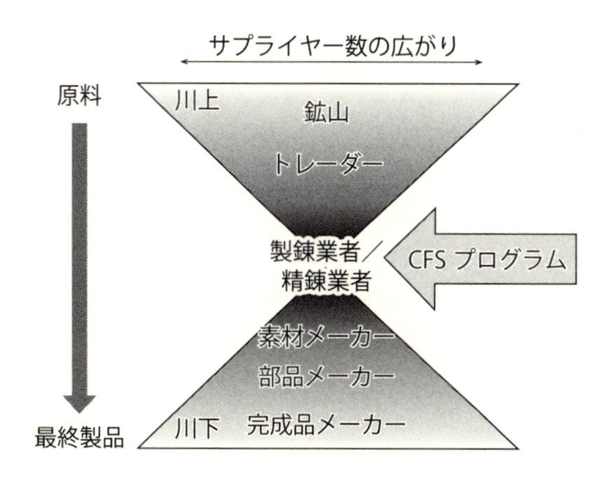

図4-1　サプライヤーの広がり概念図

出典：EICC/GeSIより筆者作成

部品、製品へと製造されていく段階でサプライチェーンが広く枝分かれしていくのである。

したがって、サプライチェーンに紛争資源を混入させないためには、製錬／精錬の段階で、鉱物の輸入元が明確なコンフリクト・フリーの製錬所（Conflict-Free Smelter: CFS）を特定しておくことが効果的である。話を先取りすると、EICC/GeSIは2010年から3TGの製錬／精錬業者を調査し、CFSを認定するプログラムを実施しており、2014年10月時点で102か所、2016年6月現在では223か所の製錬／精錬所を認定している[20]。

4.2.4　下流：消費者のもとへ

表4-1にあるように、3TGを使用した製品には産業機器が多いため、製品の多くは消費者の目には触れないところで使われている。一方、携帯電話、パソコン、カメラ、テレビのような電子機器や自動車、宝飾品などの一般家庭で消費される製品は、最終的に製品メーカーの名がつけられて販売店に並び、消費者の手に渡る。

2013年の内閣府の消費動向調査（一般世帯対象）によれば、日本においては、パソコンは78.7%、デジタルカメラは76.5%、テレビは96.5%、自動車は81.0%の世帯に普及している[21]。これらの製品だけを見ても、ほぼすべての日本人が、3TGを身近に利用しながらくらしていることがうかがえる。

また、世界的にも、特に携帯電話の普及率は極めて高い。携帯電話加入者数を人口で割った普及率で見ると、2012年の時点で、欧米の大部分の国において100%を超えている（フランスとアメリカは98.2%）。アジアでも、日本（108.7%）、韓国（110.4%）、シンガポール（153.4%）など多くの国において100%を超え、香港では227.9%に上っている[22]。1人1台以上の携帯電話を保有している計算になる。

もちろん、電子機器の消費地は先進国だけではない。途上国でも電子機器の普及は著しく、特にアフリカ諸国での携帯電話の普及は目覚ましい。ボツワナ（150.2%）や南アフリカ（134.9%）を筆頭に、ジンバブエ（97.0%）、セネガル（87.5%）などは8割を超える。コンゴでも、固定電話の普及率は

（単位：万 t）

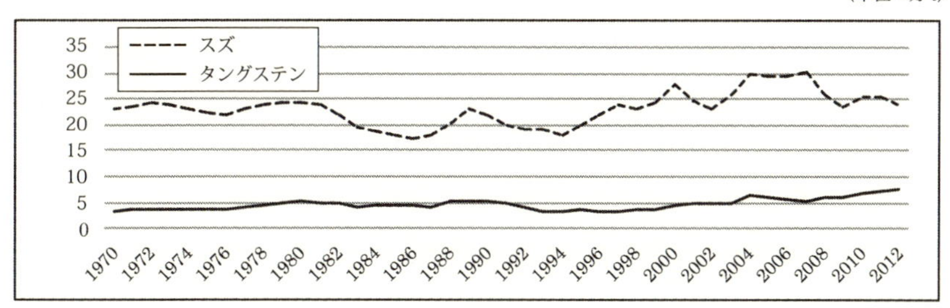

図 4-2　世界の 3TG の生産量：スズ、タングステン

出典：USGS より筆者作成 [23]

（単位：t）

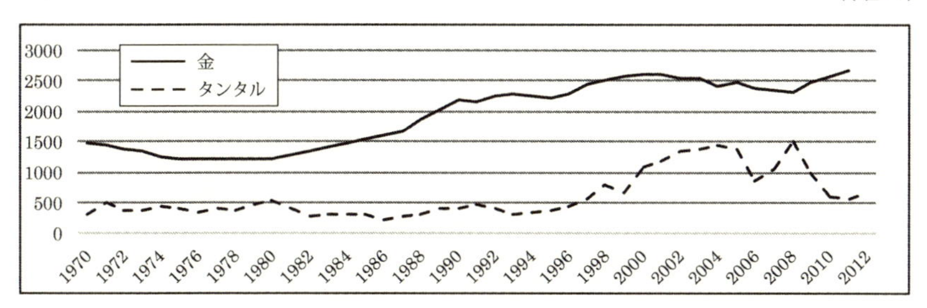

図 4-3　世界の 3TG の生産量：タンタル、金

出典：USGS より筆者作成 [24]

0.08% である一方、携帯電話の普及率は 28.0% である [25]。前掲の図 4-1 で川下が広がっているように、製品化された 3TG は再び世界中に広がり、世界各地で消費されている。

ただし、4.2.3 で述べたように、3TG の大部分は欧米と中国、日本で消費されており、次に述べるように消費地として大きな影響力を持つのも欧米と日本である。

4.2.5　下流から源流へ：消費傾向がおよぼす影響

前項までは、源流から下流へ、「モノ」としての 3TG の生産・流通経路をたどってきたが、本項では逆に、製品化された 3TG の消費傾向が鉱物の生産におよぼす影響を考察する。

上述のように、3TG はあらゆる産業機器や自動車、電子・電気機器に使われている。したがって、こうした製品の消費傾向が鉱物の生産量にも影響を与える。

生産が消費傾向の影響を受ける鉱物として特に顕著なのはタンタルである。タンタルは採掘地域が限定されて生産量が少ないレアメタルであり、利用の歴史はまだ浅い。タンタルという鉱物は 1802 年にスウェーデンの鉱物学者エーケベリ（Anders Gustav Ekeberg）によって発見されたが、1846 年までは同族元素のニオブと混同され、タンタルとニオブが分離できるようになったのは 1866 年であった[26]。その後も長い間、タンタルはニオブやスズの採掘にともなう副産物として生産される程度であった。転機となったのは、1953 年にアメリカのウエスタン・エレクトリック社（Western Electric Company）とスプラグ社（Sprague Electric Company）によって、タンタル・コンデンサが開発されたときである[27]。セラミックや他の金属のコンデンサに比べて、タンタル・コンデンサは小型で大容量の電荷を蓄えることができる利点を持っている。1960 年代にはタンタル・コンデンサをさらに小型化する技術開発に各社がしのぎを削り、鉱石としてのタンタルの存在も広く認知されるようになった。世界中の資源の統計を取っているアメリカの USGS では、スズ、タングステン、金の統計は 1900 年からあるが、タンタルの統計がとられるようになるのは 1960 年代からである[28]。

タンタル・コンデンサの技術向上は、そのまま電子機器の小型化の促進につながる。典型的な例として、携帯電話が挙げられる。日本で最初に開発された移動可能な無線電話は、1953 年に電電公社がサービスを開始した港湾電話であった。1979 年には、自動車電話として都市でも実用化された。当時の無線電話は、電源バッテリーを自動車に搭載する形をとっており、重量が約 7kg もあった。1985 年に NTT が初めての肩掛け式のポータブル電話機「ショルダーホン」を発売したときにも、本体と電池を合わせての重量は約 3kg であった。その後、ショルダーホンの発売後に急速な小型化が進み、1987 年に NTT が「携帯電話」を発売したときには約 900g に、1989 年には約640gにまで軽量化された[29]。この軽量化に貢献したのが、タンタル・コンデンサの技術向上であった。そして、端末の軽量化とサービスの増加によって1990年代には携帯電話が一般消費者に普及した。総務省の通信利用動向調査によれば、1990年3月末には4.0%であった携帯電話の普及率（契約数／総人口）は、2000年3月末には34.9%、2010年3月末には79.3%に増加し、2012年には100%を超えて1人1台以上の携帯電話（スマートフォンを含む）を所有する時代に入った[30]。発売から25年の間に携帯電話は大量生産され、一気に日本全国に普及したのである。なお、アメリカでも1981年に一般向けの携帯電話サービスが始まり、1990年代に普及している。

同様に、総務省の世帯調査によれば、1995年には16.3%であったパソコンの世帯保有率が、2005年には80.5%にまで増加した[31]。一般消費者向けのデジタルカメラが市販されたのも1995年、DVDプレイヤーが商品化されたのも1996年である。1990年代は電子機器の開発技術が飛躍的に向上し、一般消費者の間に普及した時期であった。同時に、これらの電子機器の部品としてのタンタル・コンデンサの需要も高まり、1990年代後半から2000年代前半にかけてタンタルの生産量が2倍以上増加した（**図4-3**）。1995年には361tであった生産量が、10年後の2005年には1,380tにまで増加している。

こうした先進国におけるタンタルの需要増加とコンゴの紛争資源問題のつながりを示す例として頻繁に取り上げられるのが、2000年のタンタル価格の高騰である。

2000年9月には1ポンド30～40ドルであったタンタルの国際価格が、12月までに1ポンド300ドルに高騰した。当時は、日本でクリスマスに人気のゲーム機プレイステーション2が発売され、タンタルが不足したことが原因であるという説が流布した。しかし、コンゴの紛争資源としてタンタルの生産・流通状況を調査研究するネスト（Michael Nest）は、タンタルの主要加工業者であるCabot and H.C. Starckが、1990年代の電子機器の普及によってタンタルの需要が高まると予想し、各社と長期契約を締結したために起きた一時的な価格高騰であると分析している[32]。2001年10月までにはタンタルの国際価格は1ポンド30～40ドルに戻っている。

原因がどちらであれ、2000年にタンタルの国際価格が高騰したことで、それまではタンタルの名前さえ知らなかったコンゴの資源採掘地域でも「売れる鉱物」としてタンタルの名が知られるようになったのは確かである。コンゴの鉱山でタンタルを目的としたASM採掘が広がった背景には、こうした電子機器の普及があった。1890年代に欧米でゴム製品が普及するとともにコンゴで苛酷なゴムの収集が行われたのと同じ構図が、資源をタンタルに変えて、100年後の現代でも生じていたのである。

なお、2000年代後半からタンタルの生産量が低下しているのは、電子機器の普及が飽和状態に達したことと、スクラップからのリサイクルが増加していることが理由と考えられる。特に、次節で後述する紛争鉱物取引規制では、スクラップから取り出したリサイクル金属が調査対象から外されたため、調査にかかるコストを回避したい企業によって、スクラップの利用が増加した。アメリカでは、タンタルスクラップの輸入量が、2009年の335tから、2010年の1,070t、2011年には1,370tにまで急増している[33]。

まとめ

本節では、コンゴで採掘された3TGが輸出、加工、製品化される「モノ」としての流通経路と、消費傾向が資源生産におよぼす「影響」の伝達という2つの側面から、コンゴの紛争資源問題と先進国の消費者とのつながりを見てきた。

3TGの用途は非常に幅広く、消費者の生活を取り巻くあらゆる産業機器や自動車、電子・電気機器に使われている。また、加工から製品化の過程は非常に複雑で、いくつもの国をまたいで輸出入が繰り返されるため、特定の産地から輸出された鉱石の流通経路を把握することが極めて困難である。

さらに、世界の鉱物生産の中で見ると、コンゴ産の3TGの比重はタンタルが24%と高いものの、その他は4%以下であり、他の地域から産出された鉱物と混ざって追跡困難になりやすい。コンゴ産の3TGの比重の低さを考えれば、消費者が利用している最終製品にコンゴ産の紛争資源が使われている比率は小さいであろう。しかし、その比率の小ささがむしろ紛争資源の流通しやすさを招いている。

結局のところ、ここまで3TGの生産・流通経路の詳細が明らかになっても、コンゴ東部で産出された3TGがどの製品に使われているのかを特定することはできていない。むしろ明らかになったのは、紛争資源が「使われていない」製品の一部と、こうした複雑な流通経路が紛争資源の流通を可能にしているという、鉱物資源をめぐる世界経済の構造の実態である。つまり、3TGの生産・流通経路を見えにくくしている世界経済の構造そのものが、紛争資源問題を引き起こす外生的要因になっている。

さらに、コンゴ産の3TGを実際に使っているかどうかにかかわらず、消費地において3TGを使用した電子機器に対する需要が高いという消費傾向が、コンゴにおける紛争資源の採掘や輸出を促進するという「影響」のつながりが存在することも明らかになった。

したがって、違法に採掘・密輸された紛争資源が流通経路に混入し、消費者が手にする不特定の製品になっているという「モノ」のつながりと、3TGを使用した電子機器に対する需要の増加が資源の違法採掘や密輸を促進したという「影響」のつながりの両方において、先進国の消費者の消費行動は、紛争資源問題を助長する「問題とのつながり」を有している。

第3節　紛争資源問題の解決に向けた国際社会の取り組み

前節では、「問題とのつながり」という視点から、コンゴの紛争資源問題と先進国の消費者のつながりを見てきた。本節では、「問題解決とのつながり」という視点から考察する。

コンゴの紛争資源問題を解決するために、国際社会はどのような取り組みを行ってきたのか。そしてその取り組みの中で、消費者はどのような役割を担ったのか。これまでに行われてきた問題解決の取り組みを、国連、NGO、アメリカ政府、OECD、企業、コンゴ政府の順に考察し、最後に、紛争鉱物取引規制の開始に向けて消費者が担った役割とこれから担うべきと期待されている役割を検討する。

4.3.1 国連の取り組み

コンゴ紛争が終結する過程は第 3 章で詳述したため、ここでは紛争資源問題に対する国連の取り組みに焦点を絞って、簡潔に振り返る。

コンゴの紛争資源問題に対して国連がとった対応は、PKO の派遣、経済制裁の実施、専門家グループによる調査報告の 3 つである。

第 1 に、第二次コンゴ紛争中の 1999 年 7 月にルサカ停戦協定が成立したことを受けて、11 月に国連コンゴ民主共和国ミッション（MONUC）を設立し、要員を派遣した[34]。その後、コンゴ東部での情勢悪化を受けて度々要員を増強し、2003 年には MONUC を国連憲章第 7 章下に置いて、あらゆる必要な手段をとる権限を与えた[35]。要員数は増加を続け、2007 年までに 2 万人規模の PKO に拡大した。要員は 67 か国から派遣され、世界最大規模の PKO として展開し続けている。その後、2009 年に CNDP との和平合意が結ばれたことを受けて翌年には国連コンゴ民主共和国安定化ミッション（MONUSCO）に改組された[36]。MONUSCO は、地域の安定回復、治安部隊の設立、行政機関の能力強化に取り組んでいる[37]。

第 2 に、コンゴ東部で闘争を継続する武装勢力を対象主体として、2003 年から経済制裁を実施している[38]。国連加盟国に対して、コンゴ政府以外の個人や団体に対する武器の供給停止を要請し（武器禁輸）、国連制裁委員会が作成した対象リストに記載されている個人および団体の渡航禁止と資産凍結を要請している[39]。これらの制裁措置は、武装勢力の経済活動を阻害することで、紛争資金の調達を断絶することを目的としている。

第 3 に、2004 年にはコンゴの現地状況を調査報告する専門家グループを設立し、制裁の履行状況、武器の流通状況、武装勢力の資金調達方法、紛争資源の利用状況などに関する調査報告を行っている。専門家グループは、2014 年までの 10 年間に、報告書を 15 回公表しており、紛争資源問題の実態を国際社会に知らせる重要なツールとなっている[40]。

ただし、こうした報告書によって資源収奪の深刻さが指摘されているにもかかわらず、資源を対象とする禁輸措置は行われていない。その理由は、第 3 章で詳述したように、コンゴでの資源収奪が幅広いために対象を限定した禁輸が実施できず、地元住民に深刻な影響をおよぼす懸念があること、ルワンダが関与しているために、援助国のアメリカとイギリスが禁輸実施に消極的であること、資源収奪への欧米企業の関与が疑われていることが挙げられる。

国連は、資源禁輸が実施できない代わりに、後述するOECDの紛争資源デューディリジェンスが機能するよう後押しをしている。

こうした経緯から見て、紛争資源問題に対する国連の取り組みで最も重要なのは、専門家グループによる調査報告の公表である。コンゴ東部における暴力の実態と武装勢力による紛争資源の利用状況を公表し、違法な資源収奪に関与する外部者を名指しで批判することによって、関係主体に対応を迫る「naming and shaming strategy」が行われている。国連専門家グループによるこうした「告発」は、一般市民の世論を喚起するよりも、各国政府や国際機関の政治的意志の向上を意図したものと考えられる。報告書が公表される度に、名指しされた周辺国政府が反論の書簡を安保理に提出するなど、政府レベルでの議論を喚起している。

4.3.2　NGOによる世論喚起

一方、国連による資源禁輸が実施されない状況を受けて、国際世論を喚起する精力的な活動を展開しているのがNGOである。特に欧米では、人権保護を掲げて政府へのロビー活動を行ったり、市民への啓発活動を行う、アドボカシーの専門家集団としてのNGOの活動が活発である。

Global WitnessやHuman Rights Watchなど、現地に密着しながら紛争状況を世界に発信している人権NGOは、コンゴ紛争中から紛争資源問題についての報告を発表してきた[41]。2002年にはベルギーのNGOであるInternational Peace Information Service（IPIS）が、ヨーロッパのNGO 32団体との連名でコンゴの紛争タンタルと企業のつながりを告発する報告書を公表した[42]。この報告書では、2000年末にタンタルの国際価格が高騰した原因として、NokiaやEricssonの新世代携帯電話と、ソニーのゲーム機プレイステーション2の発売が名指しで指摘された（ただし後に、タンタル価格の高騰は、主要加工業者である Cabot and H.C. Starck が、電子機器の普及によってタンタル需要が高まると予想し、各社と長期契約を締結したために起きた一時的な現象であると、ネストによって指摘されている[43])。また、同報告書は、Compaq、Dell、Ericsson、HP、IBM、Intel、Motorola、Nokia、Siemens などと並んで、日本の企業である日立や NEC のコンデンサにもコンゴの紛争タンタルが使われている可能性があると指摘している

NGO の 他 に も、Pole Institute[44] や International Institute for Sustainable Development（IISD）[45] などの研究所からもコンゴの紛争タンタルに関する現地調査の報告書が出され、世論を喚起している。

そして NGO は、この問題に対する対策をとるよう、電子機器関連企業や業界団体に対するロビー活動を展開している。3TG の多くが、電子機器に使用されているためである。2007 年には、電子産業の業界団体である EICC/GeSI を NGO が訪問し、注意を喚起した[46]（企業の対応については 4.3.4 で詳述する）。

欧米の NGO がそれぞれに調査や報告を開始する中で、2006 年にはジェノサイドと人道に対する罪の終了を目的とする NGO Enough Project が設立され、コンゴの紛争資源問題を専門に扱う啓発キャンペーン Raise Hope for Congo を開始した[47]。Enough は、紛争状況を調査報告し、アメリカ政府に対応を求めると同時に、自分たちの携帯電話に紛争資源が使われていることを広く訴え、消費者から企業へ紛争資源の排除を求める流れをつくろうとしている。

Enough のキャンペーンには 3 つの特徴が挙げられる。

第 1 に、消費者の共感を得やすいメッセージを作成し、理解しやすい短い映像を公開している。2010 年に YouTube で公開した映像「I'm a Mac...and I've Got a Dirty Secret」では、1 分 45 秒と短く、CM のようにコミカルな映像によって、PC や携帯電話、デジタルカメラなど Apple 社の電子機器がコンゴの紛争状況を悪化させていることを表現している。この映像は、2016 年 8 月時点で約 70 万回再生され、Apple 社への圧力となっている[48]。

第 2 に、誰を対象にして、どのような行動を求めるのかを明確にしたキ

ャンペーンを展開している。例えば大学を対象にするキャンペーンでは、紛争資源を使わない電子機器を購入するよう学生が大学に要請するコンフリクト・フリー・キャンパス・プロジェクトを展開している。電子機器の大量購入者である大学が紛争資源を使わない製品を選ぶ姿勢を示すことで、企業への圧力になることを期待しているのである。また、このプロジェクトにおいても、学生が携帯電話やタブレット PC を手に「私はポケットに紛争を入れている」「私はコンゴに平和になってほしい」と訴える 1 分 30 秒の短い映像が作成され、YouTube で公開されている。学生同士の間で、自分たちは何をすべきなのかを明確に訴えたメッセージ映像であり、同世代の間に共感を呼びやすい映像になっている。2016 年現在、このプロジェクトに賛同する大学は 177 大学に上る[49]。

第 3 に、Enough は企業が紛争資源を排除するためにどのような取り組みを行っているかを調査したり、ホームページでの情報公開状況をチェックして、「紛争資源企業ランキング」を公開している[50]。企業の取り組み姿勢を消費者の目にさらすことで、消費者の購買選択を促すと同時に、消費者の選択を意識した企業が取り組みを強化する効果を期待している。こうした、対象を明確にし、わかりやすいメッセージを発するキャンペーンが賛同者の広がりに結びついている。

他にも、イギリスの NGO である War Resisters' International は、Global Witness や Human Rights Watch など約 10 の NGO と共同で 2006 年に No Blood in my Cell Phone キャンペーンを展開し、紛争資源問題への世論を喚起した[51]。また、2010 年にデンマークで製作された映画「血塗られた携帯電話（Blood in the Mobile)」では、ジャーナリストのポールセン（Frank Piasecki Poulsen）がコンゴの鉱山で採掘現場を撮影するとともに、Nokia の本社を訪れて紛争資源を使わないように訴えるドキュメンタリーが描かれている。この映画は欧米 15 か国で放映され、国際映画祭でも上映された[52]。

こうした NGO 活動の最大の役割は、世論の喚起にある。活動を通じて紛争資源問題が注目されると、現地の状況に関する報道の数も増加し、コンゴの紛争状況への注目度も高まった。例えばアメリカの日刊新聞である N.Y.

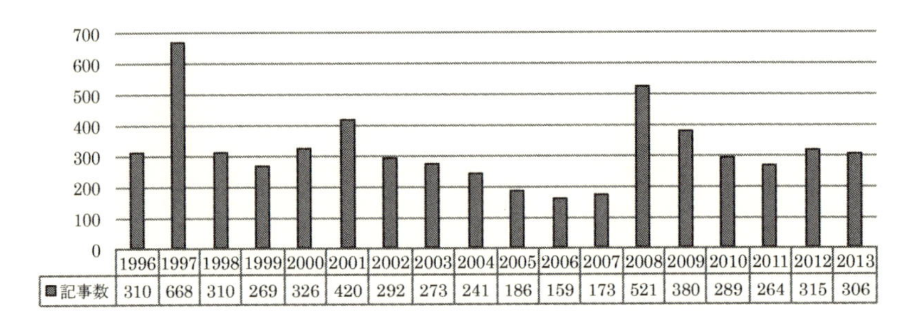

図 4-4　N.Y. Times に掲載されたコンゴに関する記事数

出典：N.Y. Times 記事検索サービスより筆者作成

Times の記事数で見ると、1996 年から 2003 年まで、紛争中のコンゴ（ザイール）に関する記事数は、年間平均 320 件であった（**図 4-4**。ただし、モブツ政権が崩壊した 1997 年のみ、668 件と突出している）。その後、紛争「終結」後の 2004 ～ 2007 年は、年間平均 190 件に減少していた。それが、2008 年に 521 件に急増する。コンゴ東部の紛争状況が悪化したことが大きな原因ではあるが、1998 年に第二次紛争が発生したときや、2003 年にイトゥリで虐殺が発生したときよりも記事数が多い。この 521 件のうち 29 件は Enough、30 件は Global Witness、43 件は国連の報告書を直接引用している。国連専門家グループの報告書と NGO の活動という 2 つのレベルでの「告発」が、紛争資源問題の解決に向けて、政府、企業、国際機関、そして世論を後押しした。

4.3.3　アメリカ議会における議論

国連専門家グループの報告書や NGO の活動は欧米政府と企業を動かし、紛争資源問題の解決に向けた取り組みの開始につながった。特に激しい議論が展開されたアメリカ議会の動きを見ていこう。

取り組みの先駆となったのは、オバマ（Barack Obama）やブラウンバック（Sam Brownback）などの上院議員の共同提案によって 2006 年 12 月に制定された「コンゴ民主共和国救済、治安、民主主義促進法」である [53]。この法律は、アメリカの対コンゴ支援方針を明記したものであり、民主的な選挙の実施、経済改革、治安部門改革、難民保護などと並んで、資源管理についてもコンゴ政府を支援する方針が示されている。この法律を制定する過程での議会の議論では、6つのNGO（CARE、Catholic Relief Services、Global Witness、International Crisis Group、International Rescue Committee、Oxfam America）による報告が参照されており、NGOの訴えが取り上げられたことがうかがえる[54]。

翌年にコンゴ東部でCNDPが活動を活発化させて人道状況が悪化すると、深刻な暴力に対する関心はにわかに高まった。暴力を非難したり、即時停戦を求める決議が上下院でくり返し採択され[55]、2008年5月には、「コンゴで採掘されたコロンバイト・タンタルやスズを含む製品の輸入を禁止する」法案が上院に提出された[56]。この法案自体は単独での制定にはいたらなかったものの、2010年7月にドッド・フランク法が制定される際に1502条となって成立した。

なお、ドッド・フランク法は2008年9月の金融危機（リーマン・ショック）を受けて、アメリカの金融・投資に関わる規則全般を大幅に改正した、包括的な法律である。アメリカではしばしば、政治的に重要で成立が見込まれる法案に、単独では強い支持が得にくい他の法案を相乗りさせて成立させる方策がとられる。1502条も、こうした方策として成立したものと考えられる[57]。

ドッド・フランク法1502条は、コンゴの紛争地域とその周辺国から輸出された3TGを使用する上場企業に対して、証券取引委員会（SEC）への報告（Form SD）提出とWEBにおける情報開示を義務づけた[58]。その上で、SECに対して270日以内（2011年4月まで）に規則を定めるよう求めており、規則の作成作業が始まった。

しかし、紛争鉱物取引規制によってコンゴの紛争状況を解決しようとする試みには、賛否両論があり、議論の紛糾を受けてSEC規則の作成は2012年8月まで延びた。この間、2012年5月に開催された公聴会「ドッド・フランク法1502条のコストと影響：アメリカとコンゴへのインパクト」の議論には重要な論点が集約されているため、ここでは公聴会の議論を詳しく取り上げながら、議論の争点を見ていく[59]。

争点は主に2つある。第1に、規制はコンゴの紛争状況の解決に本当に寄与するのか、という効果をめぐる議論と、第2に、アメリカ経済への影響を懸念する議論である。

第1の点（効果をめぐる議論）について、コンゴ東部のキヴ地域で現地調査をしている研究者のセアイ（Laura E. Seay）は否定的な見解を示した[60]。農地が荒廃し、鉱山労働以外に収入源のないコンゴ東部では、推定200万人が鉱夫として働いている。鉱山の操業停止によって彼らが失業すれば、家族を含めて1,000～2,000万人の生活が悪化することが懸念される。規制の前例としてセアイは、2010年9月にコンゴ政府が実施した、南北キヴ州とマニエマ州からの鉱物輸送を禁止する措置を示した。武装勢力の資金源を断つ目的で実施されたこの措置は結局、コンゴ国軍（FARDC）が違法に鉱山を制圧する機会として利用された。翌年3月に解除されたときには、鉱物セクターの軍事化が進んでいる結果となった。Global Witnessの調査によれば、規制期間中、採掘した鉱物を従来の流通業者に売れなくなった鉱夫たちは、80%の手数料を取られて鉱物を軍に売ったり、鉱山に入るために高額の料金を支払わなければならなかった[61]。第3章でも述べたように、国軍の中にも違法な鉱物取引や人権侵害に関与する部隊や兵士がいる。国軍兵士には違法な活動に従事しなくても生活できる給料を保証し、人権侵害に関与した場合は厳しく処罰しなければ、武装勢力だけではなく国軍も住民に害をおよぼす存在になるとセアイは指摘した。

セアイはまた、コンゴから外国企業が撤退することへの懸念を表明した。政府の統治が機能していない資源産出地域では、道路を通るにも武装勢力や軍に「税」を払う。紛争に関わらない鉱物を見分けることは極めて困難である。そのため、「紛争資源」の規制はそのまま「コンゴ東部産の鉱物」のボイコットにつながり、企業の撤退を招く。規制を守る企業が撤退した後に、人権侵害を問題視しない中国企業が参入したならば、紛争資源問題は継続するという懸念を表明した。

コンゴ出身の研究者ディゾレレ（Mvemba Phezo Dizolele）もまた、紛争鉱物取引規制は真の紛争要因から国際社会の目を背けさせて逆効果であると主張した[62]。コンゴでは資源産出地域以外でも生活が悪化しており、紛争資源問題はコンゴが抱える問題の一角に過ぎない。政府の統治能力の低さにこそ本質的な問題があるにもかかわらず、紛争鉱物取引規制は、鉱物問題が真の紛争要因であるかのように錯覚させ、本当に必要なガバナンス支援から国際社会の目を背けさせる。また、1502条はコンゴ人のオーナーシップを軽視している。コンゴ国内にも市民社会による活動は存在し、議会は独自の規制に取り組んでいる。国際社会は、コンゴ人による取り組みを支援するべきであるとディゾレレは主張した。

セアイとディゾレレはどちらも、コンゴの問題は単に紛争鉱物取引を停止すれば解決するものではなく、ガバナンス改善、治安改革、法の統治の浸透に対してこそ支援を強化すべきと主張した。真の要因が除去されない限り、紛争資源から利益が得られなくなっても、武装勢力は住民への「課税」を強化したり、他の収入源を確保して紛争を継続する。要因除去こそが重要であると主張したのである。

セアイやディゾレレの主張と類似した懸念は、コンゴ研究者の中からしばしば上がっている。平和構築の問題を研究するオテセール（Séverine Autesserre）は紛争資源問題や性的暴行ばかりを取り上げる過度に単純化された「語り」が、意図せざる問題を引き起こしたり、他の重要な問題を覆い隠したりしていることを指摘している[63]。アフリカの紛争を研究するヴラッセンルート（Koen Vlassenroot）らも、オテセールの主張を支持し、コンゴの紛争状況に対する関心を喚起することが目的ならば紛争資源のボイコットには意味があるが、紛争の終結が目的ならば、意味がないと主張している[64]。

公聴会の議論に戻ろう。一方、コンゴのカトリック司教ロラ（Nicholas Djomo Lola）は、コンゴの教会は1502条を支持すると表明した[65]。ロラ司教の展望は、セアイやディゾレレと真っ向から対立している。もともとコンゴ東部の住民の80%は自給自足農民であった。紛争によって農地が荒廃したり、農民が難民となったりしたものの、現在でも、鉱山労働よりも農業で生計を立てる住民の方が多い。しかし、鉱山と周辺地域を支配する武装勢力は農業を妨害している。長期的に見れば、紛争鉱物取引規制によって鉱業と暴力の結びつきを断ち、鉱業を合法化することができれば、人々は鉱業から得る利益の恩恵に与れるようになり、より良い農業システムに戻れる。また、2012年3月にコンゴ政府は、すべての鉱山会社に対してOECDガイダンスを実行するように求める法律を通過させた。コンゴ政府の取り組みを国際社会も支援すべきとロラ司教は主張した。

公聴会での議論の結論は出なかった。したがって、規制を行えば本当に紛争状況を解決できるのか、その効果は明らかではなかった。それでも強調しておきたいのは、たとえ否定的な見解を示す論者でも、規制自体に反対しているのではなく、より包括的で強力な取り組みなしでは逆効果になると主張していることである。この点では、推進派議員のマクデーモット（Jim McDermott）らが主張する、「コンゴの鉱物のボイコットを求めているのではなく、合法的なサプライチェーンの実現を求めている[66]」という主張と、本質において対立しているわけではない。資源採掘が合法的に行われ、住民に恩恵をもたらす鉱業経済が形成されるよう支援することについては、どちらも目的を同じくしている。

すでに、世界銀行は鉱業セクターを支援するプロジェクトを実施している。イギリス国際開発省（DFID）やアメリカ国際開発庁（USAID）などの援助機関の支援によって、アフリカ大湖地域国際会議（ICGLR）による原産地認証制度も設立されている[67]。国連による統治能力の強化支援、国際援助機関による開発援助や鉱業セクターへの支援、紛争鉱物取引規制の3つが一体となって実施されることで、初めて効果が期待できるという点では、国際社会の方向性は一致している。

公聴会で争点となった第2の点（アメリカ経済への影響）について、最も強く表明されたのは、アメリカ国内の産業が被る影響への懸念であった。例えば航空機製造会社は、軍用機では8,000、民間機では2,000のサプライヤーと取引している。それらの一つひとつに紛争資源が使用されていないかを確認することには困難がある。また、鉱物とは関係がないように見える服飾産業においても、ボタンやジッパー、靴底の詰め物や装飾には3TGが使われている場合があり、微量の鉱物のためにサプライチェーンをさかのぼっての調査を実施することは、小規模企業にとって耐え難い負担となる[68]。つまり、規制の効果が明らかではない一方で、企業が担うコストの大きさは明らかであるという状況に陥っていた。

それにもかかわらず、経済への影響を懸念する意見もまた、規制自体に反対するものではなかった。規制開始までの猶予期間や適用除外を設けてほしいという要望であった。有名企業の中にはむしろ、率先して取り組む姿勢を誇示する企業も多い。公聴会に出席した Claigan Environmental 社のジェネラル・マネージャーは、75 社の企業がすでに取り組みを開始していることをアピールしている。

議会での議論に加えて、市民からの意見も多く政府に寄せられた。ドッド・フランク法 1502 条の制定から SEC 規則の発表までの 2 年間に、厳格な規制の実施を求める意見書 1 万 3,400 通と署名 2 万 5,000 名分が提出された[69]。

こうした議論の結果、最終的に議会を動かしたのは、コンゴ東部での残虐な人権侵害の情報が刻々と伝わってくる中で、電子機器の利用を通じて残虐行為に加担することを是としない倫理観であった。「他者の苦しみの上に安穏と座すわけにはいかない」「アメリカの偉大さは、その善良さに基礎を置いている」というブラウンバック議員の主張に象徴されるように[70]、公正を求める消費者市民としての倫理観が経済的利益に優先されたのである。自分自身の福祉にかかわらず価値を成し遂げようとする個々人の主体性が、集団としての意思決定に結びついた事例としてとらえられる。

もちろん、倫理観のみで政府が規制を導入したとは考え難い。紛争状況が継続することで国際社会が担う紛争解決、平和構築への負担の大きさや、密輸が横行して資源管理が行き届かないことで欧米企業が失う利益への懸念が背景にあったことは考慮しなければならない。また、欧米諸国が協調して紛争鉱物取引規制に踏み切ることで、人権侵害を問題視しない中国企業がコンゴの資源獲得に乗り出すことを牽制する意図もあったと推察できる。上院議員時代からコンゴの問題に取り組んできたオバマが大統領に就任したことなど、規制導入を後押しする時流があったこともひとつの要因であろう。それでもなお、生産地での問題解決に向けて消費地の政府、企業、市民社会が動き出したことは評価に値する。

4.3.4 OECD および企業による取り組み

アメリカでの議論と同時期に、OECD においても紛争資源問題の解決に向けた取り組みが始まっていた。2009 年には OECD と ICGLR による会議プロセスが始まり、2010 年 12 月に前述の OECD ガイダンスが発表された。ガイダンスでは、企業が行うべきステップとして、①強固な管理システムの構築、②サプライチェーンにおけるリスクの特定と評価、③特定されたリスクに対応する戦略の立案と実施、④独立の第三機関による監査の実施、⑤結果の報告、という 5 つが提示された[71]。各企業が自社の資源調達経路を透明化し、紛争資源が入り込まないように管理する方針を提示したものである。

そして、2011 年 8 月にはガイダンスの実施プロジェクトが始まった。企業のほかに OECD 加盟国とアフリカ紛争地域の各国政府、NGO、研究機関が参加し、紛争に関わらないサプライチェーンを実現するための議論が行われている。

こうした公的な取り組みに加えて注目したいのが、自主的に資源調達経路の透明化と紛争資源の排除に向けた取り組みを開始した企業や業界団体の存在である。中には、アメリカと OECD による規制導入に先んじて取り組みを開始した例も多い。特に、電子機器産業の業界団体である EICC/GeSI は、2007年にNGOの訪問を受けてすぐに対策を開始した。紛争に関わらない「コンフリクト・フリー製錬業者（CFS）」を認証するプログラムや基金を設立し、企業が共同で情報収集できる共有ツールの開発を進めている[72]。

もともと EICC は、人権団体からの労働条件改善要求を受けた企業が行動規範を作成したことに端を発する連合である。2004 年、イギリスの人権団体である CAFOD（Catholic Agency for Overseas Development）が、アメリカで Dell、HP、IBM のサプライチェーンにおける労働条件が国際基準に達していないことを問題視し、マスコミやインターネットを通じて、消費者から 3 社に対して改善を求めるように訴えた。この訴えを受けて 3 社は、電子業界行動規範（Electronic Industry Code of Conduct: EICC）を作成した[73]。この取り組みに、Cisco、Intel、Microsoft、ソニーなどの企業が参加し、電子業界市民連合（Electronic Industry Citizenship Coalition: EICC）に発展したのである。こうした経緯のため、紛争資源問題に際しても、EICCは行動規範に則って迅速に対応した。

企業単位でも、Apple、Dell、HP、Intel、Philipsなどの電子機器企業は、資源調達経路の透明化をいち早く開始し、情報を公開している。例えば、NGOによる啓発キャンペーンの対象となったAppleは、紛争資源問題以前から独自の「サプライヤーの責任」プログラムを策定し、すべてのサプライヤーの組み立て工場を監査してきた[74]。この取り組みを基礎として、自社製品に使用する3TGについて、すべてのサプライヤーの資源調達元を製錬所までさかのぼって特定することを宣言している。

Appleの迅速な対応の背景には、2010年に中国で起きたFoxconnの労働問題もある。Foxconnは、Apple、Dell、HP、Microsoft、Nokia、ソニー、任天堂など多くの有名ブランド向けに製品を製造している中国の製造業者であり、iPadの独占的製造業者でもある。そのFoxconnの工場で、2010年に14名の労働者が相次いで自殺し、原因は過酷な労働環境や差別などの人権侵害にあるとの情報が流れた。これを機にAppleはサプライヤーの工場に過酷な労働を強いているとの批判が起こり、不買運動が発生した[75]。

こうした経験から、サプライチェーンでの人権問題が自社に対する批判の種になることを企業は理解している。アメリカ議会で公聴会が開催された2012年5月時点で、自社の取り組み開始をアピールした企業が75社に上っていたのは、こうした自覚の表れといえる[76]。

また、政府、NGO、企業、業界団体による、紛争資源の排除を目指す連携「責任ある鉱物取引のための官民連携（Public-Private Alliance for Responsible Minerals Trade: PPA）」も設立され[77]、幅広いステークホルダーが協力して紛争資源排除の取り組みが広がっている。

こうした企業の取り組みが倫理観から始まったものとはいえないであろう。欧米では、企業の環境対応や社会的活動を加味して投資先を決定する、社会的責任投資（SRI）が普及している。NIKE や Apple のように不買運動が起きることもある。逆にいち早く対応すれば、コンフリクト・フリーであることがアピールになる。企業の取り組みは、投資家や消費者に対する企業戦略として重要である。

総じて、紛争鉱物取引規制の導入と企業による取り組みの開始は、国連や国際機関レベルでの働きかけによる政府の政治的意志の喚起と、NGO レベルでの企業や業界団体への働きかけ、そして消費者世論の喚起が相まって実現されたものといえよう。特に、コンゴ紛争中は紛争資源の禁輸措置に消極的であったアメリカが独自の規制導入に踏み切ったという政策転換の影響は大きい。第 5 章で日本への影響として後述するように、アメリカでの規制導入は、一種のグローバル・ルールとして世界中に波及する影響力を持っているためである。

4.3.5　コンゴ政府による取り組み

それでは、欧米によるこうした取り組みの一方で、当事者であるコンゴ政府は問題にどう取り組んでいるのであろうか。

アメリカでのドッド・フランク法 1502 条の成立に際して、コンゴ政府の鉱山大臣は、SEC あてに 3 通の書簡を送っている。この法律が中央アフリカ諸国に対する事実上の禁輸措置となることを懸念し、国連や OECD が定めたデューディリジェンス・ガイダンスに準拠するべきであるという意見書である[78]。

その一方でコンゴ政府自身も、紛争資源の排除には尽力している。2010 年 9 月には、大統領令によって、南北キヴ州とマニエマ州からの鉱物の輸送を一時停止するという強硬措置がとられた。2011 年に大統領選挙を控えた J. カビラが、コンゴ東部の紛争状況を打開できない現状を非難されることを懸念し、強硬措置を実施したものと考えられる。この措置が、コンゴ東部における生活状況の悪化と国軍による鉱山の軍事化を招いたことは前述の通りである。措置は 2011 年 3 月に解除された。

2012 年には、コンゴ政府は国内で操業するすべての鉱山会社および貿易会社がOECDの規定に基づいたデューディリジェンスを実施することを法律で義務付け、ICGLRとの共同によって3TGの原産地認証制度の整備を開始した。

原産地認証の手続きには2つの作業がある。ひとつは、政府が東部の3TG鉱山の採掘環境を調査し、評価する作業である。政府は、鉱山を「緑＝武装勢力が関与せず、児童労働や妊婦の労働が行われていないなど、国際基準を満たす鉱山」、「黄＝違反はあるが、6か月の是正猶予が与えられている鉱山」、「赤＝深刻な違反があり、輸出が認められない鉱山」の3種類に分けて評価する[79]。もうひとつは、鉱石の袋に、どこの鉱山で採掘されたのかを記すタグと、どこの仲買人によって取引されたかを記すタグの2種類を付けさせる「bag and tag」の作業である。鉱石の産地と取引場所を認証し、さらにどの鉱山がコンフリクト・フリーであるかを認証する二重の方法によって、コンフリクト・フリーの鉱物が輸出できる制度の確立を目指している。

第3章で示した東部の混乱ぶりや国軍の問題、政府の統治能力の弱さなどを考慮すると、原産地認証制度が機能するかどうかは大きな挑戦である。セアイやディゾレレが主張していたように、治安部門改革や統治能力の強化と一緒に制度の整備を進めていくことが必要であろう。

4.3.6　紛争鉱物取引規制の影響

2016年現在、OECDガイダンスとドッド・フランク法1502条が制定されてから約6年、SEC規則が作成されてからは約4年が経過した。SECへの報告義務が適用されたのは2013年度からであり、2014年5月には企業による最初の報告が提出された。この期間に、主要企業によるサプライチェーンの透明化やEICC/GeSIによるコンフリクト・フリー製錬業者の認証は進んでおり、コンゴ東部にもその影響が出始めている。2014年6月から2016年の間に出された国連専門家グループの報告[80]とEnoughの報告書[81]を主な情報源として、紛争鉱物取引規制の現時点での影響を確認しておく。

両者の報告によれば、スズ、タングステン、タンタル（3T）の鉱山では、武装勢力の活動が減少している。上述したコンゴ政府の「色分け」によれば、

2014年には、南北キヴ州にある39の鉱山のうち、25鉱山が緑、2鉱山が黄、10鉱山が赤、2鉱山が未評価となり[82]、2015年には、コンゴ東部の193鉱山のうち166が「紛争と児童労働に関与していない」と評価された[83]。

国連専門家グループの報告は、かつてM23の主要な資金源となっていた北キヴ州マシシのルバヤ鉱山から武装勢力が撤退し、FARDCの関与も見られないことを特筆している。ルバヤ鉱山ではタンタルが合法で採掘、輸出できるようになり、2014年2月には9tに減少していた生産量が、4月には129tまで回復した[84]。タグ付け方法が正確ではなく、他の鉱山からの鉱物と混ざってタグ付けされる可能性があるという問題は残されているものの、現地の鉱夫や仲買人も現在のシステムを歓迎していると報告されている[85]。

鉱山から武装勢力が撤退した理由としては2点が考えられる。第1に、2013年にFARDCとMONUSCOが展開した対M23軍事作戦と、M23自身の内部分裂によってM23が敗北し、それにともない他の多くのMai Maiが闘争を断念したことである。2013年11月までに、PARECO、APCLS、NDC（Mai Mai Sheka）、Mai Mai Hilaire、Raïa Mutombokiなどの主要なMai Maiから2,230名の兵士が投降し[86]、12月にはM23とコンゴ政府が和平に合意してナイロビ宣言を出した[87]。

第2に、2009年に始まったEICC/GeSIのコンフリクト・フリー・プログラムが拡大するにつれて、コンフリクト・フリーであると証明できない鉱物の価格が低下したことである。Enoughの調査によれば、コンフリクト・フリー・プログラム以外で市場に出された鉱物は、欧米企業のサプライチェーンでは販売できないため、唯一購入する中国の買い手によって30～60%の値引きを求められた[88]。こうした市場での状況によって、武装勢力は紛争資源から利益を得にくくなったのである。また、追跡システムが浸透するにつれて、武装勢力の間で「鉱物ビジネスをやめないと国際刑事裁判所（ICC）に送られやすくなる」という認識が広がり、鉱山から撤退する例も見られる[89]。

それでは、武装勢力が撤退した後の鉱山はどのような状況になっているのであろうか。紛争鉱物取引規制が現地におよぼす悪影響として懸念されていた2つの点を検証する。第1に、事実上のコンゴ産の鉱物の禁輸になるのではないかという懸念、第2に、鉱山労働者が失業して住民の生活が悪化するのではないかという懸念である。

第1の懸念については、事実上の禁輸にはなっていないというのが結論である。コンフリクト・フリーと認証された鉱山では、外国企業との契約が結ばれ始めている。例えば、3.3.5でも言及した北キヴ州ワリカレのビシレ鉱山は、北キヴのスズの70%を産出する世界でも有数の鉱山であるため、武装勢力やFARDC司令官による収奪の対象となっていた。しかし、ビシレ鉱山から武装勢力が撤退すると、カナダの鉱山会社Alphaminがコンゴ政府、地元コミュニティ、鉱業組合と交渉を開始し、2013年には大規模採掘の契約を結んだ。Alphaminは、地元コミュニティの求めによって、操業支出の4%を社会インフラの整備にあてることを約束している[90]。

また、情報機器企業のMotorola Solutionsとタンタル・コンデンサ製造企業のAVX（京セラの子会社）は、2011年にSolutions for Hopeプログラムを立ち上げ、北カタンガにおいてコンフリクト・フリーの認証を受けたタンタル鉱山と直接の契約を結んで鉱物を調達する取り組みを始めた[91]。このプログラムでは、事実上の禁輸になることで現地の鉱山労働者の生活が悪化することを防ぐために、コンフリクト・フリーのタンタルを購入し続けるという方針を掲げている。このプログラムには14企業が参加している。2014年には北キヴのタンタル鉱山を対象とするSolutions for Hope2プログラムも始まった。

コンゴ産の鉱物に対する事実上の禁輸となることがあらかじめ懸念されていたこともあり、そうならないための対策プログラムが実施されているのである。

第2の懸念について、推定200万人の鉱山労働者が失業し、家族も含めて1,000～2,000万人の生活状況が悪化するという懸念はどうなったのか。Enoughの調査によれば、生産量が減少した3T鉱山で失業した鉱山労働者やその家族は、農業、金鉱業、小規模ビジネスに転じている[92]。

例えばビシレでは、500～600名の鉱山労働者が農業に転じ、鉱山の生産量が減少するにともなって農業生産量が増加した。鉱山で失業しても元の農村には戻ることができない鉱夫が、ビシレに留まって農業に従事しているケースもある[93]。農業では鉱業ほどの利益は得られないが、政府やNGO、国際援助機関からの農業援助プログラムがあれば、収入の増加は期待できる。USAIDとDFIDおよびCatholic Relief ServicesやCAREなどのNGOは、種子や農耕具を配布する援助を開始している。

農業の他には、バイクタクシーが主な転職ビジネスになっている。バイクタクシーは、人、鉱物、物を運ぶ手段としてアフリカで広く普及している。個人でバイクを所有している場合には1日10～25ドル、借りバイクの場合には1日5ドルを平均で稼ぐ。これは、金鉱での平均的な鉱夫の収入（1日1.5ドル）よりも高い。他にも、生活用品を販売するなどの小ビジネスを始める住民もいる[94]。

ドッド・フランク法1502条をめぐる議論でも主張されていたように、紛争状況下でのコンゴ東部には鉱山労働以外の収入源がなかった。紛争によって農地が荒廃し、また、残された農地においても長時間にわたる農作業は、農民が武装勢力から襲撃を受ける危険性を高めるために忌避されていた。道路では武装勢力による「徴税」が行われるために地域内でのビジネスも阻害されていた。しかし、武装勢力が鉱山とその周辺地域から撤退したことによって農業が復活し、小ビジネスも始まったのである。

最後に、以上のような肯定的な影響が見られる一方で、問題も残されていることを指摘しておきたい。2016年2月までの報告でコンフリクト・フリーになったと認証されている3T鉱山は7割弱である。残りの3割の鉱山では、武装勢力が支配を続け、コンフリクト・フリー・プログラムを迂回する密輸を続けている。また、オリエンタル州のイトゥリを含むほとんどの金鉱山は、武装勢力による支配が続き、密輸によってウガンダに運ばれている[95]。今後は、金の特徴を踏まえた対策が求められていくと予想される。

また、紛争状況もM23が闘争していた時期よりは安定しているものの、Mai Maiの衝突や住民の殺害は続いており、平和が実現したとはまだいえない。今後は認証制度が形骸化しないように管理しつつ、治安部門改革や統治能力の強化を支援していく必要がある。

4.3.7　消費者市民社会の役割

国際社会による一連の取り組みの中で、消費者はどのような役割を担ったのか。消費者の「意思表示」が担った役割を指摘したい。3TGのような原料鉱物を対象とする紛争資源問題の場合、NIKEのシューズの事例のように商品をボイコットするわけにはいかない。コーヒーやバナナのフェアトレードのように紛争資源を使わない電子機器を選択することも、ごく一部の製品を除いては、ほぼ不可能である。

しかし、紛争資源問題への対応を求めるNGOのキャンペーンに賛同を表明したり、YouTubeの動画再生回数によって関心の高さを示したり、コンフリクト・フリー・キャンパス宣言を発したり、アメリカ議会へのパブリックコメントを寄せるなど、「紛争資源を使いたくない」という意思を表明することはできる。紛争鉱物取引規制が導入された経緯を振り返ると、こうした消費者の意思表示が、ブランド・イメージを守りたい企業の行動変化を促す力のひとつになった。商品の購入や不買という直接的な購買行動だけではなく、意思表示が消費者の持つ影響力として重要な役割を持った事例であるといえよう。消費者の意思表示は、たとえ現実的には不買運動に直結しなくても、商品回避の可能性を恐れた企業に行動変化の圧力をかけることで、事実上の不買運動に近い影響力を持つ。また、消費者は、政府に対して意思表示する権利を有する有権者であり、納税者でもある。消費行動の変化のみならず、意思表示を通じて企業や政府に働きかけ、問題解決に向けた取り組みを後押しする力を持っている。この点において、消費者は「問題解決とのつながり」を有しているといえる。

さらに、紛争鉱物取引規制が紛争資源の使用に対して罰則を設けず、「情報公開」という形式をとったことは、最終的な意思決定が消費者市民社会に委ねられたことを意味する。通常、政府による商品取引規制が行われる場合は、「禁止」という形式が取られる。例えばアメリカは、2013年に、イランからの石油関連商品、シリアからのあらゆる産品の輸入を禁止しており、違反に対しては罰則を設けている[96]。一方、今回の3TGに関しては、たとえ企業が使っていたとしても、使わない努力をしている姿勢さえ示せれば、政府が定める罰則はない。その企業を許容するか、市場からの退場を迫るかは、消費者や投資家の選択に委ねられている。つまり、消費者市民社会がこの問題を重要視し、企業に行動変化を求め続ければ、企業は紛争資源の排除に積極的に取り組まざるを得ないが、消費者市民社会が無関心になれば、紛争資源は取引され続けるのである。

紛争鉱物取引規制の制定は政府主導で行われたが、規制が機能するか否かは、消費者市民社会によるボトムアップの力に委ねられた。消費者ははたして社会的責任を果たすことができるのか、試金石が投じられたといえる。

まとめ

本節では、「問題解決とのつながり」という視点から、コンゴの紛争資源問題と先進国の消費者とのつながりを見てきた。深刻さが指摘されながらも、収奪の幅広さや大国の利害によって有効な対策がとられずにいたコンゴの紛争資源問題が、紛争鉱物取引規制を機に大きく動き出した。かつて「ステルス戦争」といわれたコンゴ東部紛争がなぜ注目され、コストの大きさが予想される紛争鉱物調達調査に企業が乗り出すことになったのであろうか。紛争資源が抱えていた「見えにくさ」はどう解消されたのであろうか。

始まりは、紛争地で活動する人権NGOや国連専門家グループの報告によって、問題が明るみに出たことであった。特に、NGOがコンゴ東部での残酷な暴力と身近な電子機器とのつながりを強調し、わかりやすいメッセージを発信したことは、消費者に大きなインパクトを与えた。「紛争に加担したくない」という倫理観が刺激され、消費者の意思表示が広まった。こうした消費者世論を受けて、購買選択を意識した企業が資源調達経路の透明化に尽力し始め、情報を公開するようになった。また、紛争鉱物取引規制による現地への悪影響にまで懸念の対象が広がり、企業が紛争資源を排除するだけではなく、現地の住民の生活維持にまで配慮するプロジェクトを実施することにつながった。消費者の関心はサプライチェーンの源流にまで到達し、鉱物が採掘される段階から、加工地に運ばれ、材料や部品になり、組み立てられ、最終的に消費者の手に届くまで、すべての工程に対して企業が責任を負うことを求めるようになった。

ヤングの構造的不正義と集団的責任の分有という論に照らすならば、不正義をもたらす構造が存在し、その構造上のプロセスに消費者も参加しているという責任帰属を認知したことで、消費者が集団的責任を自覚して行動を起こすようになったといえるであろう。

また、先進国の消費者は、「紛争資源を使いたくない」という意思表示をすることによってNGOのキャンペーンを後押しし、企業に対応を求める力を持っていた。したがって、問題解決に貢献する力を持つことによって、消費者はコンゴの紛争資源問題に対する救済責任を有しているといえる。

小　括

本章では、「モノ」としての3TGの生産・流通経路と、消費地から生産地への「影響」の伝達という2つの経路をたどりながら、先進国の消費者がコンゴの紛争資源問題に対して持つ「問題とのつながり」と「問題解決とのつながり」という2つのつながりを検討してきた。

「モノ」としての3TGの生産・流通経路の詳細は、国連専門家グループやNGOによる調査、および、紛争鉱物取引規制にともなう企業や業界団体の調査によって明らかになってきた。しかし結局、コンゴ東部で産出された3TGがどの製品に使われているのかを特定することはできていない。むしろ明らかになったのは、複雑な流通経路が紛争資源の流通を可能にしているという、鉱物資源をめぐる世界経済の構造の実態であった。つまり、3TGの生産・流通経路を見えにくくしている世界経済の構造そのものが、紛争資源問題を支える構造的要因になっていることが明確になった。

「影響」の伝達としては、コンゴ産の3TGを実際に使っているかどうかにかかわらず、消費地において3TGを使用した電子機器に対する需要が高まるという消費傾向が、コンゴにおける紛争資源の採掘や輸出を促進したことが明らかになった。つまり、消費者が手にしている製品に実際にコンゴ産の3TGが使われているか否かにかかわらず、3TGを使用した製品を使い、その需要を高めていること自体が、すでに紛争資源問題を支える「問題とのつながり」になっているのである。

ガルトゥングは、「諸個人の協調した行動が総体として抑圧構造を支えているために、人間に間接的に危害を及ぼすことになる暴力」を「構造的暴力」とよび、ヤングは、「自分自身の目的を達成しようとする個人の諸行為が組み合わされることによって、他者の行為の条件に影響を与え、参加する行為者の誰もが意図しない結果を生む」状況を「構造的不正義」とよんだ。

消費者はただ目の前にある魅力的な製品を購入し、企業は消費者に魅力的な製品を提供するために製造を行う。大部分の行為主体は法を遵守して行動し、誰かに危害を加えようとは意図していない。しかし、そうした諸個人の行為が組み合わされることで、結果的には、紛争資源が流通することを可能にし、武装勢力が住民に被害をおよぼし続ける紛争構造を支えているのである。

一方、2010 年に始まる紛争鉱物取引規制の導入経緯と、企業による取り組みの広がりを考察すると、消費者は「問題解決とのつながり」も持っている。規制の導入を進める上で大きな役割を担ったのは、国連専門家グループによる報告書の公表と、政府や企業へのロビー活動や市民への啓発活動を行う NGO の活動であった。国連専門家グループの報告書は、各国政府の政治的意志を高めて紛争鉱物取引規制の導入への道を拓き、NGO の活動は、世論を喚起して企業による取り組みを後押しした。

こうした NGO は、アドボカシーの専門集団として、独自の目的を持って活動しており、一般の消費者を代表する存在とはいえない。それでも、紛争資源問題においては NGO の問題提起に消費者が共感し、キャンペーンに賛同を表明したり、パブリックコメントを寄せるなど「紛争資源を使いたくない」という意思表示をしたことが、ブランド・イメージを守りたい企業の行動変化を促す力のひとつになった。

「生産地と消費地をつなぐ経路が明確ではないにもかかわらず、消費地での取り組みによって生産地での問題を解決しようとする試みが始まり、消費者の支持を受けて広まったのはなぜなのか」という本書の問いに答えるならば、不透明な世界経済の構造そのものが紛争資源問題を支える構造的要因となっていることが社会的に認知され、この構造を変革することで問題解決に貢献できる可能性があると消費者が判断したため、といえよう。

注

1　参照：Fairtrade International <http://www.fairtrade.net/> および Nicholls, Alex, and Charlotte Opal [2005], *Fair Trade: Market-Driven Ethical Consumption*, London, SAGE Publications（北澤肯訳［2009］,『フェアトレード—倫理的な消費が経済を変える』岩波書店）. 長坂寿久編著［2009］,『世界と日本のフェアトレード市場』明石書店。佐藤寛編［2011］,『フェアトレードを学ぶ人のために』世界思想社。

2　参照：Klein, Naomi [1999], *No Logo: Taking Aim at the Brand Bullies*, New York, Picador（松島聖子訳［2009］,『新版　ブランドなんか、いらない』大月書店）.

3　International Rescue Committee [2007], *Mortality in the Democratic Republic of Congo: An Ongoing Crisis.*

4　Hawkins, Virgil,「ステルス戦争」<http://stealthconflictsjp.wordpress.com/>

5　正式名称は "Dodd-Frank Wall Street Reform and Consumer Protection Act" 日本語訳は、松尾直彦著［2012］,『Q&A アメリカ金融改革法—ドッド・フランク法のすべて』金融財政事情研究会を参照。

6　OECD [2011], *OECD Due Diligence Guidance for Responsible Supply Chains of Minerals from Conflict-Affected and High-Risk Areas*, OECD Publishing.

7　Prendergast, John, and Sasha Lezhnev [2009], *From Mine to Mobile Phone: The Conflict Minerals Supply Chain*, Enough Project, p.3.

8　鉱物の輸出ルートについては国連専門家グループ報告 S/2008/43, AnnexII に詳細な地図が掲載されている。

9　Prendergast and Lezhnev [2009], p.5.

10　Prendergast and Lezhnev [2009], p.6.

11　JOGMEC［2013］,『鉱物資源マテリアルフロー 2013』108 頁。

12　USGS[2013], *Minerals Commodity Summaries 2013.*

13　Ibid.

14　USGS [2010], *Minerals Yearbook 2010.*

15　JOGMEC［2013］, 42-54 頁。

16　JOGMEC［2013］, 127-138 頁。

17　JOGMEC［2013］, 192-201 頁。

18　Soto-Viruet, Yadira, W. David Menzie, John F. Papp, and Thomas R. Yager [2013], *An Exploration in Mineral Supply Chain Mapping Using Tantalum as an Example*, USGS, p.15. および JOGMEC［2013］,『鉱物資源マテリアルフロー 2013』。

19　藤井敏彦, 海野みずえ編著［2006］,『グローバル CSR 調達—サプライマネジメントと企業の社会的責任』日科技連出版社 , 28-30 頁。

20 CFSI <http://www.conflictfreesourcing.org/conflict-free-smelter-refiner-lists/>

21 内閣府［2014］,「主要耐久消費財等の普及率（一般世帯）（平成 26 年（2014 年）3 月現在）」<http://www.esri.cao.go.jp/jp/stat/shouhi/shouhi.html#taikyuu>

22 総務省「世界情報通信事情」<http://www.soumu.go.jp/g-ict/item/mobile/>

23 USGS [2014], *Historical Statistics for Mineral and Material Commodities in the United States.*

24 Ibid.

25 総務省「世界情報通信事情：コンゴ民主共和国」<http://www.soumu.go.jp/g-ict/country/congomin/detail.html>

26 山口潤一郎［2007］,『図解入門よくわかる最新元素の基本と仕組み－全 113 元素を完全網羅、徹底解説』秀和システム, 229 頁。

27 Sprague Electric Company [1960], *Sprague Log*, Vol.22, No.7, Sprague Electric Company, North Adams, Massachusetts.

28 USGS, *Mineral Commodity Summaries* <http://minerals.usgs.gov/minerals/pubs/mcs/>

29 NTT ドコモ「NTT ドコモ歴史展示スクエア」<http://history-s.nttdocomo.co.jp/list_mobile.html>

30 総務省「通信利用動向調査」<http://www.soumu.go.jp/johotsusintokei/statistics/statistics 05b1.html>

31 同上。

32 Nest, Michael [2011], *Coltan*, Polity Press, pp.12-15.

33 USGS, *Niobium (Columbium) and Tantalum Statistics and Information* <http://minerals.usgs. gov/minerals/pubs/commodity/niobium/>

34 国連安保理決議 S/RES/1279(1999).

35 国連安保理決議 S/RES/1493(2003).

36 国連安保理決議 S/RES/1925(2010).

37 2016 年現在のマンデートは国連安保理決議 S/RES/2053(2012) による。

38 2016 年現在実施中の制裁は国連安保理決議 S/RES/2136(2014) による。

39 国連制裁員会 <http://www.un.org/sc/committees/1533/>

40 報告書の文書番号は参考文献一覧に記載する。

41 Global Witness [2002], *Branching Out: Zimbabwe's Resource Colonialism in Democratic Republic of Congo*, second edition. および [2004], *Same Old Story: A background study on natural resources in the Democratic Republic of Congo.*

42 IPIS [2002], *European companies and the coltan trade: supporting the war economy in the DRC.*

43 Nest [2011], pp.12-15.

44 Pole Institute [2002], *The Coltan Phenomenon: How a rare mineral has changed the life of the population of war-torn North Kivu province in the East of the Democratic Republic of*

Congo.

45　Switzer, Jason [2001], *Discussion Paper for the July 11 2001 Experts Workshop on Armed Conflict and Natural Resources: The Case of the Minerals Sector*, International Institute for Sustainable Development (IISD).

46　EICC/GeSI［2012］,「コンフリクトフリー製錬業者プログラム―製錬業者導入の手引き」。

47　Enough Project <http://www.enoughproject.org/>

48　Enough Project の YouTube チャンネル <http://www.youtube.com/channel/UCa1CZ1_HbjQxSBPJ0l-oXiA>

49　Conflict-Free Campus Initiative <http://www.raisehopeforcongo.org/content/conflict-free-campus-initiative>

50　Lezhnev, Sasha, and Alexandra Hellmuth [2012], *Taking Conflict Out of Consumer Gadgets: Company Rankings on Conflict Minerals 2012*, Enough Project.

51　War Resisters' International <http://www.wri-irg.org/node/515>

52　Blood in the Mobile <http://bloodinthemobile.org/the-film/>

53　"Democratic Republic of Congo Relief, Security, and Democracy Promotion Act of 2006", Pub.L., 109-456.

54　アメリカ上院議事録 151.Cong.Rec.S13788

55　アメリカ下院決議 H.RES.795. H.RES.1227. 上院決議 S.RES.713

56　アメリカ上院議事録 154.Cong.Rec.S3058

57　参照：藤井敏彦［2012］,『競争戦略としてのグローバルルール―世界市場で勝つ企業の秘訣』東洋経済新報社，195-197 頁。

58　参照：松尾［2012］。

59　アメリカ公聴会記録 Serial No.112-124

60　以下、セアイの発言は、上掲公聴会記録 pp.13-15, 25, 31-32, 34, 37-38, 40 より引用。セアイは同様の主張を以下のワーキングペーパーでも主張している。Seay, Laura E. [2012], *What's Wrong with Dodd-Frank 1502? : Conflict Minerals, Civilian Livelihoods, and the Unintended Consequences of Western Advocacy*, Working Paper 284, January 2012, Center for Global Development.

61　Global Witness [2011], *Congo's Mineral Trade in the Balance.*

62　以下、ディゾレレの発言は、上掲公聴会記録 pp.9-13, 25, 27-30, 37-38 より引用。

63　Autesserre, Séverine [2012], "Dangerous Tales: Dominant Narratives on the Congo and their Unintended Consequences", *African Affairs*, 111/443, pp.202-222.

64　Cuvelier, Jeroen, Jose Diemel, and Koen Vlassenroot [2013], "Digging Deeper: the Politics of 'Conflict Minerals' in the Eastern Democratic Republic of the Congo" *Global Policy*, Vol.4, Issue 4, pp.449-451.

65　以下、ロラの発言は、上掲公聴会記録 pp.21-22, 27, 33 より引用。

66　上掲公聴会記録 pp.38-39, 42-43.

67 World Bank <http://www.worldbank.org/en/country/drc>

68 上掲公聴会記録 pp.38-39, 42-43.

69 Securities and Exchange Commission [2012], *Federal Register* Vol.77, No.177.

70 アメリカ上院議事録 155.Cong.Rec.S4696-98 および 154.Cong.Rec.S1047-49

71 OECD [2011].

72 EICC/GeSI [2012].

73 藤井，海野［2006］，64-66 頁。

74 Apple「サプライヤー責任」HP <https://www.apple.com/jp/supplier-responsibility/>

75 Foxconn の問題については、イギリスのジャーナリストであるコナー・ウッドマンが現地の様子を詳しく描いている。Woodman, Conor [2011], *Unfair Trade: The Shocking Truth Behind 'Ethical' Business*, Curtis Brown Group Limited（松本裕訳［2013］，『フェアトレードのおかしな真実―僕は本当に良いビジネスを探す旅に出た』英治出版）.

76 上掲公聴会記録 Appendix pp.54-157.

77 PPA <http://www.resolve.org/site-ppa/>

78 SEC 規則に関する意見書は SEC の WEB サイトに掲載されている。<http://www.sec.gov/comments/s7-40-10/s74010.shtml>

79 国連専門家グループ報告 S/2014/428, para.81.

80 国連専門家グループ報告 S/2014/428

81 Bafilemba, Fidel, Timo Mueller, and Sasha Lezhnev [2014], *The Impact of Dodd-Frank and Conflict Minerals Reforms on Eastern Congo's Conflict*, Enough Project. Dranginis, Holly [2016], *Point of Origin: Status Report on the Impact of Dodd-Frank 1502 in Congo*, Enough Project.

82 国連専門家グループ報告 S/2014/428, para.82.

83 Dranginis[2016], pp.1-2.

84 国連専門家グループ報告 S/2014/428, para.86.

85 国連専門家グループ報告 S/2014/428, para.87.

86 国連専門家グループ報告 S/2014/42, para.40.

87 国連文書 S/2013/740.

88 Bafilemba, Mueller and Lezhnev [2014], pp.6-8.

89 Bafilemba, Mueller and Lezhnev [2014], p.9.

90 Bafilemba, Mueller and Lezhnev [2014], pp.10-11.

91 Solutions for Hope HP <http://solutions-network.org/site-solutionsforhope/>

92 Bafilemba, Mueller and Lezhnev [2014], pp.13-16.

93 Bafilemba, Mueller and Lezhnev [2014], pp.14-15.

94 Bafilemba, Mueller and Lezhnev [2014], pp.15-16.

95 国連専門家グループ報告 S/2014/42, para.90.

96 U.S. Department of the Treasury <http://www.treasury.gov/resource-center/sanctions/Pages /default.aspx>

第5章　日本にとっての紛争資源問題

前章までは、コンゴの紛争資源問題と、欧米を中心とする先進国の消費者との関係を明らかにしてきた。それでは、コンゴの紛争資源問題を支えてきた世界経済の構造の中で、そして解決に向けて取り組み始めている国際社会の動きの中で、日本の消費者はどのような役割を担っているのであろうか。

4.2.5 で述べたように、日本は 3TG の重要な消費国であり、日本における消費傾向はコンゴにおける 3TG の生産に影響を与える要因のひとつになっている。しかし、日本においてコンゴの紛争資源問題が議論されることは極めて少ない。欧米のような規模のキャンペーンは広がっておらず、紛争資源問題がメディアで取り上げられることも少ない。その一方で、OECD が紛争資源に関するデューディリジェンス・ガイダンスを発表し、アメリカでドッド・フランク法 1502 条が制定された 2010 年以降、日本企業においても大規模な紛争鉱物調達調査が行われている。政府、企業、NGO、消費者が規制の是非をめぐって議論を交わし、政府による規制導入、企業による自主的な取り組み、NGO によるキャンペーン、そして消費者世論の高まりが同時進行で起きていたアメリカとは異なる状況で、紛争資源問題への対応が始まっている。

なぜ国内世論の関心が低く、政府による規制がないにもかかわらず、企業は紛争資源問題への対応を開始しているのであろうか。本章では、世界有数の資源消費地でありながら、紛争資源問題に対する関心が低く、それにもかかわらず企業の対応が始まっているという、矛盾にも見える構図を抱えた国として、日本における紛争資源問題への対応を考察する。

第 1 節では、日本企業による資源開発の試みと、ODA による二国間援助、報道でのコンゴの取り上げ方を中心に、日本とコンゴの関係をとらえる。第2節では、紛争資源問題に対してはどのような対応がとられているか、日本企業による紛争鉱物調達調査の実態をとらえるとともに、紛争資源問題に対する日本の消費者の認識をとらえる。第3節では、コンゴの紛争資源問題を日本における社会的責任消費の潮流の中に位置づけ、消費者市民社会としての現状と課題を論じる。そして第4節では、消費者市民社会の成熟に向けて、コンゴの紛争資源問題を教材とする消費者市民教育の実践分析を提示し、今後の展望を検討する。

第1節　日本にとってのコンゴ

欧米諸国にとってそうであったように、日本にとってもコンゴは、象牙、ゴム、鉱物資源と対象産品を変えながら、重要な資源供給地であり続けてきた。しかし、欧米諸国と日本とでは、コンゴとの関わり方が大きく異なる。アフリカ大陸にそれぞれの植民地を持っていたベルギー、イギリス、フランスなどのヨーロッパ諸国は、コンゴ国内でも鉱山やプランテーションを経営し、直接的に資源を獲得してきた。コンゴの独立後にはアメリカが冷戦対立の一環としてアフリカへの積極的な介入を始め、コンゴ動乱に際して軍を派遣したり、モブツのクーデタを支援するなど、コンゴの政治に深く関与した。

他方で日本は、コンゴに限らずアフリカ諸国との直接的な交流の歴史が浅く、欧米あるいは中国との貿易を介してコンゴの資源を輸入してきた。1970年代には日本の民間企業がコンゴでの資源開発に挑戦したものの、1980年代に事業から撤退した。そのため、2016年現在、コンゴで直接に操業する日本企業はなく、コンゴに在留する日本人も、JICAや国際機関で働く援助関係者を中心に、76人（2012年）にとどまっている[1]。

こうした中で日本とコンゴの直接的な関係として最も重要な位置を占めているのは、ODAによる二国間援助である。その二国間援助も、1991年から2003年までは、治安悪化と紛争のために中断していた。

しかし、直接的な経済関係は弱い一方で、資源を通じた日本とコンゴの結びつきは強い。日本は江戸時代から象牙の消費国であり、根付け、緒締め、茶杓、三味線の撥、櫛払い、印章、掛け物の軸などとして象牙製品が愛好された[2]。1970年代には日本が輸入する象牙の46%がコンゴ産であった[3]。ただし、中国やオランダを通じての輸入であった。コンゴが「赤いゴムの時代」を迎えた1880年代には、日本においてもゴム工業が始まり[4]、世界的に増加するゴム需要の一端を担った。

また、1983年に日本がレアメタル備蓄制度を創設したのは、1977年と78年にコンゴで起きた２度のシャバ危機によってコバルトの供給が途絶え、世界の航空機業界や電子・電機業界に大きな衝撃を与えたことがきっかけであった[5]。1990～2000年代には日本でもパソコンや携帯電話などの電子機器が普及し、世界的なタンタル需要の増加に影響を与えた。コンゴと日本は資源を通じて互いに影響を与え合ってきたのである。

直接的な経済関係は弱い一方で、資源を通じた結びつきは強いというのが日本とコンゴの関係である。本節では、日本企業によるコンゴの資源開発と、ODAによる二国間援助、報道でのコンゴの取り上げ方という３つの観点から、日本とコンゴの関係をとらえる。

5.1.1　コンゴにおける日本企業

日本がコンゴとの直接的な経済関係を開始したのは、コンゴがベルギーから独立した1960年以降である。コンゴは資源の宝庫であり、日本企業が資源開発への積極的な進出をはかった時期があった。特に1960年代後半から1970年代前半の日本は、高度経済成長を背景に非鉄金属需要が爆発的に急増していた。そのためコンゴに限らず、チリ、インドネシア、パプア・ニューギニア、カナダ、マレーシアなど世界各地で日本企業による鉱山開発や共同融資が行われた[6]。

コンゴにおいても、独立後の動乱が終結して間もない1967年に、日本の民間企業である日本鉱業（現在のJX日鉱日石金属：日鉱）がコンゴ政府と鉱業協定を締結し、カタンガ州ムソシ（Musoci）で探鉱を開始した。この事業は、日本の民間企業がコンゴでの資源開発に取り組んだ希少な事例であるため、詳しく見ておきたい。

1968年には、日鉱を中心に、住友金属鉱山、古河鉱業、三井金属鉱山、東邦亜鉛、日商岩井によって、日本側が85%、コンゴ政府が15%を出資する現地法人「コンゴ鉱山開発社（Société de développement industriel et minier du Congo: Sodimico）」が設立された（後に、国名の変更にともなって「ザイール鉱山開発会社（Sodimiza: ソデミザ）」に改称。三菱金属、同和鉱業も参加）。ムソシ鉱山での生産が始まるのは1972年である[7]。

植民地期からの鉱山開発の例に従い、ソデミザは鉱山施設の周辺に4千人近い従業員の住宅、病院、学校、供給所などの福祉施設を建設した。現地に駐在する日本人の数は、社員、下請け、医師、教師、厨房要員などを含めると550人に上り、家族を入れると665名におよんだ[8]。

しかし、コンゴでの鉱山開発は軌道に乗らず、結局ソデミザは1983年に経営権をコンゴ政府に譲渡して撤退することになる。日鉱の海外資源開発事業に従事していた井上信一は、ソデミザが直面した技術面以外の深刻な問題として、以下の5点を挙げている。

① 1971年に始まる米ドル為替相場の変動とその後の円高傾向によって、100億円を超える為替差損が発生したこと。②コンゴ側からの一方的な通知による、無償株式比率の変更（15%から20%へ）。③モブツ政権が強行した「経済のザイール化」の影響による、ガソリン、重油、セメント、砂利、木材などの資材の不足。④主食のトウモロコシを確保するための農園開発と経営の負担。⑤銅精鉱の積み出し港が周辺国の情勢悪化（アンゴラ紛争、ローデシアとモザンビーク間の国境閉鎖）によって変更となり、遠く南アフリカのイーストロンドンになったこと[9]。

こうした問題の多くは、植民地期に鉱山開発やプランテーション経営を行ったヨーロッパの企業も直面したものである。しかし、2.2.5で考察したような、政府、企業、教会が「三位一体」となって植民地経営を推進し、企業の利益になる政策が整えられていた頃とは状況が異なる。ソデミザの運営資金が膨らみ続ける中で1978年に第二次シャバ危機が発生し、同じ州内のコルウェジで130人の外国人が犠牲になる事態が起きると、日鉱は撤退方針を固めた。ソデミザは操業を継続した状態のままで1983年にコンゴ政府に譲渡され、国際入札によってカナダのPBK（Phillips Barratt Kaiser Engineering）に引き継がれた[10]。コンゴで資源開発を行う難しさに日本人が直面した事例といえよう。

ソデミザの他には、帝国石油（現在の国際石油開発帝石：帝石）が1970年代からコンゴ沖合の油田でアメリカのGulf Oil（現在のChevron）やベルギーのCometra（現在はフランスのPerencoに変更）と共同融資で行っている石油開発がある。この石油開発においても深刻な問題はしばしば発生したものの、現在にいたるまで操業が続けられている。

前述の井上はこの石油事業の成功の理由として3点を挙げている。①投下したリスク・マネーを回収し、立派な利益を生み出す油田群を発見できたこと。②石油開発は、生産開始までに莫大な資金投下を必要とするものの、いったん生産設備が完成すれば、生産維持のための要員は少なくてすむこと。③海上の鉱区であるために施設へのアクセスがしにくく、生産された原油も直接タンカーで輸出されるために、治安悪化の影響を受けにくいことである[11]。

ただし、帝石は実際の採掘作業を実施するオペレーター企業ではない。2010年には帝石がコンゴ西部のンガンジ鉱区（陸上鉱区）の権益の20%を取得したが、この事業においてもオペレーター企業はイギリスのSOCO社である[12]。

その他に日本の民間企業としては、キャノン、京セラ、NTT、レオン自動機など数社が自社製品をコンゴで販売している程度である[13]。レアメタルの専門商社であるアドバンストマテリアルジャパンは、レアメタルの直接輸入を模索してコンゴでの調査を行っているが[14]、2016年現在、輸入の実現にはいたっていない。

こうした経済関係のため、2012年の統計では、コンゴから日本への直接輸出は、木材と金属（コバルト）を主要品目とする3億1,800万円にとどまっている（対日輸入は自動車と二輪を主要品目とする52億7,000万円）[15]。

ただし、この統計をもとに、日本はコンゴ産の鉱物をほとんど輸入していないと判断するのは誤りであろう。第4章で考察したように、3TGのような原料鉱物は、製錬、精錬、製品化の過程でくり返し国境を越え、世界中に広まっている。日本が生産している電子・電気機器の素材としてコンゴ産の鉱物が使われている可能性はある。

5.1.2　日本政府によるコンゴ援助

民間企業による資源開発事業が進まない一方で、ODAによる開発援助は積極的に行われてきた。日本は1970年からコンゴへの二国間援助を開始し、インフラ、給水、保健、職業訓練、火山観測などの分野で協力を実施してきた。

特に大規模な事業であったのが、1983年に完成したマタディ橋である。マタディ橋は、コンゴ川をまたぐ全長710mの巨大な吊り橋である。1974年の建設開始当初は、コンゴ川河口の外港であるバナナ港と150km上流のマタディ港を結ぶ鉄道輸送力増強計画として、鉄道と橋の建設が計画されていた。しかし、オイルショックを契機とした経済情勢の急変により、建設費が大幅に高騰したため、橋だけが建設された。日本側の建設業者としては石川島播磨重工業（現在のIHI）を中心とする共同事業体がつくられ、コンゴ側はバナナ・キンシャサ施設整備公団（Organization pour l'Èquipment de Banana-Kinshasa: OEBK）が事業にあたった[16]。

10年間で345億円（借款）をかけて建設されたマタディ橋は、日本による対コンゴ援助の象徴的な建造物となっているが、批判もある。独裁時代のモブツ政権は、外国からの投資や援助で重工業部門の巨大な建造物を次々と建設した。ヨーロッパ開発基金（EDF）からの融資によるインガダムの建設、アメリカ大手銀行からの融資によるインガ・シャバ超高圧送電線の建設、フランスからの借款による放送センターと衛星通信設備の建設が代表的な例である。これらの建造物はいずれも、本来の国内需要をはるかに超えていたり、関連する事業が失敗に終わったために経済性が確保できず、莫大な債務だけが後に残るという結果に陥った。

マタディ橋も、JICA自身は、コンゴ川対岸を結ぶ唯一の架け橋として物流の活性化に寄与し、経済・社会面において重要な役割を果たしてきたと評価しているものの[17]、鉄道が建設されないために本来の目的である鉄道輸送力増強は実現せず、その一方で返済不能の借款が残った。前述の井上によれば、マタディ橋は「経済性のない投資プロジェクト」としてコンゴ研究者から批判されている[18]。皮肉なことに日本は、モブツ政権によるモニュメント的事業の後押しという点では欧米に肩を並べていた。

外交においても、1971年にはモブツ大統領が来日し、1984年には日本の皇太子夫妻（当時）がコンゴを訪問するなど、日本とコンゴは友好関係を保っていた。モブツ大統領は1989年の昭和天皇崩御時にも大喪の礼に参列している。しかし、1991年の暴動を機に治安が悪化し、その後にコンゴ紛争が発生すると、日本政府の二国間援助は中断した。

1990年代の日本からの援助は、国際機関を通じての緊急・人道支援が中心となった。日本政府からコンゴへの要員派遣としては、1994年9～12月に、ルワンダ難民を救援するために自衛隊がゴマに派遣された、ルワンダ難民救援隊がある。260人のルワンダ難民救援隊が医療、防疫、給水活動にあたり、118人の空輸派遣隊がナイロビとゴマの間で、難民救助隊の隊員や、人道機関の要員、物資の航空輸送を行った[19]。また、当時の国連難民高等弁務官は緒方貞子であり、コンゴ東部で難民支援に尽力する日本人として印象に残っている。

しかし、コンゴ紛争が発生した1996年以降は要員派遣が行われず、世界最大規模のPKOとなるMONUC／MONUSCOが設立され、世界67か国が要員を派遣しても、日本からの要員派遣は行われていない[20]。

二国間援助が再開するのは、2003年に紛争が「終結」してJ.カビラ政権が成立してからである。2003年から食糧援助が実施され、2004年に技術協力案件として「警察民主化セミナー」が開始され、2007年にJICA駐在員事務所が開設された。そして、日本政府からの要員派遣としては、2006年にコンゴで大統領選挙が実施された際に、7月に8人、10月に5人の選挙監視要員が派遣された。

その後、2016年現在までに、コンゴ政府による国家再建を後押しするため、キンシャサ市内の道路補修、浄水場の整備、保健・人材センターや職業訓練校の整備など、人材育成・能力向上、保健・水、運輸交通インフラ等の経済社会基盤の整備が行われている[21]。また、MONUCやMONUSCOとの協力によって警察官約2万人（2004年度～2013年度）の研修を行っている[22]。治安部門改革や統治能力の向上が課題となっているコンゴにおいて、これらの援助は、重要な国家再建支援の一部になっている。

2008年以降は、アフリカ大陸における日本の二国間ODA援助の上位4～6位にコンゴが入っている（2011年は1位）。世界の最貧困国であり、紛争影響国として復興支援を必要としているコンゴは、日本にとって重要な援助対象国とみなされている。

5.1.3　日本のメディアにおけるコンゴ

こうした経済関係、援助関係の一方で、日本のメディアでは、コンゴはどのように取り上げられているのであろうか。メディアが取り上げるコンゴの話題は5つに分けられる。音楽・スポーツ、霊長類研究、アフリカ開発関連、コンゴ情勢に関するニュースである。

第1に、コンゴの音楽としては、「リンガラ音楽」や「ルンバ・ロック」とよばれるアフリカン・ジャズが1940～50年代にキンシャサを中心に盛んになり、1980年代の日本でも人気を博した。「コンゴ音楽の父」とよばれるル・グラン・カレ（Le Grand Kalle）やフランコ（Franco）のCDは日本でも発売になっている。また、2012年にはコンゴの伝統音楽とダンスを演奏するグループ「Li-NgomA（リンゴマ）」が日本で設立され、アフリカ関連のイベントで演奏を行っている。こうした音楽や映画はメディアでも紹介されている。

第2に、コンゴの森林は野生動物の宝庫である。1973年から京都大学の霊長類研究所がコンゴ盆地の森林に調査基地を設置し、ボノボの研究を行っている。霊長類の生態学研究は、人間の進化的基盤を探ることにもつながるためにしばしば注目を集め、メディアでも取り上げられている。

第3に、アフリカの貧困などの開発課題や、中国によるアフリカ進出など、アフリカ開発関連の話題が取り上げられるときに、最貧国であり紛争影響国でもあるコンゴが取り上げられる。特に、ユニセフ大使の黒柳徹子によるアフリカ訪問や、子ども兵士の話題が取り上げられるときには、コンゴあるいはスーダンが事例として取り上げられることが多い。

第4に、コンゴ情勢が国際ニュースとして取り上げられる。本来、メディアの第一義的な役割からすると、この報道が最も多くてしかるべきであるが、日本のメディアではアフリカ情勢が伝えられる機会は少ない。例えば朝日新聞では、コンゴで大統領選挙が実施されて日本から選挙監視員が派遣された2006年には年間14件、CNDPがコンゴ東部での闘争を激化させた2008年10月から2009年3月には11件と、にわかに報道が増える時期はあるものの、4.3.2で述べたN.Y. Timesのように刻々と変わるコンゴ情勢が連日報道されることはない。2010年にOECDとアメリカで制定された紛争鉱物取引規制に関しても、ドッド・フランク法やSEC規則について報道したのは日本経済新聞のみであった。朝日新聞では、2010年10月に、環境NGO A SEED JAPANが野生のゴリラを守るために携帯電話を回収するキャンペーンを行っていることを紹介したのみである[23]。

こうしたメディアでの取り上げ方からも、日本ではコンゴの紛争状況や紛争資源問題が注目されず、理解が広まっていないところに、紛争鉱物取引規制が降って湧いたようにもたらされたという状況がうかがえる。

まとめ

本節では、民間企業による資源開発の試みと、ODAによる二国間援助を中心に、日本とコンゴの関係をとらえた。資源の産出国と消費国でありながらも、日本とコンゴの間の直接的な経済関係は豊かとはいえない。それでも、重要な資源供給国として、あるいは援助対象国として、企業や政府が関係を築こうと尽力してきた軌跡はうかがえる。

こうした関係が築かれているところに、紛争資源問題は降って湧いたようにもたらされた。後述するように、企業のCSR担当者の中には、欧米の動きを見て次は紛争資源問題が注目されるかもしれないと予想していた人もいるが、そうした問題意識が広く共有されていたとはいい難い。日本企業が生産し、日本の消費者が消費している電子・電気機器の原料がコンゴ東部での紛争悪化につながっているという問題に、日本の企業や消費者はどのように対応しているのであろうか。次節では、日本国内における紛争資源問題への対応に焦点を当てていく。

第２節　日本における紛争資源問題への対応

コンゴ紛争の「終結」後、日本とコンゴが関係を築こうと尽力する中、紛争資源問題が国際社会で取り沙汰されるようになった。2003年に国連による経済制裁が実施されると、外務省は制裁対象者のリストを公開して措置を講じた。紛争鉱物取引規制に対しては、経済産業省がOECDガイダンスやドッド・フランク法、SEC規則を日本語訳して公開し、情報提供を行っている。

そして、規制が制定された2010年以降、日本企業においても紛争資源問題への対応が急速に始まっている。対応を開始しているのは電気・電子機器産業と自動車産業を中心に、部品製造業、金属製造業、化学工業にまで広がっている。まずは紛争資源問題の前から起きていた日本における企業の社会的責任調達（CRS調達）の潮流を概観した上で、紛争資源問題に対する主な企業の取り組みの現状から、日本における紛争鉱物調達調査の特徴をとらえる。そして、こうした企業による対応の一方で、日本の消費者が紛争資源問題をどのように認識しているのかを独自の調査からとらえる。

5.2.1　日本企業による紛争鉱物調達調査

アメリカでは、2010年7月のドッド・フランク法制定後、2012年8月にSEC規則が決定されるまでの2年間に、議会、産業界、研究界、NGO、市民を巻き込んでの議論が展開された。その上で2013年から紛争鉱物取引規制の実施が始まった。一方、日本では紛争資源をめぐる議論はほとんど起きなかった。5.2.2で後述するように、国際問題を研究する大学がコンゴの紛争状況を学ぶセミナーを催したり、携帯電話と紛争資源の結びつきをとらえる開発教育教材がつくられたりはしたものの、セミナーの開催頻度は年に数回にとどまり、メディアでの報道も増えていないことから、世論を喚起したとはいえない。

国内での世論はほとんど高まっていなかったにもかかわらず、なぜ企業は紛争資源問題への対応を開始したのか。企業が対応を開始した動機としては、コンゴの紛争状況に対する問題意識よりも、日本企業に広まってきたCSR調達の潮流の方が強く作用している。

CSR調達の潮流

CSR調達とは、企業が自社においてCSRの基準を遵守するのみならず、調達先であるサプライヤーに対しても同様の基準の遵守を要請する行為である。紛争資源問題が取り沙汰される以前から、環境問題や労働問題をきっかけとしてCSR調達の潮流は始まっていた。

日本においてCSRが注目され始めたのは、2003年に経済同友会が『第15回企業白書「市場の進化」と社会的責任』を発表し[24]、これと前後してCSR経営を打ち出す企業が登場してからのことである。企業は経済的利益を追求するのみならず、自社の事業が社会におよぼす影響を考慮すべきという考えが広まり、人権、労働環境、安全衛生、環境保全、公正取引、企業倫理、品質と安全、消費者保護、地域貢献など多岐にわたる要素が、CSRを構成する要素として取り上げられた。それにともない、企業がサプライヤーから資材を調達する際にも、従来の調達条件であるQCD（Quality：品質、Cost：コスト、Delivery：納期）に加えて、調達先のサプライヤーが、環境、倫理、消費者保護、腐敗防止、労働条件や人権などの要素を遵守していることが基準として組み入れられるようになった[25]。

このように企業が資材調達に敏感になったきっかけとして、EUで導入された法律の存在がある。EUでは2003年に自動車に関する廃自動車指令(ELV指令)、2006年には電気・電子機器における有害物質使用制限指令(RoHS指令)が施行され、一定濃度以上の鉛、水銀、六価クロム、カドミウムなどの有害物質を含有した製品をヨーロッパ市場で販売することが禁止された。これらの指令が法律となってEU各国で施行されると、ヨーロッパ市場に製品を輸出する日本企業も対応を迫られた。製品を輸出するためには、資材調達先のサプライヤーに対して、納入する部品や材料にこれらの物質が含まれないように要請することが必要になった。このような、環境に配慮する調達を「グリーン調達」とよぶ[26]。

さらに、製品の製造を外部の業者に委託するアウトソーシングや、サプライチェーンを海外に移すオフショア化が進むと、途上国における児童労働の禁止や労働環境の改善も、企業のサプライチェーン管理責任としてとらえられるようになり、人権デューディリジェンスが調達方針に加えられた。東南アジアの委託工場での人権侵害が問題とされたNIKEの搾取工場問題や、中国のFoxconnでの過重労働が問題とされたAppleの事例が、こうした潮流を後押しした。このような、人権などの社会的側面に配慮した調達をCSR調達とよぶ[27]。

CSR調達に要求される事項としては、法令遵守、人権への配慮（児童労働の禁止、強制労働の禁止、差別の禁止）、労働環境の改善（結社の自由、団体交渉権の保証、長時間労働の防止、最低賃金の保証）、安全衛生への配慮、環境への配慮が挙げられる。これらは国際労働機関（ILO）条約や国連グローバル・コンパクト、OECD多国籍企業ガイドラインなどで課題とされているものである[28]。

こうしたグリーン調達、CSR調達の潮流が日本企業において起きていたために、2010年に降って湧いたようにもたらされたコンゴの紛争資源問題も、CSR調達の一環として位置づけられた。

紛争鉱物取引規制の影響

紛争資源問題の場合、日本企業にとって最も大きな影響をもたらしたのは、アメリカのドッド・フランク法1502条およびSEC規則である。アメリカで上場している日本企業の場合は、SEC規則に基づく報告義務があり、自社の資源調達経路に紛争資源が紛れ込んでいないかどうかを調査する「紛争鉱物調達調査」を実施する必要がある。アメリカで上場していない日本企業でも、自社製品がアメリカ上場企業の最終製品に組み込まれる場合には、顧客企業から紛争資源使用に関する調査がおよぶ。その調査に答えるためには、自社

表 5-1　企業への聞き取り調査の対象

企業名	回答者の所属	調査実施日
オリンパス株式会社	CSR 推進部	2014 年 4 月 3 日
ソニー株式会社	元 CSR 統括部	2014 年 4 月 17 日
日本電気株式会社（NEC）	調達改革統括部	2014 年 4 月 17 日
株式会社日立製作所	CSR 推進部	2014 年 6 月 10 日
三菱重工株式会社	CSR グループ	2014 年 3 月 24 日
TDK 株式会社	CSR 推進室	2014 年 4 月 22 日

のサプライヤーに対して調査を行う必要があり、結果として紛争鉱物調達調査を実施する必要が出てくる。

また、アメリカ上場企業ではない最終製品メーカーのように、調査が必要ではない場合でも、万が一、自社製品の鉱物調達先において人権侵害が発生していることが発覚すれば、人権デューディリジェンスに反する企業というイメージがつく。そのため、日本においても 3TG を使用するほとんどすべての企業が、CSR 調達の一環として紛争資源を含まない資材調達を行うことを方針として掲げるようになったのである。日本国内では法律化されていないにもかかわらず、日本国内の産業にも大規模な影響がおよんでいることを考えると、アメリカの紛争鉱物取引規制が「グローバル・ルール」として機能し、日本までもがルールに従わざるを得なくなっている状況がうかがえる。

それでは、具体的にどのような対応がとられているのか。筆者は、日本における紛争鉱物調達調査の現状を把握するため、2014 年 3 月から 6 月に、電気・電子機器産業の製品メーカーを中心に 6 社の CSR 部門あるいは調達部門の担当者への聞き取り調査を行った（**表 5-1**）。また、多くの企業は CSR 推進方針や CSR 報告書を自社 WEB サイトにおいて公開している。WEB での公開情報と聞き取り調査で得た情報をもとに、日本企業による紛争資源問題への取り組みの現状と特徴をとらえる。

アメリカで上場している日本企業の対応

アメリカで上場している日本企業の場合は、ドッド・フランク法 1502 条

表 5-2　アメリカで上場している日本企業（2014 年）

アドバンテスト、オリックス、キヤノン、京セラ、クボタ、コナミ、ソニー、トヨタ自動車、日本電産、日本電信電話、NTT ドコモ、ホンダ、野村ホールディングス、みずほフィナンシャルグループ、三井住友フィナンシャルグループ、三菱 UFJ フィナンシャル・グループ
（下線は Form SD 提出企業）

出典：SEC の公開資料より筆者作成

および SEC 規則に基づく報告義務があり、紛争鉱物取引規制の直接的な影響を受ける。2014 年 7 月時点で、アメリカで上場している日本企業 17 社のうち 11 社がすでに SEC への報告（Form SD）を提出しており、SEC の WEB 上で公開されている（**表 5-2**）[29]。

紛争資源問題について特に対応が早いソニーは、2005 年から EICC に参加しており、ドッド・フランク法の成立を受けて 2011 年 8 月から鉱物調達先の調査を開始している [30]。ソニーの場合、2000 年末にタンタルの国際価格が高騰した際に、その原因として、Nokia や Ericsson の新世代携帯電話の開発と、ソニーのゲーム機プレイステーション 2 の発売による急激なタンタル需要増加があったとして、NGO から対応を求められた経験がある [31]。2002 年 1 月に IPIS がヨーロッパの NGO 32 団体との連名で公表した報告書において、ソニーのゲーム機が名指しで掲載された。また、日立や NEC のコンデンサにもコンゴ産の紛争タンタルが使われている可能性があると指摘された [32]。

ソニーと NEC は当時、NGO の指摘を受けてタンタルの調達調査を行った。しかしそれは、一次サプライヤーに対してコンゴ産のタンタルを使っていないことを確認する程度の形式的な調査にとどまっていた。タンタルの極めて複雑な流通経路に鑑みれば、個々の企業ができる調査には限界があり、独自の調査で二次・三次サプライヤーまでさかのぼる調査を実施することは困難であったと考えられる。その後、まもなくして批判は下火になった。こうした経緯により、ソニーは 2005 年に EICC に参加し、2010 年にドッド・フランク法が成立するといち早く対応に乗り出した。

自動車産業においても、アメリカで上場するトヨタ自動車は、2011年から社内タスクフォースを立ち上げ、日本自動車部品工業会（JAPIA）と協力しながら、2013年5月に調査を開始している。トヨタの場合は、国内外の7,000社を超える一次サプライヤーに調査を行ったものの、すべての製錬業者や鉱山の特定にはいたらず、調査を継続している[33]。

他にも、紛争資源問題への対応が早かった企業としては、2013年までアメリカで上場していたパナソニックが、2011年からOECDガイダンスの実施プロジェクトに参加しており紛争資源を使用しない方針を決定している[34]。また、上場はしていないもののアメリカに連結子会社や関連会社がある東芝は、2011年6月にEICCに加盟し、2011年には調達取引先約300社にパイロット調査を実施し、2013年には3TGを使用している可能性のある調達取引先約2,800社を対象とする調査を実施している[35]。

ただし、ソニーやNECのように国際NGOによる調査の対象となったり、パナソニックや東芝のようにアメリカでも事業を展開したりする企業はごく少数である。こうした積極的な対応は日本企業としては例外であろう。アメリカで上場していない大部分の日本企業は、2012年のSEC規則公表後に顧客企業からの問い合わせを受けて早急な対応を迫られているのが実情である。

アメリカで上場していない日本企業の対応

アメリカで上場していない日本企業でも、自社製品がアメリカ上場企業の最終製品に組み込まれる場合には、顧客企業から紛争資源使用に関する調査がおよぶ。例えばアメリカの上場企業であるAppleは、世界約30か国にサプライヤーが広がり、日本においても139社から部品を購入している[36]。Appleは、すべてのサプライヤーの資源調達先を製錬所までさかのぼって特定することを宣言しているため、日本のサプライヤー139社にも調査がおよんでいる。こうした状況のために、SEC規則が公表されて以降、日本企業にも顧客企業からの問い合わせが相次いでいる。問い合わせを受ける日本企業の対応を見ていこう。

まずは、ドッド・フランク法の成立を受けて、各企業が紛争資源の調達に関する方針を作成し、自社 WEB サイトでの公開を始めた。典型的な方針は、コンゴとその隣接国において武装勢力が人権侵害を行っていることを憂慮し、この地域で産出される鉱物（3TG）が紛争資金源となっているという問題認識を示し、自社はこれらの紛争に関わる鉱物を使用した原材料、部品、製品を調達することで人権侵害に加担する意思がないことを表明し、責任ある鉱物調達を目指すことを宣言している。サプライチェーンの川下企業が川上企業から材料や部品を調達する際に、こうした調達方針を掲げていることでお互いの方針を確認するためである。紛争資源の調達に関する方針を WEB で公開している企業は、2014 年 7 月時点で 184 社に上る。

続いて、2012 年 8 月にアメリカで SEC 規則が公表された時期と前後して、紛争鉱物調達調査が本格化した。アメリカの上場企業がサプライヤーへの調査を開始し、日本企業にも問い合わせが来るようになったためである。問い合わせを受けた企業はさらに二次サプライヤーに問い合わせを行い、調査の連鎖が始まった。

筆者の聞き取り調査によれば、製品メーカーへの問い合わせは 2013 年の 1 年間で 20 〜 40 件程度であるが（ただし、問い合わせ 1 件に複数の製品に関する質問が含まれている）、部品メーカーへの問い合わせは 1 年間で 2,000 件以上におよんでいる[37]。こうした調査の連鎖によって、電気・電子機器産業や自動車産業から、部品製造業、金属製造業、化学工業まで調査が広がっていったのである。

調査方法の統一化

2012 年 5 月には、日本の電子機器産業と情報技術産業の業界団体である、電子情報技術産業協会（JEITA）が「責任ある鉱物調達検討会」（検討会）を設置し、企業が連携して対応にあたる体制作りを開始した。検討会には、2015 年 4 月時点で 38 社が参加している[38]。検討会の目的は、EICC/GeSI と連携をはかりながら、企業が個別にではなく共同で対応にあたることによって、各企業の負担を軽減しながら合理的な鉱物調達調査を行うことにある。検討会は EICC/GeSI が作成した調査チェックシートを日本企業が使って共通の調査ができるように、説明会を開催したり、報告テンプレートの改善を行うなど、業界内での協力を促進している。

こうした企業の連携が動き出した背景には、過去の化学物質をめぐる調査での教訓がある。EUは、2006年に特定有害物質の電気・電子機器への使用を制限する、有害物質使用制限指令（RoHS指令）を制定した。翌2007年には、化学物質の管理に関する規則（REACH規則）を制定した。これらの規則は、EU市場に製品を輸出する日本企業にも影響を与え、自社製品に化学物質が含まれるかどうかの調査を、サプライチェーンにさかのぼって行う必要が生じた。このときに、各企業が個別に調査を行ったことで大きな混乱が生じた。最終製品メーカーがそれぞれのサプライヤーに対して、製品単位での調査を行ったため、部品メーカーや材料メーカーなどの川上側の企業のもとには、月に1,000件を超える調査依頼が届いた。同じ規制のために同じ化学物質について調査しているにもかかわらず、それぞれの企業が独自の調査様式を用いていたため、理解の齟齬が生じたり、回答作業の負担が非常に大きかったという。こうした反省を活かして、紛争鉱物調達調査においては、調査様式を統一し、調査結果を共有することで企業の負担を軽減する取り組みが行われている。

調査の結果

アメリカや日本に限らず、世界各地で紛争鉱物調達調査が行われた結果、2014年5月に最初の報告が提出されるまでに、3TGの生産・流通経路の詳細はだいぶ明らかになった。特に重要なのは、EICC/GeSIの調査によって「コンフリクト・フリー製錬業者（CFS）」の認証が進んだことである。EICC/GeSIが主導するConflict-Free Sourcing Initiative（CFSI）によれば、2016年6月現在、スズでは59社、タングステンでは35社、タンタルでは46社、金では83社の製錬／精錬所がCFSであると認証されている[39]。日本国内でも、**表5-3**に記した製錬／精錬所が認証されている。

世界には3TGの製錬／精錬所が約500か所あると推定されているため、これらのCFSは半分に過ぎない。それでも、サプライチェーンが複雑なた

表 5-3　CFS 認証を受けた日本国内の製錬／精錬所

対象鉱物	企業名	製錬／精錬所所在地
スズ	三菱マテリアル	兵庫
	Dowa（小坂製錬）	秋田
タングステン	アライドマテリアル	富山
	日本新金属	秋田
タンタル	グローバルアドバンストメタル	福島
	H.C. Starck Group	茨城
	三井金属鉱業	福岡
	多木化学	兵庫
金	アサヒプリテック	兵庫、愛媛（計 4 か所）
	Dowa（小坂製錬）	秋田
	エコシステムリサイクリング	埼玉
	石福金属興業	埼玉
	JX 日鉱日石金属 (パンパシフィックカッパー)	大分
	小島化学薬品	埼玉
	松田産業	埼玉（4 か所）
	三菱マテリアル	香川
	三井金属鉱業	広島
	日本マテリアル	千葉
	大浦貴金属工業	奈良
	住友金属鉱山	愛媛
	田中貴金属工業	神奈川
	徳力本店	埼玉
	相田化学工業	東京
	アサカ理研	福島
	造幣局	大阪
	山本貴金属地金	大阪
	横浜金属	神奈川

出典：CFSI の Smelter & Refiner Lists より筆者作成 40

めに原産地の特定は困難と見られていた3TGにおいて、これだけの製錬／精錬所の特定が進んだことは評価に値する。

ただし、こうした企業による対応はドッド・フランク法1502条の影響に対しての対応であり、必ずしもコンゴ東部の紛争状況を憂慮して紛争解決に貢献しようという動機からくるものにはなっていない。

日本では、アメリカで導入された規制の影響が降って湧いたように持ち込まれ、コンゴ東部の紛争状況や紛争資源問題に関する啓発活動も、紛争鉱物取引規制の是非をめぐる議論もほとんどないままに、「紛争鉱物取引規制に企業はどう対応するべきか」という解説が、監査法人によって矢継ぎ早に出され[41]、事務的な対応が始まった。2010年以降はコンゴの紛争資源問題を理解するセミナーや勉強会が、JEITAや監査法人の主導によって頻繁に開催されているものの、それらは紛争鉱物調達調査をどのように実施すべきか、という対応策を理解することを目的としている[42]。

中には、「これだけの規模の調査を実施するためには、何のための調査なのかを社員が十分に理解し正しい動機を持つ必要がある」との考え方から、NGOを招いてコンゴの紛争資源問題に関する勉強会を開催する企業もある[43]。しかし、現時点でこうした対応を取るゆとりのある企業は少数であろう。

5.2.2　紛争資源問題に対する日本の消費者の認識

企業による紛争資源問題への対応が急速に進む一方で、日本の消費者はこの問題をどう認識しているのであろうか。

紛争資源問題に関する啓発活動

日本でも紛争資源問題に関する啓発活動は行われている。例えば、コンゴの紛争状況に関しては、2009～10年に大阪大学グローバルコラボレーションセンター（GLOCOL）のホーキンス特任助教（当時）が、現地を取材したカメラマンや大阪ヒューライツなどのNGOと協力し、「コンゴ民主共和国—無視され続ける世界最大の紛争」などと題する連続セミナーや写真展を開催した[44]。

アジア太平洋資料センター（PARC）やアムネスティなどのNGO／NPOでは、2008年にコンゴから帰国した元UNHCRゴマ事務所長の米川正子を招いて、コンゴの紛争状況を学ぶ講演会が開催された[45]。PARCは2015年10月にコンゴ東部の鉱山を現地調査し、その様子をDVD資料『スマホの真実—紛争鉱物と環境破壊とのつながり』にまとめている[46]。

また、2001年にNHKがコンゴの紛争資源問題を取り上げる「戦場のITビジネス～狙われる希少金属“タンタル”～」(イギリス制作)[47]を放映したことを受けて、2007年には、携帯電話と紛争資源の結びつきをとらえる開発教育教材『ケータイの一生 —ケータイを通して知る私と世界のつながり』がつくられた[48]。

さらに2010年には、環境NGOのA SEED JAPANとFoE JAPAN、およびアムネスティ・インターナショナル日本の3団体によって「エシカルケータイ・キャンペーン」が始まり、紛争資源問題に関するセミナーを開催したり、企業に対して公開質問状を送るなどの活動が行われている。他にも、不要になった携帯電話の回収とコンゴでの支援活動を行うテラ・ルネッサンスや、パナソニックとの共同で紛争資源に関する教育開発を行うエコ・リーグの活動もある。

しかし、こうした啓発活動によってコンゴの紛争状況や紛争資源問題をめぐる世論が盛り上がっているとはいい難い。紛争鉱物取引規制が始まって以降でも、日本のテレビや新聞などのメディアで紛争資源問題が取り上げられることは極めて少ない。

例えば朝日新聞では、M23の闘争によって紛争状況が悪化し、アメリカでSEC規則が作成された2012年でも、コンゴに関する記事は年間46件しか掲載されていない。この中から、音楽やスポーツに関する記事を除き、何らかの文脈でコンゴの国内状況（開発や紛争など）に触れている記事は20件のみである。M23によるゴマの制圧など、紛争状況を伝えるニュース記事はわずか9件である[49]。N.Y. Timesが312件の記事でコンゴの紛争状況を刻々と伝えたアメリカとは大きく異なる。

NHKでも番組としてコンゴを特別に取り上げたのは、2009年にベルギー制作の「コンゴ—鉱物資源争奪戦[50]」と、イギリス制作の「コンゴ—忘れられた子どもたち[51]」、2012年にデンマーク制作の「血塗られた携帯電話[52]」を放映した程度である。日本企業が紛争鉱物調達調査に奔走した2014年になってようやく、「"紛争鉱物"規制の波紋」（6月30日放映）という特集を独自に制作し、紛争資源の問題と日本企業の対応を取り上げた[53]。

NGOの活動としても、エシカルケータイ・キャンペーンへの賛同数は、2016年6月までの6年間で956件（賛同団体数は17団体）にとどまり、2014年10～11月に実施した企業に対する公開質問状への回答は97社中34社にとどまっている[54]。

紛争資源問題の認知度

こうした状況の中で、一般の消費者は紛争資源問題をどのように認識しているのか。管見の限りでは、紛争資源問題の認知度を調査した既存研究が存在しないため、筆者は2014年8～9月に独自の調査を行った。大規模な調査は困難であったことから、社会的配慮行動や途上国の問題に関心が高いと予想される4つのグループを選び、合計44名を対象に紛争資源問題に関する認知度を聞いた。調査対象グループと回答数は以下の通りである（**表5-4**）。

はじめに、社会的配慮行動への関心の高さを知るために、対象者が普段行っている環境配慮行動について聞いたところ、41名（93%）がゴミの分別、

表5-4　紛争資源問題の認知度調査の対象

グループ	所在地	回答数（男／女）	調査日
国際NGOの開発教育ボランティア	東京（世田谷）	9名（4／5）	2014年8月7日～23日
フェアトレード・ショップの来店者	東京（世田谷）	11名（2／9）	2014年8月16日
英会話スクールの生徒（社会人のみ）	埼玉（さいたま）	14名（6／8）	2014年8月19日
国際協力NGOの市民ボランティア	埼玉（さいたま）	10名（4／6）	2014年9月6日

リサイクル、節電などの環境配慮行動をしており、40 名（91%）が「エコマーク」を知っていると回答した。また、フェアトレードについても 40 名（91%）が知っており、そのうち、フェアトレード商品を実際に購入したことがある人は 28 名（70%）であった。年に 1 〜 2 回以上購入する人も 13 名（33%）であった。

次節で詳述するように、日本におけるフェアトレードの認知度は低く、複数のフェアトレード団体が実施した全国意識調査での認知率は、17.6% 〜 25.7% にとどまっている（欧米 24 か国の平均は 57%[55]）。さらに、フェアトレードを認知している人の中でも、実際に購入したことがある人は 36.2% にとどまる。こうした調査結果と比較すると、本調査の対象者は社会的配慮行動に関心が高く、行動もともなう高感度層であるといえる。

しかし、そうした高感度層でありながら、「コンゴの紛争資源」という言葉を知っている人は 9 名（20%）であった。さらに、そのうち 4 名は「紛争携帯電話」「タンタル／コルタン」「紛争鉱物取引規制」「ドッド・フランク法」など、関連度の高い他の言葉をまったく知らなかった。他の言葉をどれか 1 つでも知っており、「コンゴの紛争資源」の内容まで知っていると判断できる認識者は 5 名（11%）であった。

この認識者 5 名のうち 4 名は、国際 NGO の開発教育ボランティアであり、小学校や中学校で途上国の問題を子どもたちに教える活動をしている。この 4 名が紛争資源問題を知った情報源は、「NHK の番組」「開発教育教材」「雑誌」「(国際協力の) イベント・ブース」であった。もう 1 名の認識者は、フェアトレード・ショップの店員であり、大学時代の授業が情報源であった。

本調査は対象人数が少なく、グループを限定して行っているため、一般の消費者の意識を反映しているとはいえない。それでも、社会的配慮行動への関心が高く、実際の行動もともなう高感度層においても、紛争資源問題の認知度が 11% にとどまり、普段から途上国の問題に関心が高い開発教育ボランティアでも、半数にしか認知されていないことは、紛争資源問題の認知度の低さを象徴している。

第 4 章で述べたように、日本は 3TG の消費国であり、日本の消費者は

3TGに囲まれてくらしている。それにもかかわらず、紛争資源問題への認知度は低く、企業が紛争鉱物調達調査に奔走する時代に入ってもなお、消費者はその潮流から取り残されている。

まとめ：日本における企業と消費者の関係

NGOの活動が盛んなアメリカでは、消費者団体やNGO、あるいは投資家からの働きかけによって企業が問題への取り組みを開始する構図が見られた。ヨーロッパでは、環境や社会に対する取り組みを企業が情報開示し、サプライチェーンの隅々に社会的責任を行き渡らせようとする大きな流れの中に、紛争鉱物取引規制も位置づけられている。

一方、日本においては、欧米とは異なる文脈で企業の行動変化が起きている。端的にいえば、日本の企業は国内の市民社会よりも国際機関の方針やアメリカ企業との取引を意識して紛争資源問題への取り組みを行い、日本の消費者はその潮流から取り残されている。

企業イメージの悪化が直接的な購買忌避につながりやすい食品産業や繊維産業と異なり、電気・電子機器産業や機械産業、ましてや重工業は消費者の購買選択の対象にはなりにくい。たとえ「A社のコンデンサが紛争資源を使っている」と知っても、消費者にはどの電子機器にA社のコンデンサが使われているかがわからない。ましてや、「B工業の委託工場では人権侵害が行われている」と知っても、「B工業のタービンを使った発電所の電気は使わない」という選択は不可能である。

第4章では、購買選択ができない問題において重要なのは消費者が意思表示をすることであると結論付けた。しかし、日本のように消費者の認知度が低い場合には、そうした意思表示でさえできなくなる。日本の消費者が社会問題を解決する力となるためには、まずは生産地における社会問題に対する認知度を高めることが不可欠であろう。

第３節　日本における社会的責任消費の現状と課題

途上国の生産地で起きている社会問題に対して消費者の認知度が低いという問題は、紛争資源問題に限って起きているのであろうか。あるいは、日本における社会的責任消費一般にもあてはまる問題であろうか。本節では、いったんコンゴの紛争資源問題を離れて、日本における社会的責任消費の現状をとらえることで、紛争資源問題への対応を相対化し、消費者市民社会の形成に向けた日本の現状と課題をとらえる。

5.3.1　日本における社会的責任消費の潮流

企業においてはCSRやCSR調達の潮流が広まっている一方、消費者は、自らの社会的責任をどうとらえているのか。

日本の消費社会研究において「社会的責任消費」「倫理的消費」「エシカル消費」「ソーシャル消費」という用語が登場したのは、2000年代後半である。もともと、「消費者の日常的な行動が社会を変える影響力を持つ」という考え方は、1970年代以降、特にフェアトレード団体が主張し続けてきたものである。それが、2000年代後半以降に、急速に消費者に受け入れられるようになった。なぜこの時期に社会的責任消費をめぐる議論が始まり、社会に浸透し始めたのか。

その背景として、ソーシャル・ビジネスの動きがある。世界では2006年に、ユヌス（Muhammad Yunus）による「グラミン銀行」がノーベル平和賞を受賞し、社会問題を援助ではなくビジネスの手法で解決しようとする「BOP（Base/Bottom of the Pyramid）ビジネス」や「ソーシャル・ビジネス（社会的企業）」に注目が集まった。日本においても「社会的問題をビジネスで解決する」という考えに賛同する社会起業家が数多く登場した。

マーケティング・プランナーの竹井善昭によれば、日本における社会貢献活動は３つの世代に分けられる。第１世代は1970年代の市民活動の世代、第２世代は1995年の阪神淡路大震災を機に始まったNPOの世代、そして第３世代は、2006年頃に始まる「ビジネスの視点」と「社会貢献はカッコいいという感覚」を持つ世代である[56]。

第3世代では、「持続可能な社会貢献活動には「利益」が必要」「ビジネスのスキルと発想こそが世界を変える」という社会起業家のメッセージを、若者や30代のビジネスマン／ビジネスウーマンが支持し、ビジネスと両立する社会貢献活動を行っている[57]。特に1970年代後半〜1980年代生まれは、就職を迎える時期に不況に直面し、経済的豊かさの追求が幸せにつながらなかった日本社会の実状を見つめ、自身の生き方を考えた世代である。自己の利益のみを追求することを空虚に感じ、社会の役に立つことで自身の存在意義を見出そうとする傾向を持っている。

こうした消費社会の傾向を背景に、途上国の貧困対策に取り組んで注目されたソーシャル・ビジネスの代表例として、「マザーハウス」と「HASUNA」が挙げられる。

マザーハウスの創設者である山口絵理子は2006年に、「途上国から世界に通用するブランドをつくる」という理念を打ち出し、バングラデシュの自社工場で製作した鞄を日本の大手百貨店で販売し始めた[58]。マザーハウスの鞄は1万〜数万円と高額であるが、品質とデザインが優れ、さらに、ひとりの日本人女性が20代でバングラデシュに工場を建てた「ストーリー」がメディアで取り上げられて消費者を引き付け、人気のブランドとなっている。

HASUNAの創設者である白木夏子は2009年に、「地球と環境と人に優しい素材」を使った「エシカル・ジュエリー」の製作、販売を始めた[59]。HASUNAのジュエリーも数万〜数十万円と高額であるが、優れた品質、デザイン、そして、原産地の自然や生産者に敬意を払ったエシカルなジュエリーを身につけるという「ストーリー」が消費者を引き付けている。

両事例にも共通するのは、品質やデザインとともに「ストーリー」が、消費者を引き付けている点である。消費者は、商品を購入することで、創業者の思いや価値観を共有する。単に「モノ」を購入するだけではなく、ストーリーや価値を共有する消費が増加しているのである。電通のトレンド分析の第一人者であった上條典夫は、2009年に『ソーシャル消費の時代』を発表し、消費を通じて世界と関わり、社会を創り、豊かな歴史の礎を築く消費の時代に入ったと指摘している[60]。ソーシャルとはつまり、「社会的なつながり」と言い換えられるであろう。

同様に、消費社会研究者の三浦展は、1912年以降の日本の消費社会を4つの時代に区分し、2005年以降の「第4の消費社会」の特徴は、社会的なつながりの重視にあると指摘している。第1の消費社会（1912～41年）は国家重視、第2の消費社会（1945～74年）は家族および会社重視、第3の消費社会（1975～2004年）は個人重視であったが、第4の消費社会（2005～34年）は社会とのつながりを重視する価値観が強い[61]。

三浦によれば、高度消費社会であった第3の消費社会を経て日本は、十分なモノに囲まれながらもあまりに個人化、孤立化するという弊害に陥った。そのため第4の消費社会では、単にモノを消費することよりも、消費を通じて人とつながり合うというソーシャルなところに価値が置かれるようになった。その結果、自分の満足を最大化することを優先する利己主義ではなく、他者の満足をともに考慮する利他主義、あるいは他者、社会に対して何らかの貢献をしようという意識が広がったというのである[62]。

第1章で取り上げた、社会的責任消費の動機を解明する潜在能力アプローチでは、人には自己のみならず他者の福祉のために行動する傾向があると説明されていたが、日本においては2000年代後半から、その傾向が顕著に表れている。

こうした傾向をとらえて、企業もマーケティングを強化している。2009年にはトヨタ自動車がマーケティング会社デルフィスを設立し、有識者や社会起業家のインタビューや論考を発信したり、消費者の意識調査を行う「エシカル・プロジェクト」を開始した[63]。

また、大阪ガスのエネルギー・文化研究所では豊田尚吾を中心とする倫理的消費の研究が始まり、2012年に同研究所発行の情報誌『CEL』において「倫理的消費―持続可能な社会へのアクション」と題する特集を組んだ[64]。同特集には、経済学や倫理学による理論研究から市民による活動や教育まで、多様な分野の記事が集められており、従来は別々に行われてきた研究や活動が「倫理的消費」を軸として集結している様子がうかがえる。

5.3.2　社会的責任消費に対する日本の消費者の認識

消費社会研究において注目が高まる一方、消費者自身は社会的責任消費に対してどのような認識を持っているのであろうか。

2000年代後半から頻繁に実施されるようになった社会的責任消費に対する消費者の意識調査から考察する。

調査の皮切りになったのは、2008年に内閣府が発表した『平成20年版国民生活白書：消費者市民社会への展望―ゆとりと成熟した社会構築に向けて―』である[65]。消費者市民社会への転換を打ち出して作成された同白書では、消費者市民という観点から見たときの消費者の意識が詳細に調査・分析されている。

同白書によると、「社会に貢献したい」という意識を持っている日本人の割合は、2000年代に年々増加している。2008年の調査では、「社会のために役に立ちたいと思っている」人は69.2%と過去最高を記録した。「自分の消費行動で社会は変わる」と思う人は58.9%に上る。また、「貧困に苦しむ国々の生活水準の改善にどれだけ責任があると思いますか」という問いでは、グローバルに活動する大企業にその責任を求める意見が50.1%に上った[66]。

しかし、こうした意識の高さの一方で、社会的責任投資（SRI）、フェアトレード、環境に配慮した消費行動など、社会的価値の実現に関わる経済行動が、欧米のようには普及していないことも、白書は指摘している。日本のSRIは、SRI投資信託に限っても純資産総額で約6,707億円（2008年時点）であり、アメリカの約19兆1,900億円や、ヨーロッパの約5兆8,200億円

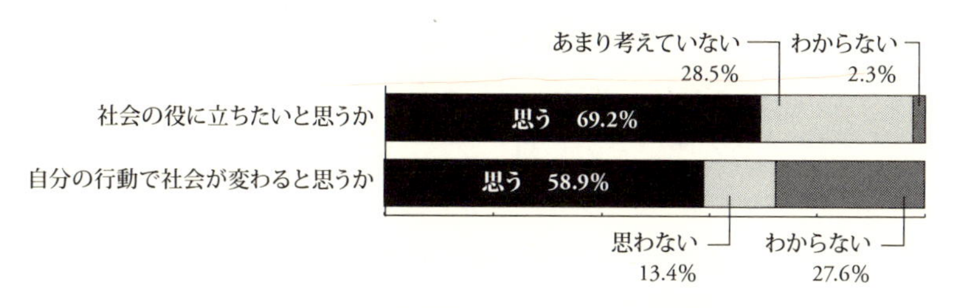

図5-1　社会貢献に対する日本人の認識

出典：内閣府［2008］より筆者作成

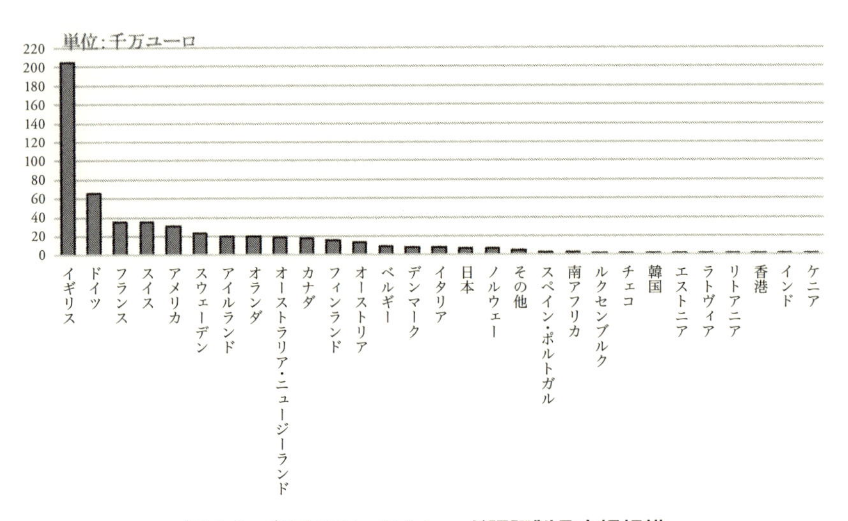

図 5-2　各国のフェアトレード認証製品市場規模

出典：Fairtrade International [2014] より筆者作成

に比べると、極めて規模が小さい。そもそも、SRI を知っている人が 16.9% であり、認知度が低い[67]。

同様に、フェアトレードの売り上げも欧米に比べると少ない。Fairtrade International の年次報告によれば、2013 年の日本のフェアトレード認証製品の市場規模は推定で約 90 億円（約 6,900 万ユーロ）に上り、拡大の一途をたどっている[68]。しかし、世界のフェアトレード認証製品の市場規模は約 7,115 億円（約 55 億ユーロ）であり、日本はわずか 1.3% を占めるに過ぎない。イギリスの約 20 億ユーロに比べると、29 分の 1 である（**図 5-2**）。

国際貿易投資研究所の調査によれば、フェアトレード・ラベル認証制度が普及していない日本では、独自の輸入団体を通じて販売される非ラベル認証製品が 8 割を占める[69]。そのため、ラベル認証製品に限定せず、フェアトレード製品全体で見れば販売額は 5 倍近くになると推定される。しかし、たとえ販売額を 5 倍にしても、世界の 6% を占めるに過ぎない。日本の経済規模を考慮するとその比率は小さい。

2008 年に国民生活白書が分析を行った時点では、日本におけるフェアトレードの認知度は低く、知らない人が57.1%であった[70]。フェアトレードの概念を理解して購入意思を示す人はわずか6.1%である。「社会の役に立ちたい」という意思はありながらも、解決手段が認知されていないために行動に結びついていないことがうかがわれる結果である。

また、環境に配慮した消費行動の場合は、「詰め替え商品を選ぶ」「家電製品などは、省資源、省エネルギー型のものを選ぶ」など経済合理性がある行動は6割以上の人が取り組んでいる。しかし、「エコマークなど環境ラベルの付いたものを選ぶ」「環境配慮に取り組んでいる店舗や企業の商品を買う」「包装ができるだけ少ないものを選ぶ」など経済インセンティブをともなわない行動については割合が低い[71]。したがって、日常の買い物における環境配慮行動はまだ定着していないと、国民生活白書は結論づけている。

さらに、総務省の「社会生活基本調査」によれば2011年にボランティア活動を行った日本人の数は2,995万1千人（26.3%）であり[72]、OECD諸国の中では6番目に少ない[73]。消費行動のみならず、社会的行動に注目した場合でも、社会的価値を自らの行動で実現しようとする行動にまでは結びついていないことがうかがえる。

2000年代後半以降にマーケティング会社やフェアトレード団体が盛んに行った消費者意識調査では、さらに具体的な認識が明らかにされている。

2008年にチョコレボ実行委員会が行ったWEB調査では、フェアトレードという言葉を知っていて、かつ貧困や環境に関するキーワードだと認識している人の割合（認知率）は17.6%であった（図5-3）[74]。また、2012年に

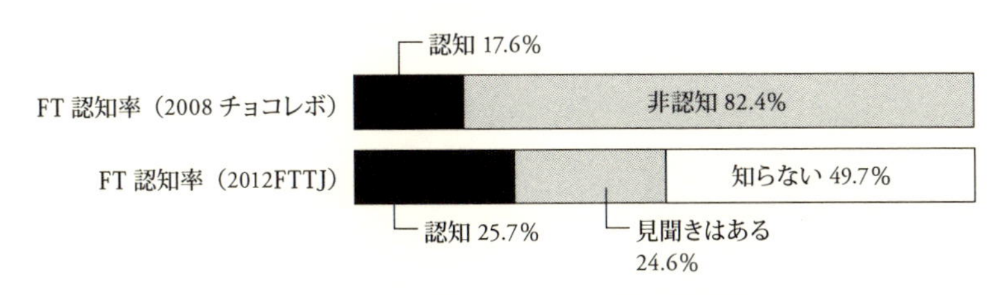

図5-3　フェアトレード（FT）の認知率

出典：チョコレボ実行委員会［2008］、FTTJ［2012］より筆者作成

フェアトレード・タウン・ジャパン（FTTJ）が行ったWEB調査では、同様の認知率が25.7%であった(内容を多少あるいはよく知っている人の割合(認識率)は18.1%)[75]。他方、Fairtrade International とGlobalscanが2011年に実施した調査によれば、欧米24か国の平均認知率が57%であり、日本での認知率は低い[76]。

フェアトレードの認知度は何に影響されているのか。チョコレボ実行委員会が2007年に、フェアトレードの認知者を対象として行ったWEB調査では、フェアトレードを知った情報源は、テレビ（15.5%）、新聞（14.1%）、雑誌（12.6%）、店頭（10.9%）であった[77]。認知した後の情報源としては、インターネットの割合も高くなるが、最初に認知するきっかけとしてはメディアの役割が大きい。ただし、フェトレード認知者でも、実際に商品を購入したことがある人は36.2%である（**図5-4**）。購入したことがない理由は、「近くに買える店がないから」(54.8%)、「どれがFT商品かわからないから」(29.3%)であり、「価格が高いから」の24.7%を上回った[78]。つまり、認知率が低いと同時に、認知されても購入機会が少ないために、購入者が少ないという状況がうかがえる。

フェアトレードのような個別の取り組みを超えて、エシカル消費やソーシャル消費という概念についての調査も行われている。

デルフィスのエシカル・プロジェクトは、2010年から3年連続で、「エシカル」という概念の認知度を調査した[79]。エシカルの認知度は11%～14%と低いものの、エシカルの考え方を提示して聴取した関心度は51%～59.8%であり、言葉は知らなくてもエシカル消費にあたる行動を実践している人は24%～28.3%であった。この結果からデルフィスは、エシカルを認

買ったことがある 36.2%	見たことはあるが買ったことはない 40.3%	見たこともない 23.5%

図5-4　フェアトレード認知者の購入経験

出典：チョコレボ実行委員会［2007］より筆者作成

知して実践している層は5.4%、認知せずに実践している層が17.7%、実践してはいないが関心がある層は32.9%、無関心層が44.0%という分析を示している（図5-5）[80]。

また、電通は2012年に「ソーシャル意識と行動に関する生活者調査」を実施し、「ソーシャル消費」「ソーシャル・コミットメント」「日常のソーシャル行動」の3指標における関与度の高さを調査分析した。それによれば、3指標ともに該当する「ソーシャル高感度層」は14.2%、2指標に該当する「身の丈ソーシャル層」は28.0%であり、合計で42.2%がソーシャルな分野で積極的な行動を始めているという結論を示している（図5-6）[81]。

つまり、フェアトレードやエシカル消費という概念の認知は広がっていなくても、潜在的な関心層は多い。この実態を企業が把握し、商品開発に活かすことで、さらに社会的責任消費が広まっていく可能性がある。

企業が製品の利益の一部を国際援助団体やNGOに寄付する「コーズ・リレーテッド・マーケティング（Cause-related marketing）」はその典型的例であろう。キリンのボルヴィックというミネラルウォーターを購入すると売り上げの一部がユニセフに寄付され、アフリカでの水プロジェクトに使われると

5.4%	17.7%	32.9%	44.0%

■エシカル実践（認知）層　▨エシカル実践（非認知）層　▨エシカル関心層　□無関心層

図5-5　エシカル認知と実践に関する4つの層

出典：デルフィス エシカル・プロジェクト［2011］より筆者作成

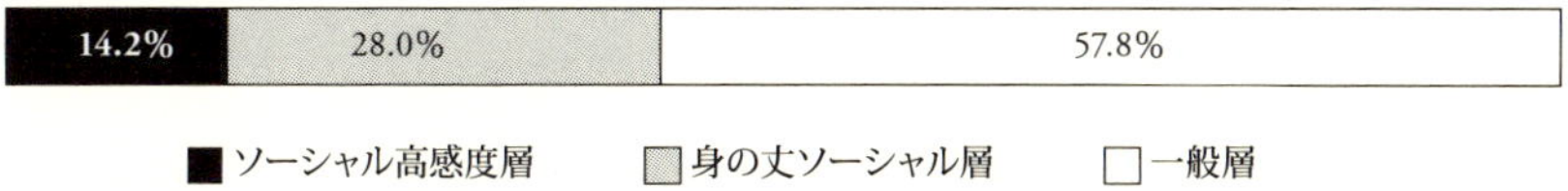

14.2%	28.0%	57.8%

■ソーシャル高感度層　▨身の丈ソーシャル層　□一般層

図5-6　ソーシャル意識に関する4つの層

出典：電通［2012］より筆者作成

いう「1L for 10L」[82]、森永製菓の対象チョコレート商品を購入すると1箱につき1円がNGOに寄付される「1チョコ for 1スマイル[83]」などが代表的な事例である。

こうした傾向に加えて、東日本大震災が、消費者が自身の消費行動が持つ社会的な影響力を強く自覚するきっかけになったという指摘もある。震災直後には、首都圏で発生した「買い占め」に対して、被災者や本当に物資を必要としている人のために譲り合おうというよびかけが行われたり、ピーク時間帯の電力使用を極力避ける節電協力が行われた[84]。また、震災直後には放射能問題による風評被害や「自粛ムード」による消費の落ち込みが起きたものの、その一方で、東北地方の酒や福島県産の野菜を積極的に消費することで、消費による復興支援や応援消費への意識が高まった[85]。こうした意識の高まりが、復興支援にとどまらず、社会的責任消費に対する意識の向上に結びつく可能性はある。

5.3.3　フェアトレードとの対比

日本においては、2000年代後半から社会的責任消費の潮流が広がり始めていながらも、フェアトレードやエシカル消費、ソーシャル消費という概念に対する一般消費者の認知度は低く、潜在的な関心にとどまっていることがうかがえた。

日本でフェアトレードが始まったのは1970年代である。日本の国際協力NGOシャプラニールが1974年に、バングラデシュにおける農村開発活動の一環として女性のジュート手工芸品生産を支援し、その製品を日本国内の協力者に販売したのが始まりであった[86]。1980年代にはフェアトレードに特化した団体として「第三世界ショップ[87]」「インターナショナル・リビングクラフト・アソシエーション[88]」「オルター・トレード・ジャパン（ATJ）」などが設立された。1990年代にはフェアトレード衣料をおしゃれにブランド化した「ピープル・ツリー[89]」や日本各地のフェアトレード・ショップへの卸売りを行う「ぐらするーつ」の展開によって、フェアトレード商品を扱う独立のショップ（スーパーマーケット等の小売店舗を除く）は全国で約800

店に拡大した[90]。

さらに1993年には「トランスフェア・ジャパン（現在はフェアトレード・ラベル・ジャパン：FTJ）」が設立されて、日本でもフェアトレード・ラベル事業が始まり、2002年にスターバックス、2003年にイオン・グループがFTJとライセンス契約を結び、企業参入への糸口となった。イオン・グループが2004年に自社ブランド「トップバリュー」のフェアトレード・コーヒーを発売すると、2005年には「ナチュラル・ローソン」と「タリーズ」、2006年には「無印良品」、2007年には「西友」がフェアトレード・コーヒーを扱うようになった[91]。こうした企業の店舗を含めると、日本でフェアトレード産品を扱う商業店は5,000店前後になると推定される[92]。

これだけ拡大してもなお、フェアトレードの認知率は20%前後にとどまっているのである。紛争資源問題の認知率の低さは、日本における社会的責任消費の認知率の低さを反映しているといえる。

ただし、フェトレード商品の市場規模は年々、拡大の一途をたどっている。認証商品市場だけでも、2012年は29%、2013年は前年比22%の増加であった[93]。「社会的なつながり」を重視する消費社会の潮流に押されて、認知が広まっていく可能性は大いにある。

5.3.4　日本の消費者市民社会の課題

日本では、欧米のような消費者運動や啓発キャンペーンといった明示的な活動は起こりにくい。しかし、日本の消費者が持つ志向は確実に存在する。

前述の『平成20年度版国民生活白書』では、不祥事を起こした企業の売り上げはその後に減少していく傾向があることを指摘している[94]。消費社会研究でも、社会とのつながりを求める傾向が指摘されている。消費者運動や啓発キャンペーンといった明示的な活動にならない一方で、「イメージが悪いものはなんとなく買わない」「良いことの役に立ちそうだからこっちを買う」という、「空気感」に近い不買傾向（ボイコット）や購買傾向（バイコット）が存在するのが日本の特徴である。日本の場合は、こうした「空気感」を企業が先回りしてキャッチし、マーケティングに活かしている。

ただし、こうした「空気感」や企業の先回りでは、紛争資源問題には対応できない。第4章では、紛争資源問題のように、消費者が購買選択できない問題において重要なのは、消費者が意思表示をすることであると結論付けた。「空気感」ではこうした問題には対応できない。紛争資源問題においては、アメリカのドッド・フランク法1502条がグローバル・ルールとして機能することで日本企業も対応に乗り出しているが、その潮流から日本の消費者は取り残されている。

また、日本においては、途上国における社会問題の改善に取り組むよう日本政府や企業に訴えたり、消費者自身の行動によって解決しようとするアドボカシー活動は、欧米のようには広まっていない。

欧米の場合、自国内のみならず国境を越えた他国における人権侵害に対しても人権保護を求めるアドボカシー活動が、20世紀初頭から行われてきた。コンゴでの「赤いゴム」の搾取を終わらせたコンゴ改革運動（CRA）はその一例である。イギリスで始まったCRAへの支援は瞬く間に欧米諸国に広まった（2.2.4で詳述）。他にも、現在のコンゴでの救援活動に取り組むInternational Rescue Committee（IRC：前身はInternational Relief Association: IRA。本部：アメリカ）は、1933年から、ヒトラー政権下で苦しむドイツ人を支援する活動を開始している。コンゴの紛争状況を世界に伝える上で重要な役割を担っているAmnesty International、Human Rights Watch、Global Witness、Enough ProjectなどのNGOは、コンゴのみならず世界各地の紛争状況を解決するために、政府や企業へのロビー活動や、市民への啓発活動を展開している。

こうしたアドボカシー団体が、問題の起きている当該国のみならず、アメリカやイギリスなどの自国政府や多国籍企業および市民に対しても積極的に働きかけるのは、世界の政治経済の構造の中で、こうした先進国の主体こそが、ときに問題を引き起こす原因となり、あるいは問題解決をもたらす救済力を持っていると認識するためであろう。

一方の日本では、アドボカシー団体の活動が限定的であり、メディアでの取り扱いも小さいため、世界でどのような問題が起きているのかを一般市民が知る機会さえも限られている。N.Y. Times がコンゴに関する記事を 312 件掲載した 2012 年に、朝日新聞では 46 件しか掲載されず、しかも紛争状況に関するニュースがわずか 9 件だったという対比は、象徴的である（5.2.2 で詳述）。

第 1 章で取り上げたカーネマンは、「人間は記憶から容易によび出せる問題を相対的に重要だと評価する傾向があるが、このよび出しやすさは、メディアに取り上げられるかどうかで決まってしまうことが多い。」と指摘している[95]。ごくまれにしか報道されない問題に対して一般消費者の問題意識が高まらないのは、自然な流れといえよう。ただしカーネマンは、「その一方で、メディアが報道しようと考えるのは、一般市民が現在興味を持っているだろうと彼らが判断した事柄である」と続ける。

本章の第 1 節で考察したように、日本とコンゴの間の直接的な経済関係は弱く、コンゴで操業する日本企業はない。在留日本人も 76 人と少なく、MONUSCO にも日本は要員を派遣していない。直接的な関係の少なさは、コンゴに関する情報を報道する必要性を低下させ、報道の少なさは一般消費者の関心を低下させる。これまで述べてきたように、日本は 3TG の重要な消費国のひとつであり、資源を通じての日本とコンゴの結びつきは強い。それにもかかわらず、紛争資源問題への関心が高まらない循環ができてしまっている。

日本の消費者が世界経済の構造の中での自身の位置づけを自覚し、有為な消費者市民となるためには、まずは途上国の生産地で起きている社会問題と、自分の消費生活とのつながりを理解することが必要であろう。

第 4 節　消費者市民教育における紛争資源問題

こうした消費者の認識が、消費者教育の働きかけでどう変化する可能性があるのか、高校における授業実践を用いて検証する。世界の生産地で起きている問題が自分たちのくらしとつながっていると知ったとき、人はどのような認識を持つようになるのか。問題解決に貢献しようと尽力する消費者市民社会の形成に向けて、消費者市民教育での実践分析を行い、その効果を検証する。

5.4.1　消費者市民教育としての本実践の位置づけ

日本の教育においても、消費者市民社会の担い手としての資質を養う消費者市民教育（Consumer Citizenship Education）の導入が始まっている。2012年に施行された「消費者教育の推進に関する法律」（消費者教育推進法）においては、目指すべき社会のあり方として消費者市民社会が示されている。

> 第二条　この法律において「消費者教育」とは、消費者の自立を支援するために行われる消費生活に関する教育（消費者が主体的に消費者市民社会の形成に参画することの重要性について理解及び関心を深めるための教育を含む。）及びこれに準ずる啓発活動をいう。
>
> 2　この法律において「消費者市民社会」とは、消費者が、個々の消費者の特性及び消費生活の多様性を相互に尊重しつつ、自らの消費生活に関する行動が現在及び将来の世代にわたって内外の社会経済情勢及び地球環境に影響を及ぼし得るものであることを自覚して、公正かつ持続可能な社会の形成に積極的に参画する社会をいう。

消費者教育推進法は、行政改革の一環として2009年に消費者庁や消費者委員会が設置され、消費者行政が整備される中で制定されたものである。従来の消費者教育は、消費者が事業者との取引などにおいて被害に遭わないようにする、消費者保護に主眼を置いていた。しかし本法においては、消費者の行動が将来の世代にわたって内外の社会経済情勢や地球環境に与える影響についての情報を提供したり、環境教育、食育、国際理解教育との連携をはかったりすることが求められている。消費者の権利だけではなく責任についての教育が提示されていることが大きな特徴である。

消費者市民教育の推進が図られるようになった背景として、グローバル化によって地球的課題に対する消費者の責任が大きくなっていく一方で、日本における消費者市民社会が未だ成熟していない現状が明らかになったことが挙げられる。前述の『平成20年版国民生活白書』による調査報告はその代表的な結果である。

その一方で、同白書では、社会的価値行動に影響を与える要因として、消費者教育の受講と、親の行動を挙げている。消費者教育を受講したことがある人の57.4%は、商品の購入を検討する際に環境に配慮した商品であるかどうかを確認した経験があり、受講したことがない人（48.1%が確認経験あり）を上回っている[96]。また、親が環境に配慮した商品を優先的に購入している人のうち60.3%は、自分も商品の購入を検討する際に環境に配慮した商品であるかどうかを確認した経験がある。一方で、親が環境に配慮した商品を優先的に購入していなかった人の場合は、自身の経験も43.6%にとどまっている[97]。これらの結果から、消費者教育の推進や、親などの身近な人の行動変化が、次の世代の意識・行動に影響を与えることが示唆された。こうした分析結果を踏まえて、2012年に施行された消費者教育推進法では、消費者市民社会の成熟に向けた教育の推進が掲げられたのである。

消費者教育推進法の制定後、消費者教育推進会議が方針を検討し、文科省や消費者教育支援センターが中心となって模範的な授業実践例の作成と教員への普及をはかっている。同センターによれば、消費者市民教育で身につけたい能力は**図5-7**のように示される。

消費生活を批判的に考え、周辺の条件とともに多角的な視点で思考した上で、商品やサービスの選択を通じて、あるいは消費／非消費の選択を通じて、自らの消費行動が社会的に影響を与えることを理解し、行動できる「経済的市民」としての能力。経済的市民として選択を行うために必要な、環境問題や社会貢献等の倫理的（エシカル）な問題について理解し、ライフスタイルの見直しができる「倫理的市民」としての能力。選挙やパブリックコメント等を通じて、消費者としての意見を表明し、政治的にアクション（社会参加）することができる「政治的市民」としての能力である。そして、消費者教育支援センターが作成した教員用のガイドでは、「授業で生かす消費者市民教育のヒント：経済市民」としてフェアトレードの学習が挙げられ、バナナ、

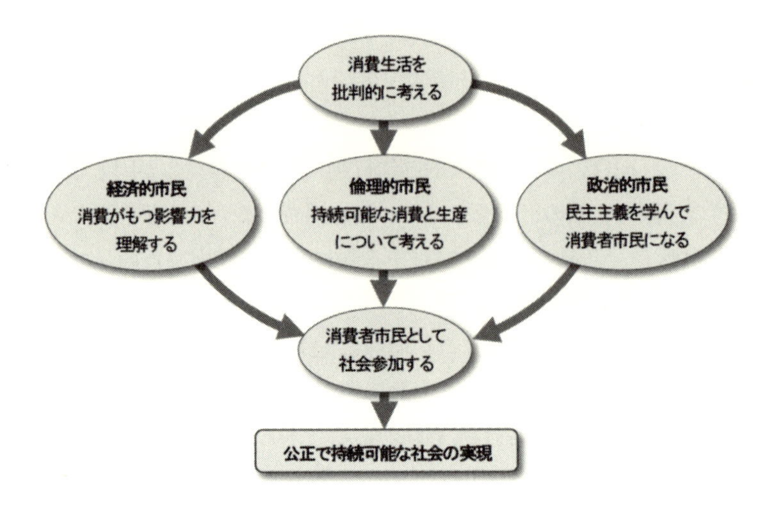

図 5-7　消費者市民教育で身につけたい能力

出典：消費者教育支援センター［2013］より筆者作成

カカオと並んでレアメタルを児童労働の問題として取り上げる事例が紹介されている[98]。

また、消費者市民教育の視点をいち早く取り入れた数研出版の高校公民科用教科書『現代社会』では、課題探求学習の事例としてコンゴ紛争が取り上げられている。レアメタルなどが紛争を悪化させる一因となっていることが指摘され、「先進国の豊かな生活がアフリカなどの途上国の人々の経済や環境の犠牲の上に成り立っていることを理解すべきであろう」「世界の紛争を防いで平和を築くために、私たちの意識と生活をどう変えるかが問われている」と問題提起している。紛争資源問題が消費者市民教育の事例として注目されていることがわかる。

本書で実践分析する、コンゴの紛争資源問題を教材とする授業実践は、商品の選択を通じて自らの消費行動が生産地に影響を与えうることを理解する実践であり、同時に、生産地と消費地をつなぐ倫理的な問題について理解を深める実践であるため、消費者市民教育における「経済的市民」と「倫理的市民」にまたがる実践例として位置づけられる。こうした実践を行った場合に生徒の認識はどう変化するのか、授業前後での変化に注目し、実践分析を行う。

5.4.2　授業実践の内容

2013年度に、埼玉県立高校の1学年「現代社会」（必修2単位）において、コンゴの紛争資源問題を教材とする6時間（1時間は65分）の授業を行った。本項で授業内容を紹介し、次項で生徒の学びの様子を報告する。

授業の枠組み

本実践は、1年生の必修「現代社会」（2単位）において、単元「国際政治の動向と日本の役割」（8時間）の中の、小単元「現代の紛争と国連の役割」（6時間）に位置づけられる。

1学期に政治分野（国内）の学習を終えた後、2学期に取り扱う本単元では、最初の2時間で国際社会の成り立ちや国際組織の役割について学習し、後半6時間で具体的な国際問題を取り上げる。本実践は後半の6時間にあたる。

小単元の目標は、コンゴの紛争資源問題を題材として以下の4点を理解・認識・考察することにある。第1に、コンゴ東部の紛争状況を理解する。第2に、コンゴ東部の紛争状況と自分たちのくらしが紛争資源を通じてつながっていることを認識する。第3に、国連をはじめとする国際社会が行っている紛争解決手段を理解する。第4に、紛争鉱物取引規制をめぐるアメリカでの議論を切り口として、国際問題を解決する包括的な取り組みの中で消費者市民が果たしえる役割を考える。

授業対象生徒は、さいたま市に所在する埼玉県立高校の1年生1クラス（40名）、授業実践者は、華井裕隆教諭である。実践日は、2013年9月20日、10月2日、4日、10日、15日の5日間であり、最終日は2時間連続の授業を行った。

使用教科書は第一学習社の『新現代社会』（2012）であり、教材としては作成資料を配布した。本項では、授業の内容を提示する上で必要な教材のみ

教材例１　情報カード（一部抜粋）

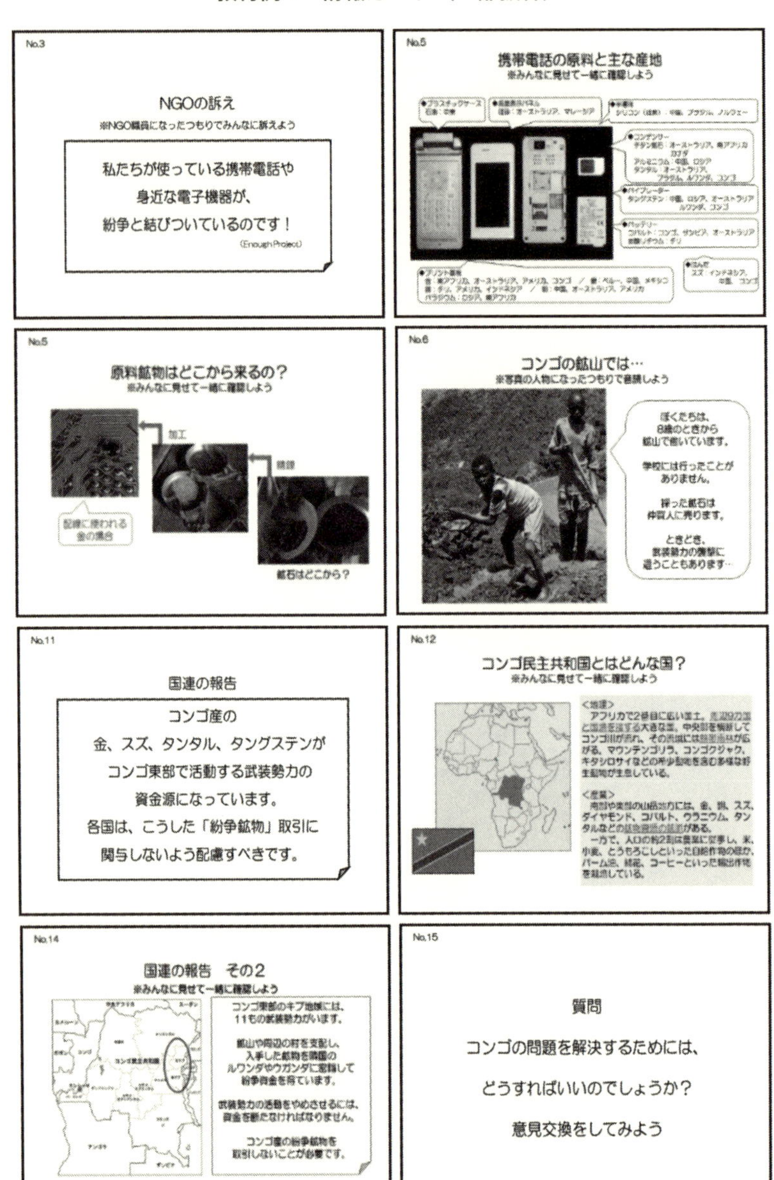

写真出典：No.4 筆者撮影、No.5-6 Sasha Lezhnev / Enough Project

教材例2　紛争解決手段カード

A　仲介：首脳会合の開催 コンゴ政府とルワンダ政府が和解するよう、特使を派遣して話し合いの場を設ける	**B　仲介：個別交渉** 特使がコンゴ政府、ルワンダ政府、M23と個別に会談し、和解に向けた説得をする	**C　非難決議の発表（対M23）** M23の暴力行為を非難する決議を発表して国際社会の意思を伝える
D　非難決議の発表（対ルワンダ） ルワンダによるM23支援を非難する決議を発表して国際社会の意思を伝える	**E　資産凍結の強化** M23の銀行口座を凍結したり取引を禁止して紛争資金を調達できないようにする	**F　渡航禁止の強化** M23指導者の外国渡航を禁止して外部からの支援を得られないようにする
G　コンゴの資源禁輸 コンゴからの資源輸出を一時的に停止して、M23が紛争資金を調達できないようにする	**H　ルワンダの資源禁輸** ルワンダからの資源輸出を一時的に停止して、M23を支援できないようにする	**I　非武装区域の設定** M23が住民を攻撃したり、コンゴ軍とルワンダ軍が衝突しないようコンゴ東部を非武装区域に指定する
J　武器禁輸の強化 武器禁輸に違反する国を調査したり国境でのチェックを厳しくして武器の流入による紛争の激化を防ぐ	**K　PKOの強化（軍事）** PKOの軍事要員数を増やしたり武力を行使する権限を与えM23と対抗できるようにする	**L　PKOの強化（行政）** PKOの文民要員を増やしてコンゴ政府の行政機能を支援し国内を統治できるように支援する
M　人道支援の強化 援助機関の人数や予算を増やし、住民・難民・避難民への支援を強化する	**N　国際刑事裁判所に訴える** M23による暴力行為は国際法違反だと国際刑事裁判所（ICC）に訴える	

出典：筆者作成

を抜粋して掲載する。

1時間目：コンゴ東部の紛争状況

1時間目は、コンゴ東部の紛争状況を知るとともに、自分の身近な電子機器が資源産出地域での紛争とつながっていることを理解し、世界の問題と自分とのつながりを学ぶ。

はじめに、生徒は5人1組の班に分かれて、15枚の「情報カード」を受け取り、1枚ずつカードを開いて音読していく。カードの問いかけで、自分が日常的に使っている電子機器を数えることから出発し、携帯電話の部品の原料となる鉱物がどこでどのように産出されているのかをさかのぼっていく。そして、採掘地のひとつであるコンゴ東部の鉱山において、児童労働や武装勢力による住民への暴力という問題が存在することについて、鉱山で働く子ども、難民キャンプに避難した住民、武装勢力の兵士、国連の特使などのセリフを読むロールプレイを交えながら学習する。その後、「国連の報告」を通じてコンゴの紛争資源問題を理解し、問題解決のためにはどのような方策をとるべきか、意見交換をする。

次に、2012年11月に武装勢力M23が東部の主要都市ゴマを制圧したことを伝える資料「2012年11月の紛争状況」（2012年11月21日の新聞記事と、M23についての解説）を読み、ワークシートに情報を整理する。続いて、資料「国連がすでに実施している措置」（武器禁輸、渡航禁止、資産凍結、PKO派遣に関する国連決議1807と1925の抜粋）を読み、ワークシートに情報を整理する。最後に、資料「紛争解決手段カード」を読み、国際社会が実施しえる紛争解決手段の選択肢を理解する。

2時間目：紛争解決手段の検討①（模擬安保理前半）

2～3時間目は、コンゴ東部の紛争状況の悪化を受けて国連が実施した解決策を、安保理の会合を模したロールプレイ形式で学習する[99]。前半となる本時の主眼は、個々の紛争解決手段を理解することにある。経済制裁やPKO派遣といった手段は、用語としては知っていても、具体的にどのように実施するのかは理解しにくい。模擬安保理での検討を通じて、個々の手段の意味、機能、方法、効果についての理解を深める。

はじめに、資料「コンゴからの現地報告」（安保理に対応を求めるUNHCRの報道発表）を読み、状況設定を理解する。生徒は4人1組の10班に分かれて担当国を決め、国別の「対処方針」を受け取る。今回の模擬安保理に出席する10か国は、常任理事国5か国（英米仏露中）と2012年当時の非常任理事国インド、南アフリカ、グアテマラ（議長国）、そして紛争当事国のコンゴとルワンダである。対処方針には、担当国の基本的な外交方針と、紛争解決手段A～Nに対してとるべき態度が示されている。模擬安保理（前半）は**表5-5**の設定と手順で行う。

なお、初めての模擬安保理会合となる本時は、模擬安保理の進め方と紛争解決手段の理解に集中できるよう、すべての理事国がフランス案（紛争解決

表 5-5　模擬安保理（前半）の設定と手順

＜設定＞
・模擬安保理は、常任理事国5か国（英米仏露中）と2012年当時の非常任理事国インド、南アフリカ、グアテマラ（議長国）の計8か国で構成する。 ・採決の際は、常任理事国を含む5か国以上が賛成し、いずれの常任理事国も反対しなければ可決される。 ・当事国としてコンゴと隣国ルワンダの出席を認めるが、両国は採決には参加できない。 ※実際の安保理は常任理事国5か国と任期2年の非常任理事国10か国の計15か国で構成され、採決の際は常任理事国を含む9か国以上が賛成し、いずれの常任理事国も反対しなければ可決される。議長国はアルファベット順で月ごとに交替する。
＜手順＞
①準備会議
対処方針をもとに担当国の立場を理解し、各班で交渉のしかたを話し合う。
②第1回会合　（議長国グアテマラが議事進行）
・コンゴが挙手し、対処方針に書かれている原稿に従ってスピーチを行う。コンゴは隣国ルワンダが武装勢力M23を支援していると非難し、M23のみならずルワンダを対象とする非難決議と経済制裁を実施し、PKOも強化するよう安保理に求める。 ・ルワンダが挙手し、同様にスピーチを行う。ルワンダは、コンゴによる非難が事実無根であることを主張し、コンゴ政府とルワンダ政府の間で首脳会談を開催することを求める。 ・フランスが、「紛争解決手段カード」のうち、ABCEFJの6つの即時実施を提案する。
③作戦会議
各国は、自国の対処方針と照らし合わせて、フランス案に対する意見を決める。
④第2回会合　（議長国グアテマラが議事進行）
フランス案に対して意見がある国は挙手し、アルファベット順の指名を受けて発言する。
⑤第1回採決
フランス案について採決する。

出典：筆者作成

手段ABCEFJを実施）に賛成できる設定になっている。

3時間目：紛争解決手段の検討②（模擬安保理後半）

3時間目は、フランス案には採用されなかった紛争解決手段DGHIKLMNについて、各国の利害を調整しながら実施を検討する。安保理の理事国にもそれぞれの国内事情や国際社会での立場がある。各国が利害関係を持ちながら国際問題に対処していること、安保理での交渉はそうした利害を調整しながら合意を取り付けていく作業であることを理解する。模擬安保理（後半）

表 5-6　模擬安保理（後半）の手順

①作戦会議
各国は、自国の対処方針と照らし合わせて、紛争解決手段 DGHIKLMN に対する意見を決める。
②第 3 回会合　（議長国グアテマラが議事進行）
紛争解決手段 DGHIKLMN に対して意見がある国は挙手し、アルファベット順の指名を受けて発言する。
③第 2 回採決
合意可能な紛争解決手段の組み合わせ（KLMN）をグアテマラが議長案として提示し、採決する。

出典：筆者作成

は**表 5-6** の手順で行う。

紛争解決手段 DGHIKLMN に対しては、各国の意見が対立するように国別対処方針を設定してある。例えば、コンゴは「D．対ルワンダ非難決議」を求める。しかし、1994 年のルワンダ・ジェノサイド以降、アメリカとイギリスはルワンダへの大規模な開発援助を行っているため、反対する。同様に、コンゴは「H．ルワンダの資源禁輸」を求めるが、アメリカ、イギリス、フランス、中国にとってルワンダは重要な資源輸入元であり、反対する。一方、「K．PKO の強化（軍事）」と「L．PKO の強化（行政）」は、各国の条件がそろえば合意できる。アメリカは、自国からは PKO 要員を出さないが、他国が要員を出すならば軍事訓練に協力する。インドと南アフリカは要員を提供して地域大国としての存在感を示す。中国は軍事訓練を実施してくれる国があるならば要員を提供する。フランスは、自国からは要員を出さないが、他に要員を出す国が 3 か国以上あるならば賛成する。

したがって、5 か国が意見を表明すると、条件がそろって PKO が強化できる。また、「M．人道支援の強化」はアメリカ、「N．国際刑事裁判所に訴える」はイギリスが実施を主張すれば他国も賛成できる。最終的に、各国の意見が出そろえば、KLMN は実施可能になる。

しかし、対ルワンダ非難決議や資源の禁輸措置は実施できない。

模擬安保理の終了後、生徒にはすべての国の対処方針を一覧表にした資料を配布する。資料を見ながら、各班が自国の立場と感想を発表し、模擬安保理を振り返る。

4時間目：紛争鉱物取引規制をめぐる議論　（アメリカ模擬公聴会）

4時間目は、各国政府の対応としてアメリカを例に挙げ、紛争鉱物取引規制をめぐる議論を学習する。国連で紛争資源の禁輸措置が実施されない状況を受けて、アメリカでは独自の規制（ドッド・フランク法1502条およびSEC規則）が制定されたが、その是非をめぐって激しい議論が交わされている。本時は、2012年5月に開催されたアメリカ議会の公聴会から、6人の論者を取り上げ、各論者の応援演説をするロールプレイ形式で学習する。

6人の論者は、3つの争点において意見が対立している。第1に、規制にはコンゴの暴力を止める効果があるか否か、第2に、コンゴ国内で操業する合法企業や住民の生計への影響、第3に、アメリカおよび世界経済への影響である。

生徒は6～7人ごとの6班に分かれて担当論者を決め、応援演説を作成する。演説では、担当論者の主張の要点を強調したり、他の論者への反論を盛り込む。

応援演説が終わった後、紛争鉱物取引規制に賛成するかどうか、1人1票で投票を行う。

5時間目：消費者市民社会の役割

5時間目は、紛争鉱物取引規制における消費者市民社会の役割を考える。

はじめに、資料「アメリカでの紛争鉱物取引規制」（規制の説明）を読み、紛争資源の利用を「禁止」するのではなく、企業に資源調達経路の「情報開示」を義務付け、消費者や投資家によるチェック機能に判断が委ねられたことを理解する。

次に、規制を後押しした市民の力として、NGO Enough Projectが作成した2本の映像を視聴する。1本目は紛争資源問題を簡潔に紹介した「紛争鉱物入門」（約4分）[100]、2本目は、コンフリクト・フリー・キャンパス・キャンペーンに賛同する学生のメッセージ映像（約1分半）である[101]。コンフ

教材例 3　アメリカ模擬公聴会資料：鉱物取引規制をめぐる議論（抜粋）

(1) 下院議員　ジム・マクダーモット	(2) 下院議員　ゲイリー・ミラー
コンゴ東部の状況を改善するには、違法な鉱物取引をやめさせることが重要です。国連では資源禁輸が行われませんでした。わが国アメリカは、独自の規則を制定しましょう。アメリカ国内の企業に対して、コンゴおよびその周辺国を産地とする紛争資源の利用を禁止することを提案します。私たちが使うすべての鉱物が、合法なものであり、誰かの苦しみに加担したものではないことを求めます。	厳しい規制には賛成しかねます。第 1 に、規制がコンゴ東部の暴力をなくすことにつながるのか、効果が明白ではありません。鉱物取引を禁止すれば、コンゴ国内の合法企業まで損害を受けます。闇取引が増えて、武装勢力が資金を得やすくなるかもしれません。規制はコンゴの人々に悪影響を与えるのではないでしょうか。第 2 に、アメリカ経済が低迷している今は、企業に負担を強いるべきではありません。
(3) コンゴ研究者　ムベンバ・ディゾレレ	**(4) コンゴの司教　ニコラス・ロラ**
私はコンゴ人ですが、この規制に異議を唱えます。鉱山の操業を停止すれば、推定 200 万人の鉱夫が失業し、家族を含めて 1,000 万人が生活できなくなります。また、本当の問題は、違法な鉱物取引自体ではなくて、鉱物取引を管理できず、国を統治できない政府の弱さにあります。それに、武装勢力の資金調達方法は他にもあります。真の紛争要因が解決しない限り、紛争は止まりません。コンゴ政府の能力を強化する支援にこそ、もっと力を入れてください。	コンゴのカトリック教会は、この規制を支持します。コンゴ東部の住民の 80% は自給自足の農民です。鉱山で働く労働者も、もとは農民です。紛争がなくなれば、農地を元に戻すことができます。鉱業と暴力の結びつきを断てば、暴力は停止します。そうすれば、避難している住民も元に戻ってよりよい農業システムに戻れます。そしてゆくゆくは、政府が管理する合法な鉱業が復活すれば、鉱業で得られる利益がコンゴの住民に還元されるようになります。
(5) 全米製造者業界　フランクリン・ヴァーゴ	**(6) 電機会社社長　H.T**
全米の製造業者を代表して、この規制に異議を唱えます。電子機器企業は、約 1,500 の部品を取り扱っています。その一つひとつについて、コンゴ産の鉱物を使っていないかを調査するのはとても大変です。 規制の対象を少し狭めてもらえれば、負担は大きく減らせるのです。どうか、対象とする製品を少し狭め、実施までにしばらくの準備期間を設けてください。	わが社は、この規制に賛成します。消費者のみなさんに安心して製品を購入してもらうため、わが社はすでに対策をはじめました。もちろん、コストはかかりますし簡単な作業ではありません。ですが、「企業の社会的責任（CSR）」が求められている今、「紛争資源を使わないでほしい」という消費者の意見を無視することはできません。企業の努力を支援する規制を実施してください。

出典：アメリカ公聴会記録 Serial No.112-124 (2012.5.10) をもとに筆者作成

リクト・フリー・キャンパス・キャンペーンは、学生が企業に対して紛争資源を使わない製品を求めたり、大学に対して紛争資源を使わない電子機器を購入するよう求める運動である。映像では、8人の学生が「私は○○社に改善してほしい」「私は紛争に関わらないパソコンがほしい」「私たちの行動がきっと世界を変える」といったメッセージを交替で発信する。

その後、映像と併せて、資料「市民の力：NGOの取り組み」（キャンペーンの説明）を読み、アメリカでは規制を求める多くの意見書や署名が政府に寄せられたことを理解する。

最後に、資料「日本への影響」（2011年7月12日付 日本経済新聞朝刊記事）を読み、アメリカでの規制開始が日本の企業にも影響を与えていることを理解する。

6時間目：私たちにできること

最後の6時間目は、コンゴ東部の紛争状況、国連の取り組み、アメリカでの規制開始、NGOの活動を踏まえて、日本の消費者市民である自分たちには何ができるかを考える。

考えるヒントとして、資料「私たちにできることカード」を使い、いちばん良いと思う選択肢は1枚、2番目は2枚、3番目は4枚、4番目は2枚、5番目は1枚、という形のダイヤモンドランキングをつくる。選択肢は9枚しかないので、1枚は自分で独自案をつくる。生徒は4人1組の10班に分

教材例4　私たちにできることカード

（ア）ネットや本でもっと調べて正しい知識を得る	（イ）携帯や電子機器をあまり買い替えず大切に使う	（ウ）学んだことについて自分の意見を新聞に投稿する	（エ）学んだことを家族や友だちに伝え話し合う
（オ）使っていない携帯や電子機器をリサイクルに出す	（カ）他にも深刻な問題がないか調べて知識を得る	（キ）紛争資源を使わないように日本の企業に求める	（ク）国際問題に取り組む日本のNGOに協力する
（ケ）将来、国際機関で働くために一生懸命勉強する	（コ）　独自案		

出典：筆者作成

かれて、ランキングをつくり、クラスで発表する。

そして最後に6時間の授業を振り返り、自分の考え方がどう変わったかをワークシートに記入して6時間目を終了する。

5.4.3　生徒の学びの様子

授業実践に際しては、毎時のワークシートで意見と感想を記録するとともに、授業前後での質問紙調査を行い、生徒の認識変化をとらえた。本項では、紛争鉱物取引規制に対する意見の変化と、世界の問題に対する認識変化を中心に、生徒の学びの様子を報告する。

紛争鉱物取引規制に対する意見の変化

授業に対する生徒の反応は非常に「素直」であり、提示された情報によって認識を揺さぶられ、葛藤する様子がうかがえた。まずは、ワークシートでの自由記述から、紛争鉱物取引規制に対する生徒の意見の変化を見ていく。

1時間目の情報カード学習で、身近な電子機器の原料鉱物が紛争資金源となっていることを知ると、多くの生徒が被害者への共感を示し、国際社会による積極的な介入を求めた。

【1時間目の代表的な意見】
・自分たちが毎日使っている電子機器が紛争と関わっていることを知り、驚いた。他人事ではなく、電子機器を使っている私たちにも責任があると思った。 ・コンゴでは紛争がおこり、女性や子どもをはじめた弱い立場の一般市民が弾圧などを受け、苦しんでいることがわかった。国際社会が協力して、紛争のない平和な社会にしていくために行動をとっていくべきだと思う。
【とるべき解決策】（重複あり）
紛争鉱物の取引をしない（11名）、国連の介入（6名）、話し合い（6名）、武装勢力への資金援助をやめる（6名）、武装勢力の弾圧（5名）、コンゴ政府の強化（5名）、募金（4名）、住民の保護（3名）

しかし、2～3時間目の模擬安保理で生徒は2つのことに気づく。国連における政治力学（24名が言及）と、各国の利害を調整して合意を取り付ける難しさ（20名が言及）である。

【2～3時間目の代表的な意見】

各国が、それぞれ自分の国の立場を踏まえた上で話し合いをしているので、それぞれの利益、不利益に考えが及んでしまっていて、コンゴとルワンダの本当の問題解決につながる話し合いになっているのかどうか疑問でした。でも、かといって各国のことを全く考えずに話し合いを行うと、各国が打撃をうけ、また新たな問題が起きかねないので、全く考えないというわけにはいかないし、紛争問題の解決は難しいんだなと思いました。（南アフリカ担当）

この気づきによって、紛争解決手段に対する意見も変化した。模擬安保理の後、4時間目開始時点での紛争鉱物取引規制に対する賛否は、賛成26名、反対14名であった。1時間目には解決策として規制を挙げていた11名のうち、5名が反対に変わった。

さらに、4時間目の模擬公聴会において、慎重派のミラー議員やコンゴ研究者のディゾレレ氏が規制の効果に疑問を呈し、むしろコンゴ住民に悪影響を与えると主張していることを知ると、多くの生徒が規制反対に傾いた。4時間目終了時の賛否は、賛成15名、反対24名に逆転した（「両方」1名）。反対の理由として挙げられたのは、規制の効果への疑問（21名）と、規制による経済的負担への懸念（15名）である。

【4時間目の代表的な意見】

最初は「違法なんだから規制して当たり前だろう」という考えを持っていました。反対の意見に対して、「禁輸したら解決するわけじゃないとか言ってるけど、じゃあ何をすればいいのか具体的に言ってないじゃないか」とも思っていました。しかし今回担当したムベンバ・ディゾレレ氏の意見を読んでよく考えてみると、強制労働をさせられて苦しんでいる人々も、その仕事がなければ生活すらできなくなってしまうのだということにやっと気付きました。私はコンゴに住んでいる人々が普通に生活できるようになることが一番大事だと思います。ただ、この紛争の問題は複雑だから、適確かつ丁寧な解決策を考えなければならないと思います。国連で決定できなかったのは、公聴会の意見のように様々な意見があり、懸念も多くあったからだとわかりました。ただ、一消費者としては紛争鉱物を使ってできた商品を買いたくないというのが正直な気持ちです。また、アメリカで動きがあったのはよいことですが、本当はこの問題はアメリカだけでなく世界の国々も考えるべきだと思います。（ディゾレレ担当、賛成→反対）

最後に、5時間目にアメリカが実際にとった判断を知り、NGOや大学生によるキャンペーン映像を観ると、今度は一斉に規制賛成に傾き、賛成38名、反対2名になった。

【5時間目の代表的な意見】

最初は、紛争鉱物取引の規制に反対だったけれど、他の人の意見を聞いて、やはり規制をして効果が得られないとしても、できることをした方が良いと考えが変わりました。実際に、アメリカの最終的な判断を見ても、取引を禁止でなく「調査」「情報公開」を義務づけるというのは、規制に反対していた人も納得のできる良い判断だと思った。紛争鉱物の使われた製品を私も使いたくないし、買いたくないので、紛争鉱物を使った製品の消費が減れば、紛争鉱物の輸入が減り、結果的にコンゴへ、良い意味で良い影響を与えることができるんじゃないかなと思った。アメリカの判断により、日本にも影響が及ぶわけですが、これも、日本人のコンゴへの関心をもつ良いチャンスになると思います。日本もコンゴの紛争について知ることで、紛争を解決したいと思う人が増え、紛争解決にどんどん近づいていくように思います。その他の国でも紛争を解決しようという動きが強まれば、そう遠くない未来に紛争が解決するような気がしました。

規制が「情報開示」を義務づけたことや、開発援助などでの補完が行われることを理解したことも変化の要因としてあるが、情報による生徒の揺さぶられやすさは顕著であった。コンゴ住民の苦境を知ると、「救済すべき」という正義感が働くが、紛争鉱物取引規制の効果に疑問が呈されたり、自国の経済に負担がおよぶと指摘されると、救済意欲が一気に低下する。しかし一方で、それでも負けずに問題解決に取り組んでいる他者の姿を見ると、感化されて再び救済意欲が高まる。新聞やニュースなどで日頃から情報に接している国内問題と異なり、情報が少ない国際問題では、授業で提示される情報によって生徒の意見が左右されやすいことが如実に表れていた。

6時間の授業を通して生徒は、コンゴ住民への共感的理解を示す一方で、国連による紛争解決の難しさに気づき、さらに、紛争鉱物取引規制による効果への疑問や経済的負担の指摘によって葛藤しながらも、最終的には紛争解決に向けた消費者市民の役割に効力感を抱くにいたった。

授業実践前後での認識変化

授業実践前後の質問紙調査の比較から、生徒の認識変化として4点を指摘する（図5-8）。

第1に、世界は平和であると認識する生徒は、授業前にも7名と少なかったが、授業後にはわずか2名に減った。認識が変わった17名のうち14名が、理由として「私が知らないだけで、世界には紛争の被害を受けている人がたくさんいるから」など、紛争の現状を知ったことを自由記述で記している。

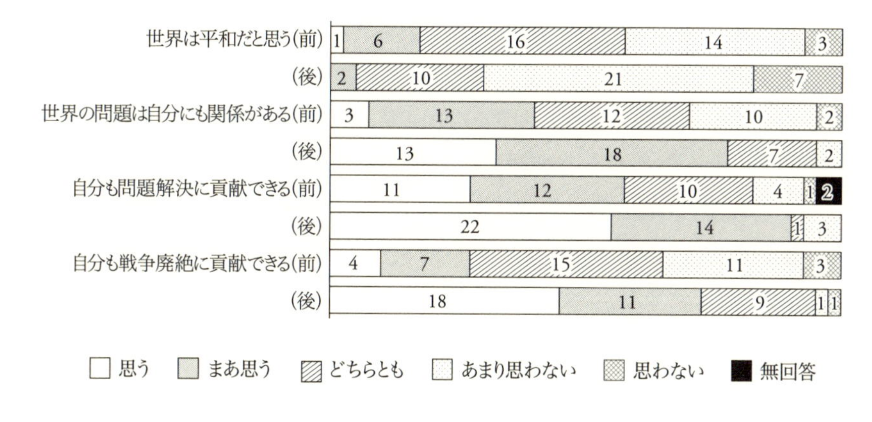

図 5-8　授業前後での生徒の認識変化

出典：筆者作成

第2に、世界の問題に自分も関係があると感じる生徒が16名から31名に増えた。認識が変わった24名のうち15名は「紛争鉱物でつくられた製品を自分が使っているかもしれないとわかったから」など問題と自分とのつながりを、7名は「自分にもできることがあるとわかったから」など問題解決と自分とのつながりを理解したことを自由記述で記している。

第3に、世界の問題を解決するために自分も貢献できると考える生徒は23名から36名に増加した。認識が変わった18名のうち5名は「自分にできることを見つけたから」など解決策に参加する糸口を見つけたこと、5名は「授業で話し合ったから」など話し合いの効果、3名は「NGOの活動を見て共感した」などNGOや大学生の活動への共感を自由記述で記している。

第4に、世界から戦争をなくすために自分も貢献できると考える生徒は11名から29名に増加した。これは本実践における最も大きな成果である。認識が変わった25名のうち10名は「できることをやりはじめている人もいるから、やろうと思えば自分にもできると思う」など解決策に参加する糸口を見つけたことを自由記述で記している。

6時間の授業を通して生徒は、コンゴの紛争資源問題と自分とのつながりを理解し、解決策への参加方法を見つけたことで、世界の問題に対する自分の貢献を肯定的にとらえるようになった。

さらに、授業実践から8か月後の2014年6月に、授業後に生徒たちが行動を実践したかどうかを追跡調査したところ、行動した生徒は18名、行動しなかった生徒は21名、無回答1名であった。行動内容は、「携帯電話や電子機器をあまり買い替えずに大切に使う」という意識レベルが12名と多く、「友だちや親に話した」(5名)、「電子機器のリサイクルに協力した」(4名)、「募金に協力した」(2名)、「ニュースや新聞の記事を読んだ」(1名) が続いた (重複回答あり)。

行動しなかった理由としては、「機会がなかった」が15名と多く、「時間が経つと忘れた」(7名)、「時間がなかった」(6名) が続いた (重複回答あり)。

高校生という制約もあるが、行動に参加する機会がないことが最も大きな阻害要因になっていることがうかがえた。ただし、今後の行動については、26名が「今後、行動する見込みはある」と回答しており、意欲を示している。

5.4.4 消費者市民社会の展望

授業実践分析から見えたことは、第1に、情報による揺さぶられやすさ、第2に、解決策を学ぶことでの効力感の高まりである。

第1の揺さぶられやすさについて。5.1.3で考察したようにコンゴの紛争状況についてはメディアでの取り扱いが少なく、生徒が普段から情報に接する機会が少ない。そのため、コンゴの紛争資源問題に対する生徒の認識は、授業で提示された情報によって大きく影響される。紛争鉱物取引規制に否定的な情報が提示されれば否定的な見解を持つ生徒が増え、肯定的な情報が提示されれば肯定的な見解を持つ生徒が増える。

本授業実践と同じ時期に、他のクラスではエネルギー政策や福祉政策などの国内政策を取り上げて議論する授業実践が行われていた[102]。本実践と同じようにひとつの政策に対する賛否の意見を検証して議論する授業であったが、その中でも、紛争資源問題ほど生徒の意見や立場が大きく揺れ動いた実践は他になかった。世界の遠い地域で起きている問題を認知するためにメディアの情報提供が担う役割の重要性が表れていた。

第2に、授業実践前後の認識変化には、「問題解決とのつながり」を学ぶことで、「自分も問題解決に貢献できる」という効力感が高まることが表れていた。

確かに、コンゴの紛争状況と自分の使っている電子機器とのつながりを知ったことは、生徒に大きな衝撃を与えた。しかし、「問題とのつながり」を認知しただけでは、紛争鉱物取引規制の効果への疑問や、自国の経済にかかる負担といった制約条件を前にして、「心は痛むけれど、自分たちには何もできない」という無力感を起こさせた。

1.1.4で提示したソンタグは、「彼らの苦しみが存在するその同じ地図の上にわれわれの特権が存在し、（略）われわれの特権が彼らの苦しみに連関しているのかもしれない――われわれが想像したくないような仕方で――という洞察こそが課題であり、心をかき乱す苦痛の映像はそのための導火線にすぎない」と指摘し、残虐な映像だけではなく、その残虐行為が自分とつながっているかもしれないという洞察がなければ、人々の関心を引きつけ、行動に移させることはできないと論じた[103]。しかし、本授業実践での生徒の反応からは、こうした「問題とのつながり」、すなわち結果責任の帰属認知だけではなく、「自分にもできることがある」という「問題解決とのつながり」の認知が、行動意欲へとつながることが示された。

授業実践分析で見られた結果は、わずか40名の高校生の認識に過ぎないが、5.2.2で述べた日本における紛争資源問題の認知度の低さを考慮すると、この結果は日本社会の現状を反映していると推測できる。

コンゴの紛争資源問題と自分とのつながり、特に問題解決に向けて国際社会が行っている取り組みと、その中での消費者の役割を認知することが、個々の消費者の自己効力感につながり、有為な消費者市民の育成につながる可能性が示唆されたといえよう。

小　括

本章では、コンゴと日本の関係を概観した上で、紛争資源問題に対する企業の取り組みの詳細と、消費者の認識をとらえ、日本における CSR 調達や社会的責任消費の潮流の中での、紛争資源問題の位置づけを考察した。

2010 年にドッド・フランク法が制定されて以降、日本企業でも紛争鉱物調達調査が始まっている。対応に乗り出した企業は、電気・電子機器産業と自動車産業を中心に、部品製造業、金属製造業、化学工業にまで広がっている。しかしそれは、アメリカの上場企業と取引を行う場合には、製品、部品、材料を納める日本企業にも問い合わせがおよぶためであって、日本国内での議論に基づく取り組みにはなっていない。

日本とコンゴの間の直接的な経済関係は弱く、コンゴで操業する日本企業はない。在留日本人も援助関係者を中心に 76 人と少なく、メディアでコンゴの情報が取り上げられることも少ない。紛争資源問題への世論を喚起しようとする NGO のキャンペーンは行われてはいるものの、欧米のようには広まらず、紛争資源問題に対する消費者の認知度は低いままである。

そして、認知度の低さは、コンゴの紛争資源問題に限らず、日本の社会的責任消費の現状を反映している。特に 2000 年代後半から、「社会的なつながり」を求める消費傾向が増加しているものの、エシカル消費やソーシャル消費といった概念の認知度は 2 割程度にとどまっている。1970 年代から行われているフェアトレードでさえ、2 割程度の認知度であり、日本の社会的責任消費はまだ始まったばかりである。

こうした現状を踏まえて、高校生を対象として実施した、コンゴの紛争資源問題を教材とする消費者市民教育の実践分析では、「問題とのつながり」のみならず「問題解決とのつながり」を認知することが、生徒の効力感を高めることが示された。

たとえ紛争資源問題への取り組みが企業から始まったものであったとしても、コンゴの紛争資源問題を考え、社会的責任を果たそうとする動きが日本に持ち込まれたことは歓迎すべきであろう。これを機に日本社会でも紛争資源問題をめぐる議論が喚起され、欧米における、市民社会が企業や政府を動かすのとは違ったメカニズムで、日本独自の社会的責任消費の広がりが生まれる可能性はある。

注

1　在コンゴ民主共和国日本大使館 <http://www.rdc.emb-japan.go.jp/embassy/nikokukan.html>
2　山口真吾［2007］,「江戸時代の象牙輸入の状況について」<http://www5d.biglobe.ne.jp/ ~mystudy/kikite/column/column44/Ronkoufinal.pdf>
3　山口［2007］, 6頁。
4　日本のゴム工業の始まりは、土谷護謨製造所が創設された1886年とされている。石川泰弘［2011］,「タイヤ技術の系統化」国立科学博物館『技術の系統化調査報告　第16集』1-81頁。
5　JOGMEC希少金属備蓄グループ［2005］,「我が国におけるレアメタル備蓄事業の歴史（備蓄制度の背景と歴史）」『金属資源レポート2005』53-65頁。
6　JOGMEC［2006］,『銅ビジネスの歴史』105-125頁。
7　久保田博志，小嶋吉広［2014］,「コンゴ民主共和国Gecamines社の事業内容について一南部アフリカ諸国の国営鉱山会社にかかる分析報告（4）」『JOGMECカレント・トピックス』, 1-11頁。および、井上信一［2007］,『モブツ・セセ・セコ物語―世界を翻弄したアフリカの比類なき独裁者』新風舎, 252-268頁。特に「第12章ザイールに進出した日本企業」は、井上が日鉱で海外資源開発事業に従事した経験をもとに記述されている。
8　井上［2007］, 257頁。
9　井上［2007］, 258-262頁。
10　井上［2007］, 263-268頁。
11　井上［2007］, 268-279頁。
12　国際石油開発帝石株式会社「コンゴ民主共和国ンガンジ鉱区の取得について」<http://www.inpex.co.jp/news/pdf/2010/20100825.pdf>
13　アフリカ開発銀行アジア代表事務所［2014］,「アフリカビジネスに関わる日本企業リスト」<http://www.afdb-org.jp/file/japan/List_ofJapanese_Enterprises_jpn.pdf>
14　中村繁夫［2013］,「理想から実取引―アフリカ開発は三現主義で」『WEDGE』2013年8月号, 81頁。
15　在コンゴ民主共和国日本大使館, 上掲HP。
16　井上［2007］, 234-238頁。
17　JICA「マタディ橋維持管理能力向上プロジェクト」<http://www.jica.go.jp/drc/office/activities/project/05.html>
18　井上［2007］, 227-239頁。

19 防衛省・自衛隊「国際平和協力活動への取り組み」<http://www.mod.go.jp/j/approach/ kokusai_heiwa/list.html>

20 UN “MONUC Fact and Figures” <http://www.un.org/en/peacekeeping/missions/past/monuc/ facts.shtml> および “MONUSCO Fact and Figures” <http://www.un.org/en/peacekeeping/ missions/monusco/facts.shtml>

21 外務省［2013］，「コンゴ民主共和国」『ODA 国別データブック 2013』430-437 頁。

22 JICA コンゴ民主共和国事務所「平和構築のための警察民主化支援」<http://www.jica.go.jp/drc/office/activities/project/ku57pq00001u8mfa-att/outline.pdf>

23 朝日新聞データベース「聞く蔵II」を用いて検索。

24 経済同友会［2003］，『第 15 回企業白書「市場の進化」と社会的責任経営　企業の信頼構築と持続的な価値創造に向けて』。

25 藤井敏彦，海野みずえ編著［2006］，『グローバル CSR 調達　サプライマネジメントと企業の社会的責任』日科技連出版社，12-13，17-18 頁。

26 藤井，海野［2006］，24 頁。

27 藤井，海野［2006］，27-47 頁。

28 藤井，海野［2006］，38-42 頁。

29 アメリカ上場日本企業の紛争鉱物報告書（Form SD）

- ソニー <https://www.sec.gov/Archives/edgar/data/313838/000090342314000349/sony-sd.htm>
- NTT ドコモ <https://www.nttdocomo.co.jp/english/corporate/ir/binary/pdf/library/sec/formsd _2013_e.pdf>
- キヤノン <https://www.sec.gov/Archives/edgar/data/16988/000119312514218167/d733491dsd.htm>
- 日本電産 <http://www.nidec.com/~/media/nidec-com/sustainability/topics/conflict_minerals/ PDF/20140602-01.pdf.pdf>
- アドバンテスト <https://www.advantest.com/cs/groups/public/documents/document/zhzw/ mdey/~edisp/advp012387.pdf>
- 京セラ <http://www.sec.gov/Archives/edgar/data/57083/000119312514218186/d735400dsd.htm>
- 日本電信電話 <http://www.ntt.co.jp/ir/library/sec/pdf/sd_1405.pdf>
- コナミ <http://www.sec.gov/Archives/edgar/data/1191141/000119312514220843/d733425dsd.htm>
- トヨタ自動車 <http://www.sec.gov/Archives/edgar/data/1094517/000119312514218060/ d729266dsd.htm>
- ホンダ <http://world.honda.com/investors/library/cmr/2013/Form_SD_2013.pdf>
- オリックス <http://www.sec.gov/Archives/edgar/data/1070304/000119312514220825/ d735490dsd.htm>

30 ソニー「CSR レポート」<http://www.sony.co.jp/SonyInfo/csr_report/sourcing/materials/>

31　IPIS [2002], *European companies and the coltan trade: supporting the war economy in the DRC.*

32　Ibid.

33　トヨタ自動車「トヨタの紛争鉱物問題に対する取り組み」<http://www.toyota.co.jp/jpn /sustainability/society/human_rights/#conflict_minerals>

34　パナソニック「サプライチェーン：紛争鉱物対応」<http://panasonic.net/sustainability /jp/supply_chain/minerals/>

35　「東芝グループの紛争鉱物問題への取り組み」<http://www.toshiba.co.jp/csr/jp/performa nce/fair_practices/pdf/conflict_minerals.pdf>

36　Apple HP <https://www.apple.com/jp/supplier-responsibility/our-suppliers/>

37　参照：TDK「紛争鉱物への対応」<http://www.tdk.co.jp/csr/supplier_responsibility/csr 20000 .html>

38　JEITA 責任ある鉱物調達検討会 HP <http://home.jeita.or.jp/mineral/index.html>

39　CFSI <http://www.conflictfreesourcing.org/conflict-free-smelter-refiner-lists/>

40　Ibid.

41　デロイトトーマツ紛争鉱物対応チーム著［2013］,『ここが知りたい米国紛争鉱物規制―サプライヤー企業のための対策ガイド』日刊工業新聞社。KPMG あずさ監査法人著［2013］,『紛争鉱物規制で変わるサプライチェーン・リスクマネジメント：人権問題とグローバル CSR 調達』東洋経済新報社。

42　例えば JEITA の責任ある鉱物調達検討会は、2013 年 5 月～ 6 月に全国 10 か所で紛争鉱物の調査に関する説明会を開催している。

43　TDK「CSR ハイライト―紛争鉱物の背景にある社会的課題、コンゴ民主共和国の人権状況とは」<http://www.tdk.co.jp/csr/csr_highlights/csr04900.htm>

44　大阪大学グローバルコラボレーションセンター <http://www.glocol.osaka-u.ac.jp/research /090417.html>

45　国際協力 NGO センター（JANIC）<http://www.janic.org/janicboard/event/item_700.html>

46　アジア太平洋資料センター <http://www.parc-jp.org/video/sakuhin/wakeupcall.html>

47　NHK<http://www.nhk.or.jp/special/detail/2001/0922/>

48　石川一喜，西あい，吉田里織［2007］,『ケータイの一生 ―ケータイを通して知る私と世界のつながり』開発教育協会。

49　朝日新聞データベース「聞く蔵II」を用いて検索。

50　制作：Les Films de la Passerelle（ベルギー 2009 年），原題：Katanga Business

51　制作：Blakeway Productions（イギリス 2009 年），原題：Congo's Forgotten Children

52　制作：Koncern TV&Film（デンマーク 2010 年），原題：Blood in the Mobile

53　NHK 国際報道 2014<http://www.nhk.or.jp/kokusaihoudou/archive/2014/06/0630.html>

54　エシカルケータイ・キャンペーン <http://www.ethical-keitai.net/>

55　Fairtrade International [2011], "Fairtrade is Most Widely Recognized Ethical Label

Globally”<http://www.fairtrade.net/single-view+M533a992acd9.html>

56　竹井善昭［2010］,「社会貢献　第三世代の登場」デルフィス・エシカル・プロジェクト『レポートⅠ』。

57　竹井［2010］。

58　マザーハウス <http://www.mother-house.jp/>

59　HASUNA <http://www.hasuna.co.jp/>

60　上條典夫［2009］,『ソーシャル消費の時代―2015 年のビジネス・パラダイム』講談社，3-5 頁。

61　三浦展［2012］,『第四の消費―つながりを生み出す社会へ』朝日新聞出版。

62　三浦［2012］，140-206 頁。

63　デルフィス・エシカル・プロジェクト <http://www.delphys.co.jp/ethical/>

64　大阪ガス（株）エネルギー・文化研究所［2012］,『CEL vol.98　特集 倫理的消費―持続可能な社会へのアクション』。

65　内閣府［2008］,『平成 20 年版国民生活白書：消費者市民社会への展望―ゆとりと成熟した社会構築に向けて』。

66　内閣府［2008］，2-4，37-38 頁。

67　内閣府［2008］，39-40 頁。

68　Fairtrade International [2014], *Annual Report 2013-14 Strong Producers, Strong Future.*

69　長坂寿久編著［2009］,『世界と日本のフェアトレード市場』明石書店，56-59 頁。

70　内閣府［2008］，39-43 頁。

71　内閣府［2008］，43-49 頁。

72　総務省［2011］,『平成 23 年社会生活基本調査』。

73　OECD [2014], *Society at a Glance 2014: OECD Social Indicators*, p.143.

74　チョコレボ実行委員会マーケットリサーチチーム［2008］<http://choco-revo.net/pdf/pr_ chocorevo_08ftreport_081211.pdf>

75　FTTJ「ニュース 2012.6」<http://www.fairtrade-town-japan.com/%E3%83%8B%E3%83%A5%E3%83%BC%E3%82%B9/2012-06/>

76　Fairtrade International [2011].

77　チョコレボ実行委員会マーケットリサーチチーム［2007］<http://choco-revo.net/pdf/ftrep ort_chocorevo.pdf>

78　チョコレボ実行委員会マーケットリサーチチーム［2007］。

79　デルフィス・エシカル・プロジェクト［2010-12］,「エシカル実態調査報告」（第 1 回～第 3 回）。

80　デルフィス・エシカル・プロジェクト［2011］,「第 2 回エシカル実態調査特別報告―エシカル実践層の深耕とエシカル市場拡大に向けた考察」。

81　電通［2012］,「電通、ソーシャル消費と行動に関する生活者調査を実施―ソーシャル潮流拡大のカギを握る 3 割の「身の丈ソーシャル層」に注目」。

82　UNICEF・Volvic タイアップキャンペーン「アフリカの子どもたちの清潔で安全な水

を！」<http://www.unicef.or.jp/partner/event/volvic/>

83　森永製菓「1 チョコ for 1 スマイル」<http://www.morinaga.co.jp/1choco-1smile/index. html>

84　デルフィス・エシカル・プロジェクト編著［2012］,『まだ“エシカル”を知らないあなたへ―日本人の 11% しか知らない大事な言葉』産業能率大学出版部，24-27 頁。

85　宮本由貴子［2011］,「震災で高まる「エシカル消費」への意識」第一生命経済研究所『ライフデザインレポート』，38-40 頁。

86　シャプラニール「クラフトリンクの歴史」<http://www.shaplaneer.org/craftlink/history.html>

87　第三世界ショップ <http://www.p-alt.co.jp/asante/index.html>

88　インターナショナル・リビングクラフト・アソシエーション <http://www.liv-craft.com / indexj.html>

89　ピープル・ツリー <http://www.peopletree.co.jp/index.html>

90　長坂［2009］，35 頁。

91　渡辺龍也［2010］,『フェアトレード学―私たちが創る新経済秩序』新評論, 52-54 頁。

92　渡辺［2010］，54 頁。

93　フェアトレード・ジャパン「日本市場」<http://www.fairtrade-jp.org/about_fairtrade /000017.html>

94　内閣府［2008］，12 頁。

95　Kahneman, Daniel [2011], *Thinking, Fast and Slow*, Farrar & Giroux（村上章子訳［2012］,『ファスト&スロー―あなたの意思はどのように決まるか』早川書房），邦訳 17 頁。

96　内閣府［2008］，51 頁。

97　内閣府［2008］，52-53 頁。

98　公益財団法人消費者教育支援センター［2013］,『先生のための消費者市民教育ガイド〜公正で持続可能な社会をめざして〜』。

99　模擬安保理のシナリオ（国別対処方針）は、2012 年 11 月の国連安保理会合議事録 S/PV.6866(2012.11.20)、S/PV.6868(2012.11.21)、S/PV.6878(2012.11.28) をもとに筆者作成。コンゴやルワンダのスピーチは実際のスピーチの抜粋であるが、紛争解決手段に対する各国の立場は、実際の立場を踏まえて筆者が創作した。

100　Enough Projecta YouTube チャンネル <http://www.youtube.com/watch?v=lfmJbUCieoI>

101　Enough Projecta YouTube チャンネル <http://www.youtube.com/watch?v=yp5UilmQX1M>

102　華井裕隆［2013］,「政策的思考の育成をはかる授業―「政策選び授業」の実践」日本社会科教育学会第 63 回全国研究大会資料。

103　Sontag, Susan [2003], *Regarding the Pain of Others*, Farrar, Straus and Giroux（北條文緒訳［2003］,『他者の苦痛へのまなざし』みすず書房）.

終　章

本書では、コンゴの紛争資源問題を事例として、途上国の生産地で起きている社会問題と先進国の消費者とのつながりを検討してきた。生産地と消費地をつなぐ経路が明確ではないにもかかわらず、消費地での取り組みによって生産地での問題を解決しようとする試みが始まり、消費者の支持を受けて広まったのはなぜなのか。まずは各章での考察をまとめた上で、本書の結論を述べる。

1　考察のまとめ

本書でははじめに、グローバル正義論を軸として、途上国の社会問題を世界経済の構造の中でとらえる議論の展開をたどり、社会的責任消費の論拠と動機について、既存の議論からの説明を検討した。

ポッゲやヤングが論じた、世界経済制度や社会構造によって途上国に構造的不正義がもたらされているという指摘は、社会問題の原因を分析し、結果責任を有する諸個人の行動によって不正義を正すことを求める点において、社会的責任消費の論拠を提示している。しかし、結果責任に基づく匡正的正義の論理だけでは、社会構造があまりに複雑なために結果責任が特定しにくい社会問題に対して、消費者は救済責任を有するのか否か、説明しきれない疑問が残る。こうした疑問に対して補完する論理を提供するのが、分配的正義の観点から正義の実現を論じるミラーやヌスバウムの論である。ミラーは結果責任にこだわらない分配的正義の観点から国民国家の救済責任を論じている。潜在能力アプローチを提唱するヌスバウムは、人間の尊厳に見合った生活を実現するために必要となる中心的な潜在能力のリストを提示し、すべての人の潜在能力の閾値レベルを保障することを社会目標にすべきと唱える。ただし、分配的正義の論理が説得的であっても、自分自身の責任帰属が感じにくい問題に対しては、人は救済意欲を持ちにくい。その点を補完するのが、「救うことができるものは救うべきである」という帰結主義に基づく援助する義務の論理である。

一方、遠くの事象に対する認知は、メディアやNGOが提供する情報に依存するが、他者の苦痛の映像を見ても、人々が行動を起こすとは限らない。ソンタグは、他者の苦痛と自分とのつながりの認知がなければ、人を行動に向かわせることはできないと論じた。

こうした既存の議論を踏まえて本書では、途上国の生産地で起きている社会問題と先進国の消費者との間に存在する、「問題とのつながり」「問題解決とのつながり」「形而上的なつながり」という3つのつながりが社会的責任消費の論拠と動機をとらえる鍵になるという仮説を提示した。

この仮説を踏まえて第2章以降はコンゴの紛争資源問題を対象とする事例研究を行った。ヨーロッパ人との交易が始まった15世紀以降、奴隷、象牙、ゴム、パーム油、鉱物と対象産品を変えながら、コンゴは欧米諸国の資源供給地であり続けてきた。コンゴの資源は欧米諸国の人々に豊かなくらしを提供する一方、コンゴにおいては苛酷な搾取をもたらした。特に「赤いゴム」とよばれる苛酷なゴム収集は、経済の自己破壊、人口減少、伝統社会の変化をもたらした。ただし、苛酷な搾取が現地住民の手で行われていた事実も無視できない。ヨーロッパとの交易は、伝統社会では最下層に位置する人々に社会的地位を獲得する機会を与え、現地社会にも搾取に加担する構造をつくり出した。資源生産を第一義とする資源依存型経済は、ヨーロッパとの交易や植民地化という外生的要因と、現地住民による伝統的な社会構造の変革という内生的要因の相互作用によって形成されたのであった。

外生的要因と内生的要因の相互作用は、コンゴ紛争の要因となる土地と市民権をめぐるエスニック対立にも見られた。一見するとエスニック対立は内生的要因であると思われるが、ルワンダ系住民をめぐる問題をたどると、ベルギーの植民地政策や、共産主義の防波堤としてモブツの独裁政治を支援した欧米諸国の外交政策、資源の国際価格の低迷や冷戦終結による民主化の波及といった外生的要因もエスニック対立の悪化に影響していた。そして最終的には、ルワンダ難民の大量流入が引き金となって、コンゴ紛争は発生した。

1996年から2度のコンゴ紛争が発生すると、混乱に乗じて資源収奪が始まり、資源と紛争が結びついた。資源は紛争発生の動機ではなかった。しかし、紛争発生時にAFDLのL. カビラが外国の援助を得るために採掘権を利用したことと、武装勢力や周辺国軍が資源収奪に従事したことを契機として、コンゴ東部の豊富な資源は紛争資源として利用されるようになった。資源収奪は、コンゴ政府やNGOによって訴えられ、国連は専門家パネルを設置して収奪の実態を明らかにした。それにもかかわらず、そして深刻さが認知されながらも、収奪の幅広さや大国の利害によって資源の禁輸措置は実施されなかった。そのため、紛争が2003年に「終結」した後も、紛争資源問題は継続することになった。英米が大規模な開発援助を行っているルワンダが収奪に関与していること、欧米企業が資源ビジネスに関与している可能性が示唆されたことも、紛争資源問題に国際社会が有効な解決策を打てない要因になっていた。

コンゴ紛争中に始まった違法な資源ビジネスは、紛争「終結」後も継続し、40もの武装勢力の利害が交錯する複雑な紛争構造とともにコンゴ東部の資源産出地域で内部化し、3TGを中心とする紛争資源が世界市場へ輸出され続ける状況をつくり出した。

資源収奪が周辺国軍によって始められたことや、3TGが欧米諸国の工業原料として利用されていることに鑑みれば、コンゴの紛争資源問題は外生的要因によって強く影響されているといえる。しかし同時に、政府の統治や合法的な鉱業管理がコンゴ東部にまで行き届かない状況、継続する地元のエスニック対立、紛争による農地の荒廃、国軍の権力濫用といった内生的要因もまた、紛争資源問題を継続させる要因となっている。

それでは、コンゴで産出された資源はどのような経路によって先進国の消費地と結びついているのか。3TGが輸出、加工、製品化される「モノ」としての流通経路と、消費地における消費傾向や消費者世論の高まりが生産地におよぼす「影響」の伝達という2つ経路をたどり、「問題とのつながり」と「問題解決とのつながり」を軸として、コンゴと先進国の消費者とのつながりを検討した。

紛争鉱物取引規制にともなう調査によって、3TGの流通経路は明らかになってきた。しかし、3TGの用途が幅広いこと、加工から製品化までの過程で輸出入がくり返されること、世界の鉱物生産の中ではコンゴ産の3TGの比重は低く、他の地域の鉱物と混ざって追跡困難になることから、結局、コンゴ産の3TGがどの製品に使われているのかは特定できていない。むしろ明らかになったのは、複雑な流通経路が紛争資源の流通を可能にしているという実態である。つまり、3TGの生産・流通経路を見えにくくしている世界経済の構造自体が、紛争資源問題を引き起こす外生的要因になっている。さらに、消費地において3TGを使用した電子機器の需要が高いという消費傾向が、紛争資源の採掘や輸出を促進するという、「影響」のつながりが存在することも明らかになった。

一方で、国連専門家グループによる詳細な報告書の公表やNGOによるロビー活動によって、2010年にはOECDとアメリカで紛争鉱物取引規制が導入され、企業による自主的な対策も始まった。規制の導入をめぐってアメリカでは、政府、企業、NGO、消費者を巻き込んでの議論が展開され、結局、消費者世論の後押しを受けて、2012年に規制の細則を決めたSEC規則が公開された。

コンゴの紛争資源問題において先進国の消費者は、「紛争資源を使いたくない」という意思表示をすることによってNGOのキャンペーンを後押しし、企業に対応を求める力を持っていた。問題の構造的要因のみならず、問題解決に対しても消費者はつながりを持っていることが示された。

翻って日本に視点を移すと、日本は、世界有数の資源消費国でありながら、紛争資源問題に対する関心が低く、それにもかかわらず企業の対応が始まっているという、矛盾にも見える構図を抱えた国である。日本とコンゴの間の直接的な経済関係は弱く、それが、コンゴに関する情報を報道する必要性を低下させている。その一方で、2010年にドッド・フランク法1502条が制定されて以降、日本企業でも紛争鉱物調達調査が始まっている。それは、アメリカの上場企業と取引を行う場合には、日本企業にも調査がおよぶためである。端的にいえば、日本の企業は国内の市民社会よりも国際機関の方針やアメリカ企業との取引を意識して紛争資源問題に対応し、日本の消費者はその潮流から取り残されている。

そして、消費者の認知度の低さは、紛争資源問題に限らず、フェアトレードのような長い歴史を持つ社会的責任消費にも共通している。日本においては2000年代後半から社会的つながりを求める消費傾向が顕著になり、消費社会研究においては「エシカル消費」や「ソーシャル消費」という概念が登場するようになったものの、一般の消費者の間での認知度は2割程度にとどまっている。

こうした現状を踏まえて筆者は、消費者の認識が、消費者教育の働きかけでどう変化する可能性があるのか、高校における授業実践を用いて検証した。その結果、コンゴの紛争資源が自分たちの身近な電子機器に使われているという「問題とのつながり」のみならず、NGOのキャンペーンへの賛同や、電子機器のリサイクルなど、身近な行動で問題解決に貢献する手段があるという「問題解決とのつながり」が生徒の効力感を高め、「問題解決に貢献したい」という意欲を高めることを明らかにした。

2　3つの「つながり」の検討

生産地と消費地をつなぐ経路が明確ではないにもかかわらず、消費地での取り組みによって生産地での問題を解決しようとする試みが始まり、消費者の支持を受けて広まったのはなぜなのか。

序章で提起したこの問いに照らして、「問題とのつながり」「問題解決とのつながり」「形而上的なつながり」という3つのつながりが、社会的責任消費の論拠と動機をとらえる鍵になるという本書の仮説の妥当性を検討する。

まずは社会的責任消費の論拠としての、3つのつながりの妥当性を検討する。

第1に、「問題とのつながり」として、先進国の消費者は、単に3TGを消費しているという「モノ」としての3TGの生産・流通経路のみならず、電子機器の需要の増加が紛争資源の採掘を増加させるという、「影響」の伝達においても、紛争資源問題を引き起こし、継続させている構造的要因との因果関係を有していた。

「モノ」の生産・流通経路だけに注目すれば、世界の3TG生産におけるコンゴ産の比重は低く、消費者が手にする製品にコンゴ産の3TGが使われているかどうかという直接的なつながりは不明のままである。しかし、3TGの産地の特定を困難にしている生産・流通経路の「見えにくさ」こそが、紛争資源の流通を可能にしていた。つまり、「問題とのつながり」においては、生産地と消費地をつなぐ経路を明確にすることを阻害している複雑な世界経済の構造そのものが、問題の原因であるということが明らかになった。同時に、実際にコンゴ産のタンタルが使われているかどうかにかかわらず、タンタルを使用する電子機器の需要が高まること自体が、コンゴ東部における小規模の手掘り鉱（ASM）を活発化させ、武装勢力による鉱山支配を助長していた。

したがって消費者は、コンゴ産であるか否かにかかわらず、3TGを使用した製品を購入することによって、あるいはより軽量化された製品を求める志向を示すことによって、コンゴでの紛争状況を悪化させる構造に参加していた。匡正的正義の観点から、この因果関係によって消費者は、結果責任を有しているといえる。

第2に、「問題解決とのつながり」として、2010年に紛争鉱物取引規制が導入された時点では、規制によってコンゴ東部の紛争状況が本当に改善できるのか、規制の効果は不明であった。しかし、2014年の国連専門家パネルの報告書やEnoughの報告書を読む限りでは、規制の導入によって少なくとも3Tの産出地域では「bag and tag」による原産地認証制度が機能し始め、非認証鉱物の市場価格が下落することによって、紛争資源の流通が困難になっている。コンゴ国軍とMONUSCOによる掃討作戦が実施されたこととも併せて、コンゴ東部での紛争状況は鎮静化の兆しを見せている。

こうした状況に鑑みると、NGOのキャンペーンへの賛同や政府へのパブリックコメントによって紛争鉱物取引規制を後押しした消費者の行動は、「問題解決とのつながり」を有していたといえる。したがって、「救うことができるものは救うべきである」という帰結主義の観点から、消費者は救済責任を有しているといえる。

第３に、「形而上的なつながり」としては、コンゴ東部の人々が暴力にさらされているという紛争状況自体において、人間の尊厳に見合った生活を実現するために必要となる中心的な潜在能力が閾値レベルを下まわっており、女性への残虐な性的暴行や鉱山での児童労働は、人間の尊厳の危機を示している。したがって、分配的正義の観点から、個人は、制度への働きかけを通じてこうした人々の潜在能力の閾値を保障する制度を構築する救済責任を有する。

つまり、３つのつながりにおいて、コンゴの紛争資源問題に対して先進国の消費者は社会的責任を有するといえる。さらに、こうしたつながりは現在の紛争資源問題に限らず、コンゴとヨーロッパとの交易が始まったときから続いてきたものであった。３つのつながりを通じて先進国の消費者はコンゴの紛争資源問題を引き起こし、継続させている構造上のプロセスに参加し続けてきたのである。

続いて、消費者が社会的責任を果たそうと尽力する動機を検証する場合には、３つのつながりは相互補完を必要とする。ソンタグは問題と自分とのつながりの認知がなければ人は行動しないと論じたが、問題とのつながりの認知だけでも人は行動しない。授業実践における生徒の反応にもあらわれていたように、あまりに大きな問題の前では、人は「自分には何もできない」という無力感を抱く。「問題とのつながり」に加えて「問題解決とのつながり」を認知することによって、自分にもできることがあるならば行動しようという行動意欲が高まる。

また、そもそも人がコンゴの紛争状況に対して問題意識を抱くのは、住民が殺害されたり、女性が性的暴行を受けたり、子どもが苛酷な労働をさせられている状況を道徳的に「正しくない」と認知するためである。授業実践において生徒は、コンゴの人々への共感を示し、「解決すべき」という道徳観を示した。こうした反応は、結果責任や救済責任を論じる以前に、徳倫理学アプローチで論じられていたような「自身に内面化された道徳観」によって直感的に生じるものといえよう。

ただし、こうした直感的な道徳観だけでは救済行動には結びつかない。紛争鉱物取引規制の効果への疑問や自国経済への影響への懸念が示されたことで生徒の救済意欲が減退したように、直感的な道徳観だけでは、現実的な障害を克服して行動する動機づけにはならない。「形而上的なつながり」に加えて、「問題とのつながり」が認知され、自分も問題解決に貢献できるという3つのつながりが相互に補完し合うことで、行動の動機づけになっている。

したがって、「生産地と消費地をつなぐ経路が明確ではないにもかかわらず、消費地での取り組みによって生産地での問題を解決しようとする試みが始まり、消費者の支持を受けて広まったのはなぜなのか。」という問いに対して本書では、以下の答えを提示する。

OECDやアメリカ政府が紛争鉱物取引規制の導入に踏み切ったのは、国連専門家グループによる報告書の公表やNGOのロビー活動によって、コンゴの紛争資源問題を解決しようとする欧米政府の政治的意志が高まり、同時に企業が自主的な取り組みを始めたためであった。

一方、消費者がNGOのキャンペーンを支持して規制を後押ししたのは、第1に、コンゴの紛争状況は人間の尊厳の危機であると認知されたこと、第2に、生産地と消費地をつなぐ経路を明確にできない複雑な世界経済の構造自体が、生産地での問題を助長している要因となっていることが認知されたこと、そして第3に、消費地での取り組みが生産地の問題を解決する糸口になりえるという可能性が示されたこと、これら3つの認知がそろったためであった。

ただし、この論理があてはまるのはNGOによるアドボカシー活動が盛んな欧米諸国に限られ、日本の場合は、アメリカでの規制導入に対応する形で企業の取り組みが始まり、消費者はその潮流から取り残されている。ここに、日本の消費者市民社会の課題が表れている。

3　消費者市民社会の可能性に向けて

本書における考察結果をもとに、3つの含意を示す。

第1に、本書では、コンゴの紛争資源問題を社会的責任消費の問題として取り上げ、公正な社会の実現を目指す消費者市民社会の現状と課題をとらえた。紛争鉱物取引規制の導入を機にコンゴの紛争資源問題を取り上げる研究は増加しており、今後、社会的責任消費の対象産品として3TGを取り上げる議論も起きてくると予想される。ここで、社会的責任消費の潮流にとって紛争鉱物取引規制の導入は、単に対象産品のカテゴリーが増えただけにはとどまらない、潮流を大きく転換させる2つの意義があることを指摘しておきたい。

ひとつは、社会的責任消費の対象産品を鉱物資源に拡大したことによって、消費者を取り巻くあらゆる産品が社会的責任消費の対象として網羅される可能性が開かれたという意義である。3TGを使う製品は、電気・電子機器や自動車などの身近な製品から、航空機や発電所のタービンなどの重機まで非常に幅広い。一方、従来のフェアトレードは、拡大の一途をたどっているとはいっても、貿易の主流を占めているとはいい難い。もともと、フェアトレードをはじめとする社会的責任消費は、巨大資本による貿易が生じさせた生産地での貧困、労働搾取、環境破壊といった「市場の失敗」を補うための「オルタナティブな貿易」として広まったものである。市場原理に基づく貿易が主流として存在し、フェアトレードは市場原理を超えた特殊な貿易として存在してきた。しかし、鉱物資源にまで対象産品が拡大し、消費者を取り巻くあらゆる産品が社会的責任消費の対象となるならば、それはもはやオルタナティブではなくなる。価格と品質という従来の指標に加えて、「当該産品の製造・流通・消費が社会におよぼす影響」という指標が、商品の価値を決定する指標のひとつとして加わり、「倫理」という本来は市場にとって外部性にあたるものが市場原理に組み込まれることになる。

もうひとつは、紛争鉱物取引規制が3TGの使用「禁止」ではなく「情報公開」という形式をとったことによって、最終的な意思決定が消費者に委ねられたことである。原産地認証を実施しない企業を許容するか、市場からの退場を迫るかは、消費者や投資家の選択に委ねられている。つまり、消費者がこの問題を重要視し、企業に行動変化を求め続ければ、企業は紛争資源の排除に積極的に取り組まざるを得ないが、消費者が無関心になれば、紛争資源が取引され続ける可能性は残されている。規制が機能するか否かは、消費者市民社会からのボトムアップの力に委ねられた。消費者ははたして社会的責任を果たすことができるのか、試金石が投じられたといえる。

社会的責任消費の研究においては、これらの意義をとらえて、議論をさらに深めていくことが必要であろう。

第2に、コンゴの紛争資源問題を解決しようと取り組む国際社会に対して、紛争鉱物取引規制という外部からの働きかけが、コンゴの現地社会においてどのような作用を起こし、内部化されていくのかを慎重に観察する必要性を指摘したい。

くり返し強調してきたように、コンゴの紛争資源問題は外生的要因と内生的要因が絶えず相互作用を起こすことによって発生・継続してきた。複雑な紛争構造が形成されている現在の状況下においては、紛争鉱物取引規制という外部からの働きかけがどう内部化されるのか、国際社会が期待するような紛争解決に向けた循環を生み出すのか、あるいは逆に、セアイやオーテセルなどのコンゴ研究者が懸念するような紛争状況の悪化をもたらすのか、今後の経過を観察しなければわからない。

NGOが政府や企業へのロビー活動や、一般市民への啓発活動によって紛争資源問題への対応を迫る中では、コンゴにおける残虐な性的暴行と、自分が手にしている携帯電話がつながっているかもしれないという単純化された物語が、世論を喚起する効果を持った。しかし実際には、紛争資源を使わなければコンゴの紛争状況が止まるというほど、問題は単純ではない。紛争鉱物取引規制がコンゴの紛争状況を解決するに違いないという信念が強ければ強いほど、実際には解決しなかった時の反動が懸念される。

もちろん、単純化された物語がどこかで元に戻されなければならないとはいっても、本書で描いてきた極めて複雑な紛争の構造を一般の消費者が理解することは困難であろう。それでも、キャンペーンを機に高まった世論の関心を糸口として、コンゴの紛争問題は紛争資源の利用によってのみ起きているのではなく、土地と市民権をめぐるエスニック対立が背景にあることや、紛争鉱物取引規制は問題解決に向けた取り組みの「ゴール」ではなくて「スタート」であり、今後も状況の変化に応じて解決策を模索し続ける必要があることは、語られるべきであろう。

第3に、日本の消費者に対して、世界経済の構造の中での日本の立ち位置に自覚的になる必要性を指摘したい。確かに、本書で取り上げたグローバル正義論や社会的責任消費は、欧米社会の価値観に基づく概念である。日本には、「近江商人の三方よし（売り手よし、買い手よし、世間よし）」に代表される、日本独自の価値観があり、直接的な人と人との信頼関係を重視する伝統がある。そうした日本の独自性を十分に検討していないという点において、本書での議論は日本に対して公平ではないかもしれない。それでもなお、日本独自の価値観に基づいて世界経済の構造がもたらしている社会問題を解決しようとする取り組みが行われているとはいい難い。総じて日本の消費者は、世界の遠い地域で起きている社会問題に対する自分たちの責任に無自覚であるといわざるを得ない。本研究において、分析対象をコンゴと欧米の関係にとどめず、日本にまで広げることにこだわったのは、そうした日本の立ち位置を描き出すためであった。本書による問題提起が、世界の問題と自らのつながりについて日本の消費者が自覚を高めるための一助となることを願う。

参考文献一覧

1．日本語文献

アジア太平洋資料センター編［1998］,『月刊オルタ増刊号　NIKE：Just DON'T do it.—見えない帝国主義』アジア太平洋資料センター。
アフリカ開発銀行アジア代表事務所［2014］,「アフリカビジネスに関わる日本企業リスト」<http://www.afdb-org.jp/file/japan/List_ofJapanese_Enterprises_jpn.pdf>
アリストテレス著，高田三郎訳［1971］,『ニコマコス倫理学（上）』岩波文庫，1113a32-4。
石川一喜，西あい，吉田里織［2007］,『ケータイの一生—ケータイを通して知る私と世界のつながり』開発教育協会。
石川泰弘［2011］,「タイヤ技術の系統化」国立科学博物館『技術の系統化調査報告第16集』1-81頁。
伊藤恭彦［2010］,『貧困の放置は罪なのかグローバルな正義とコスモポリタニズム』人文書院。
井上信一［2007］,『モブツ・セセ・セコ物語』新風社。
大阪ガス（株）エネルギー・文化研究所［2012］,『CEL vol.98 特集倫理的消費—持続可能な社会へのアクション』。
大林稔［1994］,「CFAフランの切り下げとフラン圏アフリカの展望」『アフリカレポート』No.19，アジア経済研究所，6-9頁。
———［1986a］,「ザイールの国家投資計画における部門間資金配分の諸特徴」『アフリカレポート』No.3，アジア経済研究所，17-19頁。
———［1986b］,「ザイールにおける債務累積」『アフリカレポート』No.2，アジア経済研究所，19-24頁。
緒方貞子［2006］,『紛争と難民—緒方貞子の回想』集英社。
小田英郎［1999］,「国際関係の中のアフリカ」『国際情勢ベーシックシリーズ④　アフリカ』自由国民社，303-328頁。
———［1986］,『アフリカ現代史Ⅲ』山川出版社。
落合雄彦編［2011］,『アフリカの紛争解決と平和構築—シエラレオネの経験』昭和堂。
外務省［2013］,『ODA国別データブック2013』。
上條典夫［2009］,『ソーシャル消費の時代—2015年のビジネス・パラダイム』講談社。
川北稔編［2001］,『知の教科書—ウォーラーステイン』講談社。
川端正久，武内進一，落合雄彦編著［2010］,『紛争解決—アフリカの経験と展望』ミネルヴァ書房。
環境庁国立環境研究所［1999］,「地球環境問題をめぐる消費者の意識と行動が企業戦略に及ぼす影響（消費者編：日独比較）」。
北岡伸一［2007］,『国連の政治力学—日本はどこにいるのか』中公公論社。

久保田博志、小嶋吉広［2014］,「コンゴ民主共和国 Gecamines 社の事業内容について—南部アフリカ諸国の国営鉱山会社にかかる分析報告（4）」『JOGMEC カレント・トピックス』JOGMEC, 1-11 頁。
経済同友会［2003］,『第 15 回企業白書「市場の進化」と社会的責任経営　企業の信頼構築と持続的な価値創造に向けて』。
公益財団法人消費者教育支援センター［2013］,『先生のための消費者市民教育ガイド—公正で持続可能な社会をめざして〜』。
佐藤寛編［2011］,『フェアトレードを学ぶ人のために』世界思想社。
佐藤仁［2011］,『「持たざる国」の資源論—持続可能な国土をめぐるもう一つの知』東京大学出版会。
———［2002］,『希少資源のポリティクス—タイ農村にみる開発と環境のはざま』東京大学出版会。
佐藤仁編著［2008］,『人々の資源論—開発と環境の統合に向けて』明石書店。
澤田昌人［1997］,「ザイールの崩壊と東部諸州」『アフリカレポート』No.25, アジア経済研究所, 8-13 頁。
篠田英朗［2005］,「アフリカにおける天然資源と武力紛争－内戦の政治経済学の観点から－」IPSHU 研究報告シリーズ研究報告 No.35, 小柏葉子（編）『資源管理をめぐる紛争の予防と解決』, 平和科学研究センター, 153-172 頁。
———［2006］,「人間の安全保障の観点からみたアフリカの平和構築—コンゴ民主共和国の『内戦』に焦点をあてて」『人間の安全保障の射程：アフリカにおける課題』アジア経済研究所, 23-62 頁。
霜鳥洋［2003］,「コンゴ民主共和国、新鉱業法を施行—中央アフリカ・カッパーベルトの再生に向け」『金属資源レポート』Vol.33, No.3（通巻 338 号）, JOGMEC。
総合研究開発機構、横田洋三共編［2001］,「ルワンダからコンゴ民主共和国へ—広域化する内戦」『アフリカの国内紛争と予防外交』国際書院, 274-287 頁。
総務省「平成 23 年社会生活基本調査」2011 年。
高木徹［2002］,『ドキュメント戦争広告代理店—情報操作とボスニア紛争』講談社。
武内進一［2009］,『現代アフリカの紛争と国家—ポストコロニアル家産制国家とルワンダ・ジェノサイド』明石書店。
———［2007］,「コンゴの平和構築と国際社会—成果と課題」『アフリカレポート』No.44, アジア経済研究所, 3-9 頁。
———［2007］,「ルワンダのジェノサイドとハビャリマナ体制」佐藤章編『統治者と国家—アフリカの個人支配再考』アジア経済研究所, 223-275 頁。
———［2006］,「紛争が強いる人口移動と人間の安全保障—アフリカ大湖地域の事例から」『人間の安全保障の射程：アフリカにおける課題』アジア経済研究所, 151-192 頁。
———［2004］,「東部コンゴという紛争の核」『アフリカレポート』No.39, アジア経済研究所, 38-42 頁。
———［2003］,「ウォーロードたちの和平—コンゴ紛争の新局面」『アフリカレポート』

アジア経済研究所，No.37，33-38 頁。
――― ［2002］，「内戦の越境、レイシズムの拡散―ルワンダ、コンゴの紛争とツチ」『国際社会⑦　変貌する「第三世界」と国際社会』東京大学出版会，81-108 頁。
――― ［2001a］，「ルワンダからコンゴ民主共和国へ―広域化する内戦」総合研究開発機構，横田洋三共編『アフリカの国内紛争と予防外交』国際書院，274-287 頁。
――― ［2001b］，「「紛争ダイヤモンド」問題の力学―グローバル・イシュー化と議論の欠落」『アフリカ研究』58 号，日本アフリカ学会，41-58 頁。
――― ［2000a］，「アフリカの紛争―その今日的特質についての考察」『現代アフリカの紛争―歴史と主体』アジア経済研究所，3-52 頁。
―――［2000b］，「ルワンダのツチとフツ―植民地化以前の集団形成についての覚書」『現代アフリカの紛争―歴史と主体』アジア経済研究所，247-292 頁。
――― ［1997a］，「コンゴ（ザイール）新政権の展望―権力構造と国際関係」『アフリカレポート』No.25，アジア経済研究所，2-7 頁。
――― ［1997b］，「「部族対立」がはじまるとき」『アフリカレポート』No.24，アジア経済研究所，2-7 頁。
――― ［1992］，「引き続くザイールの政治的混乱―暴動の後で」『アフリカレポート』No.14，アジア経済研究所，10-13 頁。
竹沢尚一郎［1999］，「ボゾとは誰のことか」日本文化人類学会『民族學研究』64 (2)，223-236 頁。
竹村和久編著［2000］，『消費行動の社会心理学―消費する人間のこころと行動』北大路書房。
月村太郎［2006］，『ユーゴ内戦―政治リーダーと民族主義』東京大学出版会。
鶴田綾［2008］，「ルワンダにおける民族対立の国際的構造」『一橋法学』第 7 巻第 3 号，119-156 頁。
鶴見良行［1982］，『バナナと日本人―フィリピン農園と食卓のあいだ』岩波書店。
デルフィス・エシカル・プロジェクト編著［2012］，『まだ“エシカル”を知らないあなたへ―日本人の 11% しか知らない大事な言葉』産業能率大学出版部。
デルフィス・エシカル・プロジェクト［2010］，『エシカルレポートⅠ』
デロイトトーマツ紛争鉱物対応チーム著［2013］，『ここが知りたい米国紛争鉱物規制―サプライヤー企業のための対策ガイド』日刊工業新聞社。
電通［2012］，「電通、ソーシャル消費と行動に関する生活者調査を実施―ソーシャル潮流拡大のカギを握る 3 割の「身の丈ソーシャル層」に注目」。
豊田尚吾［2009］，「責任ある消費者の意志決定に関するデータ分析」大阪ガス（株）エネルギー・文化研究所，ディスカッションペーパー No.09-01。
トルストイ，レフ・ニコライヴィチ著，米川正夫訳［1951］，『われら何をすべきか』角川文庫（原典は 1886 年発表）。
内閣府［2008］，『平成 20 年版国民生活白書　消費者市民社会への展望―ゆとりと成熟した社会構築に向けて』。

長坂寿久編著［2009］,『世界と日本のフェアトレード市場』明石書店。
中村繁夫［2013］,「理想から実取引―アフリカ開発は三現主義で」『WEDGE』2013年 8 月号，81 頁。
日本法哲学会編［2012］,『法哲学会年報　国境を越える正義―その原理と制度』有斐閣。
華井和代［2014］,「平和の主体としての消費者市民社会―コンゴの紛争鉱物取引規制をめぐって」日本平和学会編『平和研究』第 42 号，早稲田大学出版部，103-125 頁。
――― ［2010］,「現代アフリカにおける資源収奪と紛争解決―紛争資源を対象とするターゲット制裁は紛争解決をもたらしたか」東京大学大学院公共政策学教育部リサーチペーパー。
華井裕隆［2013］,「政策的思考の育成をはかる授業―「政策選び授業」の実践」日本社会科教育学会第 63 回全国研究大会資料。
林晃史編［1993］,『南部アフリカ諸国の民主化』アジア経済研究所。
平野克己［2009］,『アフリカ問題―開発と援助の世界史』日本評論社
広瀬幸雄［1994］,「環境配慮行動の規定因について」『社会心理学研究』第 10 巻第 1 号，44-55 頁。
藤井敏彦，海野みずえ編著［2006］,『グローバル CSR 調達―サプライマネジメントと企業の社会的責任』日科技連出版社，64-66 頁。
藤井敏彦［2012］,『競争戦略としてのグローバルルール』東洋経済新報社。
本多健吉［2001］,「第三世界運動の崩壊と新興市場―グローバリゼーションの衝撃」本山美彦編『グローバリズムの衝撃』東洋経済新報社，53-74 頁。
本多美樹［2013］,『国連による経済制裁と人道上の諸問題―「スマート・サンクション」の模索』国際書院。
松浦博司［2009］,『国連安全保障理事会―その限界と可能性』東信堂。
松尾直彦著［2012］,『Q&A アメリカ金融改革法―ドッド・フランク法のすべて』金融財政事情研究会。
松園万亀雄［1984］,「コンゴ王国の政治社会組織」『ヨーロッパと大西洋』（大航海時代叢書 II-1）岩波書店，560-562 頁。
三浦展［2012］,『第四の消費―つながりを生み出す社会へ』朝日新聞出版。
宮本正興、松田素二編［1997］,『新書アフリカ史』講談社。
宮本由貴子［2011］,「震災で高まる「エシカル消費」への意識」第一生命経済研究所『ライフデザインレポート』，38-40 頁。
村井吉敬［1988］,『エビと日本人』岩波書店。
最上敏樹［2001］,『人道的介入―正義の武力行使はあるか』岩波書店。
本山美彦編［2001］,『グローバリズムの衝撃』東洋経済新報社。
山口潤一郎［2007］,『図解入門よくわかる最新元素の基本と仕組み―全 113 元素を完全網羅、徹底解説』秀和システム。
山口真吾［2007］,「江戸時代の象牙輸入の状況について」<http://www5d.biglobe.ne.jp/ ~mystudy/kikite/column/column44/Ronkoufi nal.pdf>

吉國恒雄［1999］,「コンゴ危機　何が争われているのか―ジンバブエ軍事介入とSADC外交の分裂」『アフリカレポート』No.28, アジア経済研究所, 10-13頁。
吉田栄一［2003］,「ウガンダ軍のコンゴ内戦派兵とその資源収奪について―紛争地資源のつくるコモディティ・チェーン」『アフリカレポート』N0.36, 11-15頁。
吉田敦［2005］,「アフリカの鉱物資源と世界経済―理論検討」『商学研究論集』第22号, 83-100頁。
吉田昌夫編［1992］,『地域研究シリーズ12　アフリカII』アジア経済研究所。
米川正子［2010］,『世界最悪の紛争「コンゴ」―平和以外に何でもある国』創成社。
渡辺公三［2009］,「バントゥ・アフリカ」川田順造編『新版世界各国史10　アフリカ史』山川出版社, 258-308頁。
渡辺龍也［2010］,『フェアトレード学―私たちが創る新経済秩序』新評論。
EICC/GeSI［2012］,「コンフリクトフリー製錬業者プログラム―製錬業者導入の手引き」。
JOGMEC［2014］,『世界の鉱業趨勢2014　DRコンゴ』。
―――［2013］,『鉱物資源マテリアルフロー2013』。
―――［2006］,『銅ビジネスの歴史』。
JOGMEC希少金属備蓄グループ［2005］,「我が国におけるレアメタル備蓄事業の歴史（備蓄制度の背景と歴史）」JOGMEC『金属資源レポート2005』53-65頁。
KPMG、あずさ監査法人著［2013］,『紛争鉱物規制で変わるサプライチェーン・リスクマネジメント―人権問題とグローバルCSR調達』東洋経済新報社。
UNDP［2014］,『人間開発報告書2014』。

2．外国語文献

Adelman, Howard, and Astri Suhrke eds. [2000], *The Path of a Genocide: The Rwanda Crisis from Uganda to Zaire*, New Brunswick: Transaction Publishers.
Ajzen, Icek, [1991], "The theory of planned behavior", *Organizational behavior and human decision processes*, 50, pp.179-211.
Ajzen, Icek, and Fishbein, M., [1980], *Understanding attitudes and predicting social behavior*, Upper Saddle River, NJ: Prentice-Hall.
Ascher, William [1999], *Why Governments Waste Natural Resources: Policy Failures in Developing Countries*, The Johns Hopkins University Press（佐藤仁訳［2006］,『発展途上国の資源政治学―政府はなぜ資源を無駄にするのか』東京大学出版会）.
Autesserre, Séverine [2012], "Dangerous Tales: Dominant Narratives on the Congo and their Unintended Consequences", *African Affairs*, 111/443, pp.202-222.
Baaz, Maria Eriksson, and Judith Verweijen, "The Volatility of a Half-Cooked Bouillabaisse: Rebel-Military Integration and Conflict Dynamics in the Eastern DRC", African Affairs, 112/449, 2013, pp.563-582.
Bafilemba, Fidel, Timo Mueller, and Sasha Lezhnev [2014], *The Impact of Dodd-Frank and Conflict Minerals Reforms on Eastern Congo's Conflict*, Enough Project.

Bannon, Ian, and Paul Collier eds. [2003], *Natural Resources and Violent Conflict: Options and Actions*, The World Bank.

Barnett, Clive, Philipp Cafaro, and Terry Newholm [2005], "Philosophy and Ethical Consumption", in Harrison, Rob, Terry Newholm, and Deirdre Shaw eds., *The Ethical Consumer*, SAGE Publications, pp.11-24.

Beitz, Charles R. [1979], Political Theory and International Relations, Princeton University Press（進藤榮一訳［1989］,『国際秩序と正義』岩波書店）.

Berdal, Mats, and David M. Malone (eds.) [2000], *Greed and Grievance: Economic Agendas in Civil War*, IDRC and Lynne Rienner Publishers.

Birmingham, David, and Phyllis M. Martin eds. [1983], *History of Central Africa Vol. 2*, Longman, New York.

Boris, Jean-Pierre [2005], *Commerce Inéquitable: Le roman noir des matières premières*, Hachette Littératures（林昌宏訳［2005］,『コーヒー、カカオ、コメ、綿花、コショウの暗黒物語―生産者を死に追いやるグローバル経済』作品社）.

Bucyalimwe, Mararo [1990], *Land conflicts in Masisi, eastern Zaire: the impact and aftermath of Belgian colonial policy*（*1920-1989*）, Ph.D dissertation of History, Indiana University.

Clark, John F. ed. [2002], *The African Stakes of the Congo War*, Palgrave.

Collier, Paul [2007], *The Bottom Billion: Why the Poorest Counties Are Failingand What Can Be Done about It*, Oxford University Press（中谷和男訳［2008］,『最底辺の 10 億人―最も貧しい国々のために本当になすべきことは何か？』日経 BP 社）.

Collier, Paul, and Anke Hoeffler [2004], "Greed and grievance in civil war", *Oxford Economic Papers* 56, 2004, pp.563-595.

Collier, Paul, Anke Hoeffler, and Dominic Rohner [2009] "Beyond greed and grievance: feasibility and civil war", *Oxford Economic Papers* 61, pp.1-27.

Comim, F., R. Tsutsumi, and A. Varea, [2007], "Choosing Sustainable Consumption: A Capability Perspective on Indicators", *Journal of International Development*, No.19, pp.493-509.

Cortright, David, and George A. Lopez [2004], "Reforming Sanctions", in Malone ed. *The UN Security Council: From the Cold War to the 21st Century*, Lynne Rienner Publishers, pp.167-179.

———[2000], *The Sanctions Decade: Assessing UN Strategies in the 1990s*, Lynne Rienner Publishers.

Cuvelier, Jeroen, Jose Diemel, and Koen Vlassenroot [2013], "Digging Deeper: the Politics of 'Conflict Minerals' in the Eastern Democratic Republic of the Congo" *Global Policy*, Vol.4, Issue 4, pp.449-451.

Crocker, David A. [2008], *Ethics of Global Development: Agency, Capability, and Deliberative Democracy*, Cambridge University Press.

Depelchin, Jacques [1974], *"From Pre-Capitalism to Imperialism: A History of Social and*

Economic Formations in Eastern Zaire (Uvira Zone, c.1800-1965)" , PhD dissertation in History, Stanford University.

Dranginis, Holly [2016], *Point of Origin: Status Report on the Impact of Dodd-Frank 1502 in Congo*, Enough Project.

Easterly, William [2006], *The White Man's Burden: Why the West's Efforts to Aid the Rest Have Done So Much Ill and So Little Good*, Penguin Press（小浜裕久，織井啓介，冨田陽子訳［2009］，『傲慢な援助』東洋経済新報社）．

Edelman, Murray [1988], *Constructing the Political Spectacle*, The University of Chicago（法貴良一訳［2013］,『政治スペクタクルの構築』青弓社）．

Fairtrade International [2014], *Annual Report 2013-14 Strong Producers*, Strong Future.

Fearon, James D. [2004] "Why Do Some Civil Wars Last So Much Longer Than Others?", *Journal of Peace Research*, Vol.41, No.3, pp.275-301.

Fearon, James D., and David D. Latin [2003] "Ethnicity, Insurgency, and Civil War", *American Political Science Review*, Vol.97, No.1, pp.75-90.

Ferreira, Manuel E. [2006], "Angola: conflict and development,1961-2002", *The Economics of Peace and Security Journal*, vol.1, No1, pp.25-29.

Frank, Andre Gunder [1978], *Dependent Accumulation and Underdevelopment*, Macmillan（吾郷健二訳［1980］,『従属的蓄積と低開発』岩波書店）．

——— [1975], *Underdevelopment or Revolution*（大崎正治他訳［1976］,『世界資本主義と低開発―収奪の≪中枢―衛星≫構造』柘植書房）．

Frank, Zephyr, and Aldo Musacchio [2008], "The International Natural Rubber Market, 1870-1930", EH.Net Encyclopedia, edited by Robert Whaples.

Gachuruzi, Shally B. [2000], "The Role of Zaire in the Rwandese Conflict", Adelman, Howard and Astri Suhrke eds., *The Path of a Genocide: The Rwanda Crisis from Uganda to Zaire*, New Brunswick: Transaction Publishers, pp.51-91.

Galtung, Johan [1969], "Violence, Peace and Peace Research", *Journal of Peace Research*, No.3.（所収：高柳先男他訳［1991］,『構造的暴力と平和』中央大学出版部）．

Gann, L.H., and Peter Duignan [1979], *The Rulers of Belgian Africa 1884-1914*, Princeton University Press.

Geenen, Sara [2012], "'Who Seeks, Finds': How Artisanal Miners and Traders Benefit from Gold in the Eastern Democratic Republic of Congo", *European Journal of Development Research (2013)* 25, pp.197-212.

George, Susan [1977], *How the Other Half Dies: The Real Reason for World Hunger*, Penguin Books（小南祐一郎，谷口真里子訳［1984］，『なぜ世界の半分が飢えるのか―食糧危機の構造』朝日新聞社）．

Gharekhan, Chinmaya R. [2006], *The Horseshoe Table: An Inside View of the UN Security Council*, Pearson Education.

Global Witness [2011], Congo's Mineral Trade in the Balance.

———[2010], *The Hill Belongs to Them: The need for international action on Congo's conflict minerals trade.*

———[2004], *Same Old Story: A background study on natural resources in the Democratic Republic of Congo.*

———[2002], *Branching Out: Zimbabwe's Resource Colonialism in Democratic Republic of Congo*, second edition.

Hardin, Garrett [1974], "Living on a lifeboat", *Bioscience* 24(10), pp.561-568.

Harrison, Rob, Terry Newholm, and Deirdre Shaw eds. [2005], *The EthicalConsumer*, SAGE Publications.

Hochschild, Adam [1999], *King Leopold's Ghost: A Story of Greed, Terror and Heroism in Colonial Africa*, Macmillan, London.

Hoffmann, Stanley [1981], *Duties Beyond Borders: On the Limits and Possibilities on Ethical International Politics*, Syracuse University Press（寺澤一監修，最上敏樹訳［1985］,『国境を超える義務―節度ある国際政治を求めて』三省堂）.

Hopkins, Antony Gerald [1975], "On Importing Andre Gunder Frank into Africa", *African Economic History Review*, vol.2, No.1, pp.13-21.

Hoskyns, Catherine [1965], *The Congo Since Independence: January 1960-December 1961*, Oxford University Press（土屋哲訳［1966］,『コンゴ独立史』みすず書房）.

Human Rights Watch [1997], *Attacked by all Side: Civilians and the War in Eastern Zaire.*

———[1995], *Rearming with Impunity: International Support for the Perpetrators of the Rwandan Genocide.*

———[1995], *World Report 1995-Zaire.*

———[1994], *World Report 1994-Zaire.*

Humphreys, Macrtan [2005] "Natural Resources, Conflict, and Conflict Resolution: Uncovering the Mechanisms", *The Journal of Conflict Resolution*, 49-4, pp.508-537.

Information and Public Relations Office for the Belgian Congo and Ruanda Urundi [1960], *Belgian Congo Vol.II*, Brussels.

International Rescue Committee [2007], *Mortality in the Democratic Republic of Congo: An Ongoing Crisis.*

IPIS [2002], *European companies and the coltan trade: supporting the war economy in the DRC.*

Jewsiewicki, Bogumil [1983] , "Rural society and the Belgian colonial economy", in Birmingham,David and Phyllis M. Martin eds., *History of Central Africa Vol. 2*, Longman, New York, pp.95-125

Kahneman, Daniel [2011], *Thinking, Fast and Slow*, Farrar Straus & Giroux（村井章子訳［2012］,『ファスト&スロー―あなたの意思はどのように決まるか』早川書房）.

Klein, Naomi [1999], *No Logo: Taking Aim at the Brand Bullies*, New York, Picador（松島聖子訳［2009］,『新版　ブランドなんか、いらない』大月書店）.

Le Billon, Philippe [2008], "Diamond Wars? Conflict Diamonds and Geographies of

Resource Wars", *Annals of the Association of American Geographers*, 98(2), pp.345-372.

———[2003], "Getting It Done: Instruments of Enforcement", in Bannon, Ian, and Paul Collier eds., *Natural Resources and Violent Conflict: Options and Actions*, The World Bank, pp.215-286.

———[2001], "Angola's Political Economy of War: The Role of Oil and Diamonds, 1975-2000", *African Affairs*, vol.100, No.398, pp.55-80.

Leys, Colin [1975], *Underdevelopment in Kenya: the Political Economy of Neo-Colonialism, 1964-1971*, London, Heinemann Educational Books.

Lezhnev, Sasha, and Alexandra Hellmuth [2012], *Taking Conflict Out of Consumer Gadgets: Company Rankings on Conflict Minerals 2012*, Enough Project.

Lippmann, Walter [1922], *Public Opinion*, The Macmillan Company（掛川トミ子訳［1987］,『世論（上）（下）』岩波文庫）.

Malone, David M. ed. [2004], *The UN Security Council: From the Cold War to the 21st Century*, Lynne Rienner Publishers.

Mamdani, Mahmood [2001], *When victims become killers*, Princeton University Press.

Miller, David [2007], *National Responsibility and Global Justice*, Oxford University Press（富沢克，伊藤恭彦，長谷川一年，施光恒，竹島博之訳［2011］,『国際正義とは何か—グローバル化とネーションとしての責任』風行社）.

Moore, Mick [2001], Political Underdevelopment: What causes 'bad governance', *Public Management Review*, Vol. 3 Issue 3, pp.386-418.

Morel, Edmund D. [1919], *Red Rubber: The Story of the Rubber Slave Trade Which Flourished on the Congo for Twenty Years, 1890-1910*, New and revised edition, Manchester, National Labour Press.

Ndikumana, Léonce, and Emizet N.F. Kisangani [2003], "The Economics of Civil War: The Case of the Democratic Republic of Congo", *Political Economy Research Institute, Working Paper Series*, No.63, pp.26-33.

Nelson, Samuel Henry [1994], Colonialism in The Congo Basin, 1880-1940, Ohio University Press.

Nest, Michael [2011], Coltan, Cambridge, Polity Press.

Nest, Michael, François Grignon, and Emizet N.F. Kisangani [2006], *The Democratic Republic of Congo: Economic Dimensions of War and Peace*, Lynne Rienner Publishers.

Nicholls, Alex, and Charlotte Opal [2005], *Fair Trade: Market-Driven Ethical Consumption*, London, SAGE Publications（北澤肯訳［2009］,『フェアトレード—倫理的な消費が経済を変える』岩波書店）.

Nussbaum, Martha C. [2006], *Frontiers of Justice: Disability, Nationality, Species Membership*, Harvard University Press（神島裕子訳［2012］,『正義のフロンティア—障碍者・外国人・動物という境界を越えて』法政大学出版局）.

Nzongola-Ntalaja, Georges[2002], *The Congo from Leopold to Kabila: A people's History*, Zed

Books, p.21.

Oberreuter, Heinrich, and Uwe Kranenpohl [2007/2008], "Smart Sanctions against Failed States: Strengthening the State through UN Smart Sanctions in Sub-Saharan Africa", Eine Diplomarbeit im Rahmen des Studienganges, Wintersemester, pp.1-134.

OECD [2014], *Society at a Glance 2014: OECD Social Indicators.*

———[2011], *OECD Due Diligence Guidance for Responsible Supply Chains of Minerals from Conflict-Affected and High-Risk Areas*, OECD Publishing.

Oxfam International [2002], *Mugged: Poverty in your Coffee Cup*, Oxfam Publishing（日本フェアトレード委員会訳［2003］,『コーヒー危機―作られる貧困』筑波書房）.

Pelizzo, Riccardo [2001],"Timbuktu: a lesson in underdevelopment", *Journal of World System Research* 7.2, pp.265-283.

Pigafetta, Filippo [1591], *Relatione del Reame di Congo et delle circonuicine contrade, Roma, Appresso Bartolomeo Grassi*（ピガフェッタ著，河島英昭訳，松園万亀雄注［1984］,「コンゴ王国記」『ヨーロッパと大西洋』（大航海時代叢書 II-1）岩波書店）.

Pogge, Thomas [2008], *World Poverty and Human Rights: Cosmopolitan Responsibilities and Reforms*, second edition, Polity Press（立岩真也監訳［2010］,『なぜ遠くの貧しい人への義務があるのか―世界的貧困と人権』生活書院）.

Pole Institute [2002], *The Coltan Phenomenon: How a rare mineral has changed the life of the population of war-torn North Kivu province in the East of the Democratic Republic of Congo.*

Prebisch, Raul [1964], *Towards a New Trade Policy for Development*, UNCTAD（プレビッシュ著, 外務省訳［1964］,『新しい貿易政策を求めて―プレビッシュ報告』国際日本協会）.

———[1963], *Hacia una dinámica del desarrollo latinoamericano*, U.N., Sales No.64. II.G.4.（プレビッシュ著，大原美範訳［1969］,『ラテン・アメリカの開発政策』アジア経済研究所）.

Prendergast, John, and Sasha Lezhnev[2009], *From Mine to Mobile Phone: The Conflict Minerals Supply Chain*, Enough Project.

Putzel, James [2009], "Land Policies and Violent Conflict: Towards Addressing the Root Causes", Crisis State Research Center, 2009, pp.1-19.

Putzel, J., Lindemann, S., and Schouten, C., "Drivers of change in the Democratic Republic of Congo: The rise and decline of the state and challenges for reconstruction", *Crisis State Research Center, Working Paper* No.26, 2008, pp.2-10.

Rawls, John [2001], *Justice as Fairness: A Restatement*, Harvard University Press（田中成明, 亀本洋，平井亮輔訳［2004］,『公正としての正義　再説』岩波書店）.

———[1999a], *A Theory of Justice*, revised edition, Harvard University Press（川本隆史，福間聡，神島裕子訳［2010］,『正義論　改訂版』紀伊國屋書店）.

Rawls [1999b], *The Law of Peoples: with "The Idea of Public Reason Revisited"*, Harvard University Press（中山竜一訳［2006］,『万民の法』岩波書店）.

Reader, John [1999], *Africa: A Biography of the Continent, Vintage books*, a division of

Random House, New York.
Reno, William [1999], *Warlord Politics and African States*, Lynne Rienner Publishers.
Ross, Michael L. [2004] "What Do We Know About Natural Resources and Civil War?", *Journal of Peace Research*, Vol.41, No.3, pp.337-356.
———[2003], "The Natural Resource Curse: How Wealth Can Make You Poor", in Bannon and Collier, (eds.) *Natural Resources and Violent Conflict: Options and Actions*, The World Bank, pp.17-42.
Sachs, Jeffrey [2005], *The End of Poverty: How We Can Make It Happen in Our Lifetime*, Penguin Press（鈴木主税，野中邦子訳［2006］,『貧困の終焉―2025 年までに世界を変える』早川書房）.
Schumacher, Ernst Friedrich [1973], *Small is Beautiful: A Study of Economics as if People Mattered*, Blond & Briggs（小島慶三，酒井懋訳［1986］,『スモール・イズ・ビューティフル―人間中心の経済学』講談社）.
Seay, Laura E. [2012], *What's Wrong with Dodd-Frank 1502? : Conflict Minerals, Civilian Livelihoods, and the Unintended Consequences of Western Advocacy*, Working Paper 284, January 2012, Center for Global Development.
Sen, Amartya [1992], *Inequality Reexamined*, Oxford University Press（池本幸生他訳［1999］,『不平等の再検討』岩波書店）.
Singer, Peter [2010], *The Life You Can Save: How to Do your Part to End World Poverty*, Random House（児玉聡，石川涼子訳［2014］,『あなたが救える命―世界の貧困を終わらせるために今すぐできること』勁草書房）.
———[1993], *Practical Ethics*, second edition, Cambridge University Press（山内友三郎監訳［1999］,『実践の倫理［新版］』昭和堂）.
Sontag, Susan [2003], *Regarding the Pain of Others*, Farrar, Straus and Giroux（北條文緒訳［2003］,『他者の苦痛へのまなざし』みすず書房）.
Soto-Viruet, Yadira, W. David Menzie, John F. Papp, and Thomas R. Yager [2013], *An Exploration in Mineral Supply Chain Mapping Using Tantalum as an Example*, USGS.
Sprague Electric Company [1960], *Sprague Log*, Vol.22, No.7, Sprague Electric Company, North Adams, Massachusetts.
Switzer, Jason [2001], *Discussion Paper for the July 11 2001 Experts Workshop on Armed Conflict and Natural Resources: The Case of the Minerals Sector*, International Institute for Sustainable Development (IISD).
Turner, Tomas [2007], *The Congo wars :conflict, myth & reality*, Zed Books, New York.
UK Border Agency [2012], *Country of Origin Information: Democratic Republic of Congo*（法務省入局管理局訳［2012］,『出身国情報（COI）報告書　コンゴ民主共和国』）.
UNCTAD [1964], *Towards a New Trade Policy for Development*, UNCTAD（外務省訳［1964］,『新しい貿易政策を求めて―プレビッシュ報告』国際日本協会）.
USGS [2014], *Historical Statistics for Mineral and Material Commodities in the United States*.

——— [2013], *Mineral Commodity Summaries 2013.*
——— [2001-13], *Minerals Yearbook 2001-13.*

Vellut, Jean-Luc [1983], "Mining in the Belgian Congo", in Birmingham, David and Phyllis M.Martin eds., *History of Central Africa Vol. 2*, Longman, New York, pp.126-162.

Vlassenroot, Koen [2002], "Citizenship, Identity Formation & Conflict in South Kivu: The Case of the Banyamulenge", *Review of African Political Economy*, 29(93/94), pp.499-515.

Wallensteen, Peter and Carina Staibano (eds.) [2005], *International Sanctions: Between Words and Wars in the Global System*, Frank Cass.

Wallerstein, Immanuel [2011a], *The Modern World-System: The Second Era of Great Expansion of the Capitalist World-Economy, 1730-1840s* (New Edition), University of California（川北稔訳［2013］,『近代世界システムⅢ―「資本主義的世界経済」の再拡大 1730s-1840s』名古屋大学出版会）.

——— [2011b], *The Modern World-System: Centrist Liberalism Triumphant, 1789-1914*, University of California（川北稔訳［2013］,『近代世界システムⅣ―中道自由主義の勝利 1789-1914』名古屋大学出版会）.

——— [2004], *World-Systems Analysis: An Introduction*, Duke University Press（山下範久訳［2006］,『入門・世界システム分析』藤原書店）.

———[1974], *The Modern World-System: Capitalist Agriculture and the Origins of the European World-Economy in the Sixteenth Century*, New York, Academic Press Inc.（川北稔訳［2006］,『近代世界システム―農業資本主義と「ヨーロッパ世界経済」の成立』（Ⅰ・Ⅱ）岩波書店）.

Woodman, Conor [2011], *Unfair Trade: The Shocking Truth Behind 'Ethical' Business*, Curtis Brown Group Limited（松本裕訳［2013］,『フェアトレードのおかしな真実―僕は本当に良いビジネスを探す旅に出た』英治出版）.

Young, Iris Marion [2011], *Responsibility for Justice*, Oxford University Press（岡野八代, 池田直子訳［2014］,『正義への責任』岩波書店）.

3．WEB 情報

①国連関連

国連食糧農業機関（FAO）：<http://www.fao.org/home/en/>
国連制裁委員会：<http://www.un.org/sc/committees/>
国連ニュースセンター：<http://www.un.org/News/>
国連 DDR：<http://www.unddr.org/>
国連 PKO：<http://www.un.org/en/peacekeeping/>
IRIN：<http://www.irinnews.org/>

②各国情報

外務省「コンゴ民主共和国基礎データ」：<http://www.mofa.go.jp/mofaj/area/congomin/

data.html#01>
在コンゴ民主共和国日本大使館：<http://www.rdc.emb-japan.go.jp/embassy/nikokukan.html>
総務省「世界情報通信事情」：<http://www.soumu.go.jp/g-ict/item/mobile/>
内閣府 PKO 局：<http://www.pko.go.jp/pko_j/result/congomin/congomin02.html>
内閣府「主要耐久消費財等の普及率（一般世帯）（平成 26 年（2014 年）3 月現在）」：<http://www.esri.cao.go.jp/jp/stat/shouhi/shouhi.html#taikyuu>
防衛省・自衛隊「国際平和協力活動への取り組み」：<http://www.mod.go.jp/j/approach/kokusai_heiwa/list.html>
CIA The World Factbook：<https://www.cia.gov/library/publications/the-world-factbook/>

③国際援助機関、研究機関、NGO

アフリカ開発銀行：<http://www.afdb-org.jp/index.html>
インターナショナル・リビングクラフト・アソシエーション：<http://www.liv-craft.com/indexj.html>
エシカルケータイ・キャンペーン：<http://www.ethical-keitai.net/>
シャプラニール＝市民による海外協力の会：<http://www.shaplaneer.org/>
シャンティ国際ボランティア会：<http://sva.or.jp/>
チョコレボ実行委員会：<http://www.choco-revo.net/>
フェアトレードタウン・ジャパン：<http://www.fairtrade-town-japan.com/>
フェアトレード・ラベル・ジャパン：<http://www.fairtrade-jp.org/>
Blood in the Mobile：<http://bloodinthemobile.org/the-film/>
British Geological Survey（BGS）Minerals UK：<http://www.bgs.ac.uk/mineralsUK/home.html>
Enough Project：<http://www.enoughproject.org/>
Fair Trade Advocacy Office：<http://www.fairtrade-advocacy.org/>
Fairtrade International：<http://www.fairtrade.net/361.html>
Global Witness：<http://www.globalwitness.org/>
Human Rights Watch：<http://www.hrw.org/>
International Crisis Group：<http://www.crisisgroup.org/>
JICA コンゴ民主共和国事務所：<http://www.jica.go.jp/drc/office/index.html>
Solutions for Hope：<http://solutions-network.org/site-solutionsforhope/>
The Guardian：<http://guardian.co.uk/>
The Life You Can Save：<http://www.thelifeyoucansave.org/>
The New York Times：<http://www.nytimes.com/>
The World Bank：<http://www.worldbank.org/>
U.S. Geological Survey（USGS）National Minerals Information Center：<http://minerals.usgs.gov/minerals/>

Vietnam Labour Watch：<http://www.saigon.com/nike/>
War Resisters' International：<http://www.wri-irg.org/>

④企業・業界団体

オルター・トレード・ジャパン：<http://altertrade.jp/>
ぐらするーつ：<http://grassroots.jp/>
国際石油開発帝石：<http://www.inpex.co.jp/>
第三世界ショップ：<http://www.p-alt.co.jp/asante/index.html>
デルフィス　エシカル・プロジェクト：<http://www.delphys.co.jp/ethical/>
フェアトレード・カンパニー：<http://www.kinomama.jp/buy/makerview/7683/79_111>
マザーハウス：<http://www.mother-house.jp/>
CFSI：<http://www.conflictfreesourcing.org/>
EICC：<http://www.eiccoalition.org/>
ethical consumer：<http://www.ethicalconsumer.org/>
HASUNA：<http://www.hasuna.co.jp/>
JEITA 責任ある鉱物調達検討会：<http://home.jeita.or.jp/mineral/index.html>
PPA：<http://www.resolve.org/site-ppa/>
Ten Thousand Villages：<http://www.tenthousandvillages.com/>

⑤日本企業による紛争鉱物対応方針

ソニー「CSR レポート 責任ある調達」：<http://www.sony.co.jp/SonyInfo/csr_report/sourcing/materials/>
東芝「東芝グループの紛争鉱物問題への取り組み」：<http://www.toshiba.co.jp/csr/jp/performance/fair_practices/pdf/conflict_minerals.pdf>
トヨタ自動車「トヨタの紛争鉱物問題に対する取り組み」：<http://www.toyota.co.jp/jpn /sustainability/society/human_rights/ #conflict_minerals>
パナソニック「サプライチェーン：紛争鉱物対応」：<http://panasonic.net/sustainability/jp/supply_chain/minerals/>
日立製作所「CSR・グリーン調達への取り組み」：<http://www.hitachi.co.jp/procurement/csr/index.html>
NEC「サプライヤーとの連携」：<http://jpn.nec.com/csr/ja/policy/trus/procure.html>
TDK「紛争鉱物への対応」：<http://www.tdk.co.jp/csr/supplier_responsibility/csr20000.html>

⑥メディア

BBC News Africa：<http://www.bbc.com/news/world/africa/>
Radio France Internationale：<http://www.english.rfi.fr/>
The Guardian：<http://www.theguardian.com/uk>

The New York Times：<http://www.nytimes.com/>

⑦その他

Hawkins, Virgil,「ステルス戦争」：<http://stealthconflictsjp.wordpress.com/>

“Texte de la Charte Coloniale”（ベルギー植民地憲章）：<http://www.congoforum.be/upldocs/Cherte%20coloniale%20de%201908.pdf>

総務省「通信利用動向調査」：<http://www.soumu.go.jp/johotsusintokei/statistics/statistics05b1.html>

NTT ドコモ「NTT ドコモ歴史展示スクエア」：<http://history-s.nttdocomo.co.jp/list_mobile.html>

N.Y. Times：<http://query.nytimes.com/search/sitesearch/>

4．アメリカ公文書

「コンゴ民主共和国救済、治安、民主主義促進法」“Democratic Republic of Congo Relief, Security, and Democracy Promotion Act of 2006”, Pub.L.,109-456.

「アメリカ金融改革法」“Dodd-Frank Wall Street Reform and Consumer Protection Act”

「SEC 規則」Securities and Exchange Commission [2012], Federal Register Vol.77, No.177.

上院議事録　151.Cong.Rec.S13788.　154.Cong.Rec.S3058.　154.Cong.Rec.S1047-49.　155.Cong.Rec.S4696-98.

上院決議　S.RES.713.

下院決議　H.RES.795.　H.RES.1227.

公聴会記録　“The Costs and Consequences of Dodd-Frank Section 1502: Impacts on America and The Congo”Serial No.112-124.

SEC 規則に関する意見書 <http://www.sec.gov/comments/s7-40-10/s74010.shtml>

U.S. Department of the Treasury：<http://www.treasury.gov/resource-center/sanctions/Pages/default.aspx>

5．国連文書　（文書番号および日付）

①事務総長報告

S/1994/1308　1994.11.18
S/1995/65　1995.1.25
S/1995/304　1995.4.14
S/1996/993　1996.11.29
S/1996/1063　1996.12.20
S/1998/581　1998.6.29
S/1999/790　1999.7.15
S/1999/1116　1999.11.1
S/2000/30　2000.1.17
S/2000/330　2000.4.18
S/2000/416　2000.5.11
S/2000/888　2000.9.21
S/2000/1156　2000.12.6
S/2001/128　2001.2.12
S/2001/367　2001.4.17
S/2001/373　2001.4.17
S/2001/572　2001.6.8
S/2001/970　2001.10.16
S/2002/169　2002.2.15

S/2002/621　2002.6.5
S/2002/1005　2002.9.18
S/2002/1180　2002.10.18
S/2003/211　2003.2.21
S/2003/566　2003.5.27
S/2003/1098　2003.11.17
S/2004/251　2004.3.25
S/2004/650　2004.8.16
S/2004/1034　2004.12.31
S/2005/167　2005.3.15
S/2005/320　2005.5.26
S/2005/506　2005.8.2
S/2005/603　2005.9.26
S/2005/832　2005.12.28
S/2006/389　2006.6.13
S/2006/390　2006.6.13
S/2006/759　2006.9.21
S/2007/68　2007.2.8
S/2007/391　2007.6.28
S/2007/671　2007.11.14
S/2008/218　2008.4.2
S/2008/433　2008.7.3
S/2008/693　2008.11.10
S/2008/728　2008.11.21
S/2009/160　2009.3.27
S/2009/472　2009.9.18
S/2009/335　2009.6.30
S/2009/623　2009.12.4
S/2010/164　2010.3.30
S/2010/369　2010.7.9
S/2010/512　2010.10.8
S/2011/20　2011.1.17
S/2011/298　2011.5.12
S/2011/656　2011.10.24
S/2012/65　2012.1.26
S/2012/355　2012.5.23
S/2012/838　2012.11.14
S/2013/96　2013.2.15
S/2013/119　2013.2.27
S/2013/388　2013.6.28
S/2013/569　2013.9.24
S/2013/581　2013.9.30
S/2013/757　2013.12.7
S/2013/773　2013.12.23
S/2014/153　2014.3.5
S/2014/157　2014.3.5
S/2014/450　2014.6.30
S/2014/453　2014.6.30
S/2014/697　2014.9.24

②専門家パネル報告

S/2001/49　2001.1.16
S/2001/357　2001.4.12
S/2001/1072　2001.11.13
S/2002/565　2002.5.22
S/2002/1146　2002.10.4
S/2002/1146/ADD.1　2002.6.23
S/2003/1027　2003.10.23

③専門家グループ報告

S/2005/436　2005.7.26
S/2007/40　2007.1.31
S/2007/423　2007.7.18
S/2008/43　2008.2.13
S/2008/772　2008.12.12
S/2008/773　2008.12.12
S/2009/253　2009.5.18
S/2009/603　2009.11.23
S/2010/252　2010.5.25
S/2010/596　2010.11.29
S/2012/348　2012.6.21
S/2012/843　2012.11.15
S/2013/433　2013.7.19
S/2014/42　2014.1.23
S/2014/428　2014.6.25

④和平合意・協定

ルサカ停戦協定：Annex of S/1999/815
プレトリア協定：Annex of S/2002/914
ナイロビ合意・カンパラ宣言：Annex of S/2013/740

⑤安保理議長宛書簡

S/1995/1068　1995.12.29　事務総長発
S/1996/36　996.1.17　事務総長発
S/1996/40　1996.1.18　ブルンジ発
S/1996/84　1996.2.6　ルワンダ発
S/1996/413　1996.6.10　ザイール発
S/1996/429　1996.6.12　ウガンダ発
S/1996/757　1996.9.16　ザイール発
S/1996/875　1996.10.25　事務総長発
S/1996/878　1996.10.25　事務総長発
S/1996/914　1996.11.6　ケニア発
（Annex ナイロビ会合の報告）
S/1996/916　1996.11.7　事務総長発
S/1997/337　1997.4.28　ザイール発
S/1997/422　1997.6.2　EU 発
S/1998/582　1998.6.29　DRC 発
S/1998/583　1998.6.29　ルワンダ発
S/1998/827　1998.9.2　DRC 発
S/1999/733　1999.6.29　DRC 発
S/2000/334　2000.4.18　事務総長発
S/2000/344　2000.4.24
（事務総長宛安保理議長発書簡）
S/2000/350　2000.4.26　DRC 発
S/2000/445　2000.5.17　ルワンダ発
S/2000/1008　2000.10.20　DRC 発
S/2000/1045　2000.10.30　ルワンダ発
S/2001/147　2001.2.20　ルワンダ発
S/2001/150　2001.2.20　ウガンダ発
S/2001/378　2001.4.18　ウガンダ発
S/2001/402　2001.4.24　ルワンダ発
S/2001/433　2001.5.1　ブルンジ発
S/2001/458　2001.5.9　ウガンダ発
S/2001/461　2001.5.8　ウガンダ発
S/2002/1322　2002.12.20　アメリカ発
S/2005/73　2005.2.8　ルワンダ発
S/2012/874　2012.11.27　DRC 発
S/2013/424　2013.7.22　DRC 発

⑥安保理会合議事録

S/PV.6866　2012.11.20
S/PV.7137　2014.3.14
S/PV.7150　2014.3.28

⑦安保理議長声明

S/PRST/1996/44　1996.11.1
S/PRST/1997/19　1997.4.4
S/PRST/1997/22　1997.4.24
S/PRST/1997/31　1997.5.29
S/PRST/1998/20　1998.7.13
S/PRST/1998/26　1998.8.31
S/PRST/1998/36　1998.12.11
S/PRST/2000/2　2000.1.26
S/PRST/2000/15　2000.5.5
S/PRST/2000/20　2000.6.2
S/PRST/2000/28　2000.9.7

⑧安保理決議

※ PKO の単純延長を除く
S/RES/1078（1996）　1996.11.9
S/RES/1080（1996）　1996.11.15
S/RES/1097（1997）　1997.2.18
S/RES/1234（1999）　1999.4.9
S/RES/1258（1999）　1999.8.6
S/RES/1273（1999）　1999.11.5
S/RES/1279（1999）　1999.11.30
S/RES/1291（2000）　2000.2.24
S/RES/1304（2000）　2000.6.16
S/RES/1316（2000）　2000.8.23
S/RES/1323（2000）　2000.10.13
S/RES/1332（2000）　2000.12.14

S/RES/1341（2001） 2001.2.22
S/RES/1355（2001） 2001.6.15
S/RES/1376（2001） 2001.11.9
S/RES/1417（2002） 2002.6.14
S/RES/1445（2002） 2002.12.4
S/RES/1457（2003） 2003.1.24
S/RES/1468（2003） 2003.3.20
S/RES/1484（2003） 2003.5.30
S/RES/1493（2003） 2003.7.28
S/RES/1499（2003） 2003.8.13
S/RES/1501（2003） 2003.8.26
S/RES/1522（2004） 2004.1.15
S/RES/1533（2004） 2004.3.12
S/RES/1552（2004） 2004.7.27
S/RES/1565（2004） 2004.10.1
S/RES/1592（2005） 2005.3.30
S/RES/1596（2005） 2005.5.3
S/RES/1616（2005） 2005.7.29
S/RES/1621（2005） 2005.9.6
S/RES/1635（2005） 2005.10.28
S/RES/1649（2005） 2005.12.21
S/RES/1654（2006） 2006.1.31
S/RES/1669（2006） 2006.4.10
S/RES/1671（2006） 2006.4.25
S/RES/1698（2006） 2006.7.31
S/RES/1711（2006） 2006.9.29
S/RES/1736（2006） 2006.12.22
S/RES/1756（2007） 2007.5.15
S/RES/1768（2007） 2007.7.31
S/RES/1771（2007） 2007.8.10
S/RES/1794（2007） 2007.12.21
S/RES/1799（2008） 2008.2.15
S/RES/1804（2008） 2008.3.13
S/RES/1807（2008） 2008.3.31
S/RES/1843（2008） 2008.11.20
S/RES/1856（2008） 2008.12.22
S/RES/1857（2008） 2008.12.22
S/RES/1896（2009） 2009.12.7
S/RES/1906（2009） 2009.12.23
S/RES/1925（2010） 2010.5.28
S/RES/1952（2010） 2010.11.29
S/RES/1991（2011） 2011.6.28
S/RES/2021（2011） 2011.11.29
S/RES/2053（2012） 2012.6.27
S/RES/2076（2012） 2012.11.20
S/RES/2078（2012） 2012.11.28
S/RES/2098（2013） 2013.3.28
S/RES/2136（2014） 2014.1.30
S/RES/2147（2014） 2014.3.28

あとがき

「よきことはかたつむりの速度で進む」とはマハトマ・ガンディの名言であるが、私の研究もかたつむりの速度で進んできた。「世界の紛争を解決するために、日本の一般市民には何ができるのか、本当のことが知りたい」という謎を抱いて東京大学の門をくぐってから、専門職学位課程で3年、博士課程で4年。本書には、私の7年間の学びのすべてが詰まっている。本書のもととなった博士論文の執筆のみならず、授業、ゼミ、研究会、学会、フィールドワークの現場を含め、私の研究を支えてくれたすべての方に心からの感謝を申し上げたい。

指導教授である東京大学の佐藤仁先生には、「開発研究」の受講以来、7年間の指導を通じて3つの宝物をいただいた。1つ目は、「佐藤先生のような魅力的な研究がしたい」という憧れ。2つ目は、開発研究に情熱を抱くメンバーが集い、お互いを深く理解した上で磨き合うホーム。そして3つ目に、壁にぶつかっても佐藤先生が揺るがずに信じ続けてくださることで、研究を進める強い気持ちをいただいた。コンゴから日本までの長く複雑な道のりをたどる研究が実を結んだのは、佐藤先生のご指導の賜物と感謝申し上げたい。

博士論文の審査委員を務めてくださった東京大学の山路永司先生、堀田昌英先生、法政大学の松本悟先生、アジア経済研究所の武内進一さんには、論文への丁寧なご指導のみならず、大学院での授業や研究会を通じても多くの学びを与えていただいた。山路永司先生には、フィールドワークの方法論を学び、また、大学院の仲間と一緒に設立したUT-OAK震災救援団の顧問として5年間の被災地支援活動を見守っていただいた。堀田昌英先生にはゲーム理論を学び、クリアな論理での考え方を教えていただいた。松本悟先生には、佐藤研究室の先輩として論文の構想段階から丁寧なご助言をいただいた。そして武内進一さんには、JICA研究所のインターンとしてお世話になって以来、コンゴ研究の先駆者として個人的なご指導の機会をいただき、貴重な視点と研究資料をご教示いただいた。武内さんの研究がなければ私の研究も存在し得なかったといっても過言ではないほど、道を拓いてくださったことに感謝申し上げたい。

専門職学位課程である東京大学公共政策大学院では、藤原帰一先生、北岡伸一先生、松浦博司先生にご指導いただいた。藤原帰一先生には、高校の世界史教師から国際政治の分野に踏み出して、右も左もわからなかった私に、紛争研究の方法を一から教えていただいた。北岡伸一先生には、国連次席大使としての経験をもとに「国連ゼミ」で国連の政治力学を教えていただき、また、潘基文国連事務総長やアナン前国連事務総長、緒方貞子氏、明石康氏など、国連の場で活躍する方々の話を直接聞く貴重な機会を与えていただいた。そして、「国連ゼミ」を引き継がれた外務省の松浦博司先生には、ティーチングアシスタントとして 4 年間お世話になり、国連資料を活用するスキルと、当事者の立場に立って国際情勢を読み取る方法を教えていただいた。

JICA 研究所のインターンとして受け入れていただき、エスニシティについて深く学ぶ機会をいただいた笹岡雄一さん、元 UNHCR ゴマ事務所長の経験をもとにコンゴの現地の様子を教えていただいた米川正子さん、アフリカ政治について基礎から教えていただいた東京大学の遠藤貢先生、ケニアでのフィールドワークを通じてアフリカへの理解を深めていただいた吉田昌夫先生、国際開発学会の発表で 2 度も座長をしていただき、貴重なご指導をいただいた神戸大学の高橋基樹先生、シエラレオネでのフィールドワークをご支援いただいた龍谷大学の落合雄彦先生と JICA の古川顕さんに感謝申し上げたい。

筑波大学の恩師である谷川彰英先生、江口勇二先生、井田仁康先生、唐木清志先生、國分麻里先生、東京学芸大学の川崎誠司先生、埼玉大学の桐谷正信先生には、私が教育学の世界を飛び出してからも変わらぬご指導をいただいた。

そして、本書のインタビューに応じていただくとともに、日本の CSR の現状について丁寧にご教示いただいたエシカル・ケータイ・キャンペーン寺中誠様と加治知恵様、LRQA 冨田秀実様、国際社会経済研究所 鈴木均様、

NEC 吉野浩様、オリンパス 松崎稔様、三菱重工 瓜生振一郎様、TDK 小林寛様、日立製作所 松島英夫様に感謝申し上げたい。

佐藤研究室のメンバーには、何度も論文の原稿を読んでもらい、研究の方向性から文章表現まで、緻密な助言をいただいた。アフリカ研究の先輩として有用な情報を紹介いただき、論文の構成まで一緒に考えていただいた石曽根道子さんをはじめ、王智弘さん、林裕さん、西舘崇さん、菊地由香さん、堀佐知子さん、麻田玲さん、藤井昭剛ヴィルヘルムくん、宗敬大くん、迫田瞬くん、そして三箇山志織さんには地図の作成をお手伝いいただいた。原稿を読んで、私がやりたいことを実現するには何をすればいいのか、どんな表現をすればいいのか、佐藤先生の重視する「内在的批判」を実践してくれたみなさんはまさしく私のホームであった。理解して支えてくれる仲間がいるということがどれほど心強かったかしれない。

大曲由起子さん、都築正泰さんをはじめ、「国連ゼミ」でともに学んだ仲間には、心躍る刺激をもらった。私が行ったことのない国際社会の実践の場で活躍する彼ら／彼女らの姿が、私に豊かな想像力を与え、手にする国連資料に臨場感を持たせてくれた。

博士論文の執筆を根気強く続けられたのは、私を信じ、励まし、ときには癒してくれる先生、友人、家族がいたからにほかならない。心からの感謝を申し上げたい。

そして、本書の出版にあたっては、東信堂の下田勝司社長にお引き受けいただいたことに感謝申し上げたい。

最後に、どんなときも私のやりたいことを尊重し、一緒に夢を見てくれる両親と、私の人生の支援者であり研究協力者でもある夫の華井裕隆に感謝を申し上げたい。

2016年10月4日　ムクウェゲ医師来日講演の日に

華井　和代

人 名 索 引

【ア行】

【カ行】

【サ行】

【タ行】

【ナ行】

【ハ行】

【マ行】

【ヤ行】

【ラ行】

【ン】

地 名 索 引

【ア行】

【カ行】

【サ行】

【タ行】

【ナ行】

【ハ行】

【マ行】

【ヤ行】

【ラ行】

【ワ行】

事 項 索 引

【英字・数字】

【ア行】

【サ行】

【タ行】

【ナ行】

【ハ行】

【マ行】

【ヤ行】

【ラ行】

著者略歴

華井　和代（はない　かずよ）

1975 年　東京都生まれ

2000 年　筑波大学大学院教育研究科修士課程修了（教育学）

　　　　成城学園中学校高等学校教諭を経て

2011 年　東京大学公共政策大学院専門職学位課程修了（公共政策学）

2015 年　東京大学大学院新領域創成科学研究科博士課程修了（国際協力学）

2015 年 4 月より東京大学公共政策大学院特任助教

主要業績

・「消費者市民社会をめざす社会科教育実践—コンゴの紛争資源問題と日本の消費生活のつながり」井田仁康他編『中等社会科 21 世紀型の授業実践—中学校・高等学校の授業改善への提言』学事出版、160-169 頁、2015 年。

・「平和の主体としての消費者市民社会—コンゴの紛争鉱物取引規制をめぐって」日本平和学会『平和研究』第 42 号、101-123 頁、2014 年。

・「紛争解決への取り組みを学ぶ国際平和学習—リビア紛争に対する国際連合の取り組みを事例として」日本社会科教育学会『社会科教育研究』No.118、15-27 頁、2013 年。（日本社会科教育学会賞（論文部門）受賞論文）

・「唐辛子で見る日本と韓国の文化」谷川彰英編著『日韓交流授業と社会科教育』明石書店、173-183 頁、2005 年。

・「現代史における地域紛争の学習と平和教育」筑波大学社会科教育学会『筑波社会科研究』第 20 号、15-25 頁、2001 年。

資源問題の正義—コンゴの紛争資源問題と消費者の責任

2016 年 11 月 20 日　初　版第 1 刷発行　〔検印省略〕

＊定価はカバーに表示してあります。

著者 © 華井和代／発行者　下田勝司　印刷・製本／中央精版印刷

東京都文京区向丘 1-20-6　郵便振替 00110-6-37828

〒 113-0023　TEL 03-3818-5521（代）　FAX 03-3818-5514

発行所　株式会社　東信堂

Published by TOSHINDO PUBLISHING CO., LTD.

1-20-6, Mukougaoka, Bunkyo-ku, Tokyo, 113-0023 Japan

E-Mail：tk203444@fsinet.or.jp　http://www.toshindo-pub.com

ISBN978-4-7989-1385-8 C3031

東信堂

開発援助の介入論——インドの河川浄化政策に見る国境と文化を越える困難　西谷内博美　四六〇〇円

資源問題の正義——コンゴの紛争資源問題と消費者の責任　華井和代　三九〇〇円

海外日本人社会とメディア・ネットワーク——パリ日本人社会を事例として　吉原直樹・今野裕昭・松本行真 編著　四六〇〇円

移動の時代を生きる——人・権力・コミュニティ　大西仁・吉原直樹 監修　三二〇〇円

国際社会学の射程　国際社会学ブックレット1　西原和久・芝真里 編訳　一二〇〇円

国際移動と移民政策——日韓の事例と多文化主義再考　国際社会学ブックレット2　有田伸・山本かほり・西原和久 編著　一〇〇〇円

トランスナショナリズムと社会のイノベーション——社会学をめぐるグローバル・ダイアログ　国際社会学ブックレット3　西原和久　一三〇〇円

越境する国際社会学とコスモポリタン的志向

外国人単純技能労働者の受け入れと実態——技能実習生を中心に　坂幸夫　一五〇〇円

現代日本の地域分化——センサス等の市町村別集計に見る地域変動のダイナミックス　蓮見音彦　三八〇〇円

現代日本の地域格差——二〇一〇年・全国の市町村の経済的・社会的ちらばり　蓮見音彦　二三〇〇円

「むつ小川原開発・核燃料サイクル施設問題」研究資料集　舩橋晴俊・金山行孝・茅野恒秀 編著　一八〇〇〇円

新版　新潟水俣病問題——加害と被害の社会学　飯島伸子・舩橋晴俊 編　三八〇〇円

新潟水俣病をめぐる制度・表象・地域　関礼子　五六〇〇円

新潟水俣病問題の受容と克服　堀田恭子　四八〇〇円

公害被害放置の社会学——イタイイタイ病・カドミウム問題の歴史と現在　飯島伸子・渡辺伸一・藤川賢 編　三六〇〇円

食品公害と被害者救済——カネミ油症事件の被害と政策過程　宇田和子　四六〇〇円

自立支援の実践知——阪神・淡路大震災と共同・市民社会　似田貝香門 編　三八〇〇円

〔改訂版〕ボランティア活動の論理——ボランタリズムとサブシステンス　西山志保　三六〇〇円

自立と支援の社会学——阪神大震災とボランティア　佐藤恵　三二〇〇円

〒113-0023　東京都文京区向丘 1-20-6　TEL 03-3818-5521　FAX03-3818-5514　振替 00110-6-37828
Email tk203444@fsinet.or.jp　URL:http://www.toshindo-pub.com/

※定価：表示価格（本体）＋税